高等学校教材

基础化学实验

无机与分析化学实验分册

主　编　龚跃法

副主编　刘红梅　王　宏　陈　芳

高等教育出版社·北京

内容提要

　　《基础化学实验》是为普通高等学校本科化学实验教学而编写的实验教材,全书共分三册。 本册为无机与分析化学实验分册。

　　本册主要内容包括无机化学实验、分析化学实验及仪器分析实验,涉及实验基础知识和操作技术、基础实验、综合实验、设计与创新实验等。 书中还通过二维码添加了电子文档、图片和短视频等数字化学习资源。

　　本册可作为高等院校化学、化工、生命、环境、材料等相关专业的本科无机与分析化学实验教材和参考书,也可供相关技术人员参考。

图书在版编目(CIP)数据

　　基础化学实验. 无机与分析化学实验分册 / 龚跃法主编. --北京 :高等教育出版社,2020.12
　　ISBN 978-7-04-055229-4

　　Ⅰ.①基… Ⅱ.①龚… Ⅲ.①化学实验-高等学校-教材②无机化学-化学实验-高等学校-教材③分析化学-化学实验-高等学校-教材 Ⅳ.①06-3

　　中国版本图书馆 CIP 数据核字(2020)第 209293 号

策划编辑　翟　怡	责任编辑　付春江	封面设计　姜　磊	版式设计　马　云
插图绘制　于　博	责任校对　吕红颖	责任印制　耿　轩	

出版发行	高等教育出版社	网　　址	http://www.hep.edu.cn
社　　址	北京市西城区德外大街4号		http://www.hep.com.cn
邮政编码	100120	网上订购	http://www.hepmall.com.cn
印　　刷	北京宏伟双华印刷有限公司		http://www.hepmall.com
开　　本	787mm×1092mm 1/16		http://www.hepmall.cn
印　　张	16.25		
字　　数	320 千字	版　　次	2020年12月第1版
购书热线	010-58581118	印　　次	2020年12月第1次印刷
咨询电话	400-810-0598	定　　价	29.80 元

本书如有缺页、倒页、脱页等质量问题,请到所购图书销售部门联系调换

版权所有　侵权必究

物　料　号　55229-00

编写人员名单
（排名不分先后）

第一篇：刘红梅、高中洪、张天乐、李海玲、黄开勋、李宝、
　　　　周军、彭红、王芹、齐伟、王文云

第二篇：王宏、赵云斌、刘敏、王楠、吴康兵

第三篇：陈芳、朱丽华、张敬东

序　言

　　本书是根据教育部高等学校化学类专业教学指导分委员会编制的《高等学校化学类专业指导性专业规范》中涉及的实验教学建议内容要点编写而成的。化学学科是 21 世纪的中心学科，它对物理科学、材料科学、生命科学、能源科学和环境科学起到重要的桥梁作用。化学是一门基于科学实验建立起来的学科，基础化学实验课程是目前高等学校化学类专业教育中培养学生科学的思维方法、创新意识、实事求是的科学态度和规范严谨的实验习惯的基本教学形式，其目标是使学生扎实地掌握化学实验知识和实验操作技能、实验安全规范和科学仪器的使用与维护方法，同时培养学生的分工合作意识、不畏挫折的意志品质和勇于探索的创新精神。

　　基于"两性一度"的课程建设要求，本书的实验内容在前期"一体化、多层次、开放性"的基础上，突出了前沿性、综合性、安全性和绿色化的要求，在保留基础实验技能训练的同时，增加了一些涉及学科前沿、学科交叉、绿色合成和废弃物处理等的实验内容。同时，为了提高学生的学习兴趣，有意识地增加了一些可视性较高的实验，如热致变色和化学发光等实验内容。最后还编入了部分设计性、综合性和创新性实验。

　　本书由华中科技大学化学与化工学院组织编写，共分三册，由龚跃法担任主编。第一分册是无机与分析化学实验，由刘红梅、王宏和陈芳担任副主编；第二分册是物理化学实验，由梅付名、董泽华担任副主编；第三分册是有机与高分子化学实验，由聂进、刘承美担任副主编。此外，还有多名华中科技大学化学与化工学院在职教师和实验技术人员参与了本书的编写和实验验证工作，具体名单列于各分册编写人员名单中。第一分册共分三篇，第一篇编入了 39 个无机化学实验，第二篇编入了 39 个化学分析实验，第三篇编入了 29 个仪器分析实验；第二分册在传统内容基础上，增加了电化学和计算化学方面的实验内容，共编入了 55 个实验；第三分册共分两篇，第一篇编入了 70 个有机化学实验，第二篇编入了 18 个高分子化学实验。

　　在编写过程中，编者参考和查阅了国内外相关实验教材和研究论文，在此谨对相关作者表示真切的感谢。

　　限于编者的水平及教学经验，书中难免存在欠妥之处，希望读者批评指正。

编者

于华中科技大学，武汉喻家山

2020 年 6 月

目　录

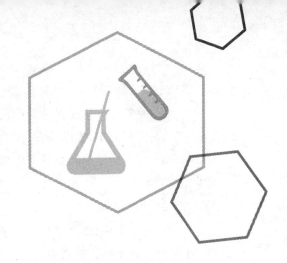

第一篇

无机化学实验

化学实验的目的和任务

"认识从实践始",实验是人类研究自然、认识自然、改造自然、利用自然及与自然友好相处的基本方法。化学是一门对实验结果依赖性很强的学科,化学实验是化学理论产生的基础,化学理论中的一切学说、定律、原理都来源于化学实验,同时又被化学实验所检验。

化学实验是化学知识的开端,要成为新世纪的化学专业人才,没有严格、系统和科学的化学实验训练,没有扎实的化学实验基本功和实验技能是不行的。化学实验不仅可以培养人们的认识能力和创新能力,而且还能培养人们实事求是的科学态度、严谨的工作作风、科学的思维方法、有效的分析问题和解决问题的能力,使人们逐步掌握科学研究方法,具备独立开展科学研究和生产实践活动的能力。

因此,化学实验基本功的训练、科学思维方法的养成、创新意识和能力的培养是化学实验教育的中心任务。

化学实验的学习方法

要完成化学实验,必须抓好预习、实验和实验报告三个环节。

1. 预习

1) 阅读实验教材及参考文献中的有关内容。

2) 明确实验的目的和原理。

3) 了解实验的内容、步骤、操作过程和注意事项。

4) 认真写好预习报告。预习报告内容包括实验目的、实验原理(反应方程式)、实验内容和注意事项等。预习报告应简明扼要,不要照抄书本。实验前将预习报告交由指导教师检查,预习报告合格者才允许进行实验。

2. 实验

1) 实验过程中要严格按照要求,认真操作、细心观察、独立思考,要及时、准确、如实地记录实验现象和数据。

2）实验过程中要保持安静,遵守规则,注意安全,整洁节约。

3）实验完毕,洗净仪器、整理药品及实验台。

4）将实验结果和记录交由指导教师审阅,达到要求后,经指导教师同意后方能离开实验室。

3. 实验报告

实验结束后,要严格根据实验记录现象和数据,独立完成实验报告的撰写,按时交由指导教师批阅。报告要对实验现象做出解释,并对实验中的问题进行分析与讨论,提出结论。

书写实验报告要求语言简洁明了,文字表达清楚,字迹工整,报告整齐干净。否则,必须重新书写实验报告。

实验报告应包括以下内容:

1）实验目的和原理。

2）实验步骤。尽量采用表格、框图、符号等形式清晰明了地表示。

3）实验现象和数据记录。实验现象的描述要客观、全面,数据记录要完整。

4）解释、结论或数据计算。根据现象做出简明解释,写出主要反应方程式,做出小结或得出最终结论。若有数据计算,则必须将所依据的公式和主要数据表达清楚,必要时应与文献数据进行比较。

5）问题讨论。针对实验中遇到的疑难问题,提出自己的见解,也可对实验方法、教学方法、实验内容等提出自己的建议。必要时对存在的问题及失败的原因进行恰当地分析。

化学实验室规则与要求

1）进入实验室,首先了解实验室的各项规章制度,穿实验服,戴防护眼镜;熟悉实验室环境、布置、各种设施(如水电阀门、急救箱、消防用具等)的位置,清点仪器、试剂和材料。

2）保持实验室内安静,集中精神,仔细观察。如实、及时地记录实验中观察到的现象和实验数据。

3）保持实验室和实验台面的清洁,火柴、纸屑、废品等要放入废物缸内,不得丢入水槽。

4）使用仪器要小心谨慎,若有损坏,应及时向指导教师报告并填写仪器损坏单。使用精密仪器时,必须严格按照操作规程,在教师指导下进行。注意节约水电。

5）使用试剂时应注意如下事项:

（1）按量取用,注意节约。

（2）取用固体试剂时，注意勿使其散落在实验容器外。

（3）公用试剂放在指定位置，不得擅自拿走，用完后即放回原处，避免搞错，玷污试剂。

（4）使用试剂时要遵守正确的取用方法，注意试剂、溶剂的瓶盖或滴头不得搞错。

6）实验完毕，仪器洗净后放回原处，整理桌面，洗净双手，经指导教师同意方可离开。实验室内物品不得带出实验室。

7）发生意外事故时要保持镇静，切忌惊慌失措；遇到烧伤、割伤时应立即报告指导教师，及时救治。

8）每次实验后应由值日生负责整理药品，打扫卫生，并检查水、电和门窗，保持实验室的整洁和安全。

化学实验室的纪律与安全

化学实验室中有许多试剂具有易燃性、易爆性、腐蚀性和毒性，存在不安全的因素，所以进行化学实验时，思想上必须重视安全问题，绝不可麻痹大意。每次实验前应掌握本实验安全注意事项，在实验过程中严格遵守安全守则，避免事故的发生。

1）不要用湿的手、物接触电源，水、电、气使用完毕后应立即关闭。

2）加热试管时，不要将试管口对着自己或别人，也不要俯视正在加热的液体，以免液体溅出受到伤害。

3）嗅闻气体时，应用手轻拂气体，把少量气体扇向自己再闻。产生有刺激性或有毒气体（如 H_2S、Cl_2、CO、NO_2、SO_2 等）的实验必须在通风橱内进行并注意实验室通风。

4）使用易挥发和易燃物质的实验，应在远离火源的地方进行。

5）有毒试剂（如氰化物、汞盐、钡盐、铅盐、重铬酸钾、砷的化合物等）不得进入口内或接触伤口，剩余的废液也不能倒入下水道。把金属汞洒落在桌面或地面上时，应尽可能收集起来，并用硫黄粉覆盖在洒落的地方，使汞变成不挥发的硫化汞。不能将汞温度计当作玻璃棒使用。

6）洗液、浓酸、浓碱具有强腐蚀性，应避免溅落在皮肤、衣服或书本上，更应防止溅入眼睛里。

7）稀释浓硫酸时，应将浓硫酸慢慢注入水中，并不断搅动，切勿将水倒入浓硫酸中，以免飞溅，造成灼伤。

8）严禁使用不知其成分的试剂，严禁任意混合不同试剂药品，更不能尝其味道，以免发生意外事故。

9）使用高压气体钢瓶时，要严格按操作规程进行。

10）实验室内严禁吸烟、饮食，或把食具带入实验室。不得用口尝试任何化学试剂。

11）未经教师允许，严禁在实验室做与实验内容无关的事情。

化学实验一般意外事故救护方法

1）割伤。伤口内若有异物，应先取出，再在伤口处涂上红药水或贴上创可贴，必要时送医院救治。

2）烫伤。在伤口上涂抹烫伤膏（如氧化锌软膏、鱼肝油药膏、獾油等），也可用高锰酸钾水溶液浸润伤口至皮肤变棕色为止。

3）酸烧伤。先用大量水冲洗，再用饱和碳酸氢钠溶液或稀氨水洗，接着再次用水冲洗，最后涂敷氧化锌软膏。

4）碱烧伤。先用大量水冲洗，再用 1%～2% 的硼酸水溶液冲洗，然后再水洗，并去医院进行进一步处置。

5）试剂烧伤眼。应立即用大量水冲洗，并立即送医院治疗。

6）触电。发生触电事故时，先要切断电源，并尽快用绝缘物（如木棒、竹竿等）将触电者与电源隔离，必要时应进行人工呼吸，并迅速送医院救治。

实验报告参考格式

例一   硝酸钾的制备与提纯

实验目的

1. 利用钾盐、硝酸盐在不同温度时溶解度不同的性质来制备硝酸钾。

2. 学习称量、溶解、冷却、过滤等无机制备的基本操作。

实验原理

当 KCl 和 $NaNO_3$ 溶液混合时，混合液中同时存在 K^+、Na^+、Cl^-、NO_3^- 四种离子，由它们组成的四种盐，在不同的温度下有不同的溶解度，利用 $NaCl$、KNO_3 的溶解度随温度变化而变化的差别，高温除去 $NaCl$，在滤液中加入一定量的沸水，经适当浓缩后冷却，得到较纯的 KNO_3。

实验步骤

1. 硝酸钾的制备

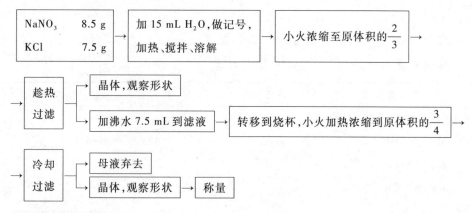

2. 硝酸钾的重结晶

$$\boxed{\begin{array}{c}KNO_3 : H_2O = 2 : 1\\(质量比)\end{array}} \rightarrow \boxed{\begin{array}{c}加热\\溶解\end{array}} \rightarrow \boxed{\begin{array}{c}冷却\\过滤\end{array}} \rightarrow \boxed{称量}$$

3. 产品纯度检验

检验物	实验步骤	实验现象	结论与反应方程式
产品试液 0.02 g+ 1 mL 纯水	加 1 滴 6 mol·L^{-1} HNO$_3$溶液 加 1 滴 0.1mol·L^{-1} AgNO$_3$溶液		
重结晶后	同上		

实验记录

1. 实验现象：＿＿＿＿＿＿＿＿＿＿＿＿＿＿＿＿＿＿＿＿＿＿＿＿＿＿＿

2. 产量：＿＿＿＿＿＿＿＿＿＿＿＿＿＿＿＿＿＿＿＿＿＿＿＿＿＿＿＿＿

3. 理论产量：

$$KCl + NaNO_3 =\!=\!= KNO_3 + NaCl$$

$$m(KNO_3) = \frac{8.5 \times 101.1}{85}\ g = 10.1\ g$$

4. 产率

$$产品产率 = \frac{实际产量}{理论产量} \times 100\%$$

$$重结晶产品产率 = \frac{重结晶后质量}{重结晶前质量} \times 100\%$$

例二　碱金属、碱土金属

实验目的

1. 试验并了解少数锂、钠、钾盐的微溶性。

2. 试验碱土金属氢氧化物、盐的溶解性，并利用它们的差异分离、鉴定 Mg^{2+}、

Ca^{2+}、Ba^{2+}。

　　3. 学习焰色反应,并学习离子的分离、鉴定。

实验步骤与记录(仅列部分内容作示例)

实验步骤	实验现象	解释和结论(包含反应方程式)
1. 碱土金属氢氧化物的性质		
(1) $MgCl_2$+NaOH	胶状白↓	$Mg^{2+}+2OH^-\!\!=\!\!=\!\!=Mg(OH)_2\downarrow$
$CaCl_2$+NaOH	大量白↓	
$BaCl_2$+NaOH	——	$Ca^{2+}+2OH^-\!\!=\!\!=\!\!=Ca(OH)_2\downarrow$
(2) $MgCl_2$+氨水	白↓	$Mg^{2+}+2NH_3\cdot H_2O\!\!=\!\!=\!\!=Mg(OH)_2\downarrow+2NH_4^+$
$CaCl_2$+氨水	——	结论:溶解度的大小
$BaCl_2$+氨水	——	$Mg(OH)_2<Ca(OH)_2<Ba(OH)_2$
2. 锂、钠、钾的微溶盐		
(1) LiCl+NaF	小的白色晶体	$Li^++F^-\!\!=\!\!=\!\!=LiF\downarrow$
LiCl+Na_2CO_3,放置或加热	白↓	$2Li^++CO_3^{2-}\!\!=\!\!=\!\!=Li_2CO_3\downarrow$
LiCl+Na_2HPO_4,加热	白↓	$3Li^++PO_4^{3-}\!\!=\!\!=\!\!=Li_3PO_4\downarrow$
(2) NaCl+$KSb(OH)_6$,摩擦管壁	出现白色晶体	$Na^++KSb(OH)_6\!\!=\!\!=\!\!=NaSb(OH)_6\downarrow+K^+$
(3) KCl+$NaHC_4H_4O_6$,放置	出现白色晶体	$K^++NaHC_4H_4O_6\!\!=\!\!=\!\!=KHC_4H_4O_6\downarrow+Na^+$

💡 **思考题**(略)

一、基础实验

1. 基本操作和基本原理实验

● 实验1-1　常用玻璃仪器的清洗与干燥

实验目的

　　1. 熟悉化学实验室规则和玻璃器皿的领用要求,熟悉常见玻璃器皿及其用途。

　　2. 掌握常用玻璃器皿的洗涤、干燥及保存方法。

实验原理

1. 常用玻璃器皿的洗涤

化学实验室经常使用的玻璃仪器必须保证清洁,才能使实验取得准确的结果,所以学会清洗玻璃仪器是进行化学实验的重要环节。

洗涤仪器的方法很多,应根据实验的要求、污物的性质和沾污的程度来选择。一般来说附着在仪器上的污物有尘土、可溶性物质、不溶性物质、有机物、油污等。针对不同情况可以分别用下列方法洗涤。

1) 刷洗或水洗。用试管刷刷洗,可以使附着在仪器上的尘土和其他不溶性物质脱落下来,用水洗则可除去可溶性物质。

2) 去污粉或肥皂洗。可以洗去油污类有机物质,若仍洗不干净,可用热的碱溶液清洗。

3) 盐酸洗。可以洗去附着在器壁上的金属氧化剂(如 MnO_2 等)。

4) 铬酸洗。在进行精确的定量实验时,即使少量杂质亦会影响实验的准确性,因而要求用铬酸洗液洗涤玻璃器皿。铬酸洗液是等体积的浓硫酸和饱和重铬酸钾溶液的混合物,具有很强的氧化性、酸性和去污能力。使用铬酸洗液时必须注意以下几点:

(1) 使用洗液前最好用水或去污粉把仪器洗一遍。

(2) 应该尽量把仪器内的水倒掉,以免把洗液冲稀。

(3) 洗液用后倒回原瓶,可以重复使用,装洗液的瓶塞盖紧,防止洗液吸水而被冲稀。

(4) 洗液具有很强的腐蚀性,会灼伤皮肤和损坏衣物,使用时要小心,如洗液溅到皮肤或衣物上,应立即用水冲洗。

(5) 用上述方法洗涤后,还要用自来水冲洗,但自来水中含有 Ca^{2+}、Mg^{2+}、Cl^- 等离子,如果实验中不允许这些杂质存在,则应该再用少量的蒸馏水清洗两次,以除去这些离子。

5) 超声洗。利用超声波洗涤,其清洗净度和速度比一般传统洗涤方法高 5~8 倍,特别适用于清洗玻璃制品等易碎物品、塑料制品及一些手工无法清洗的物品。

洗净的仪器壁上不应附着不溶物和油污,器壁应能被水完全湿润。把仪器倒转过来,水即顺器壁流下,器壁上只留下一层既薄又均匀的水膜,不挂水珠,这表示仪器已经洗干净。

已洗净的仪器不能再用布或纸擦拭,因为布或纸的纤维会留在器壁上弄脏仪器。

2. 玻璃器皿的干燥

洗净的玻璃器皿可用下述方法干燥:

1) 烘干。洗净的仪器,可以放在恒温箱内烘干。放置时应注意使仪器的口朝下,不能倒置的仪器则应单放。应该在恒温箱的最下层,放一瓷盆,盛收从仪器滴下的水珠,以免损坏电炉丝。

2）烤干。烧杯或蒸发皿可置于石棉网上用火烤干。试管烘烤干燥时可将试管略微倾斜,管口向下,不断转动试管,赶掉水汽,最后管口朝上,以便把水汽赶尽。

也可以在不加热的情况下干燥仪器:

1）晾干。洗净的仪器可以倒置于干净的实验柜内或放在仪器架上晾干。

2）吹干。用压缩空气(或吹风机)把仪器吹干。

3）用有机溶剂干燥。有些有机溶剂可以和水互相溶解,如在仪器内加入少量酒精,转动仪器,使酒精与器壁的水混合,然后倾出混合液,残留在仪器壁上的酒精挥发后使仪器干燥。

带有刻度的计量仪器,不能用加热的方法进行干燥,以免影响其精密度。

仪器、试剂和材料

玻璃仪器;烘箱;酒精灯;电吹风机;试管刷;试管架。(见表 1-1-1)

$K_2Cr_2O_7$(固体);H_2SO_4溶液(浓);去污粉;肥皂。

表 1-1-1　实验仪器清单

名称	规格	数量	名称	规格	数量
烧杯	400 mL	1 只	试管夹	—	1 个
烧杯	250 mL	1 只	试管刷	—	1 把
烧杯	100 mL	2 只	试管架	—	1 个
烧杯	50 mL	1 只	表面皿	6~8 cm	2 块
试管	15 mm×150 mm	10 支	蒸发皿	60 mL	1 只
离心试管	10 mL	10 支	量筒	10 mL	1 只
漏斗	6 cm	1 个	锥形瓶	250 mL	2 只
石棉网	—	1 块	容量瓶	25 mL	4 只
广口瓶	30 mL	2 只	比色管	25 mL	5 只

注:本表依实际情况可变动。

实验内容

1）按照教师发给的实验仪器清单,领取玻璃仪器一套。

领取仪器时应仔细清点。如发现规格、数量不符合及仪器有破损时应在洗涤前及时调换。

2）配制 $K_2Cr_2O_7$-H_2SO_4洗液。称取重铬酸钾 10 g,置于 400 mL 烧杯内,加入 20 mL水,加热使之溶解。冷却后,不断搅拌下徐徐注入 175 mL 浓硫酸即成。配好的洗液应为深褐色,储于细口瓶中备用。用时防止其被水稀释。

3）在教师指导下,对已领取的玻璃仪器分类,选择合适的方法进行清洗。

4）将清洗干净的玻璃仪器依不同要求,采用不同方法(如自然晾干、烘干、烤干、吹干等)进行干燥。

5）将清洗、干燥过的玻璃仪器按指定位置(仪器橱、架等)存放好。

💡 **思考题**

1. 为保证化学实验结果的准确性,实验中要用到的玻璃器皿都必须洗净到器壁能被水完全润湿、不挂水珠,你对这种观点有何评论。

2. 铬酸洗液是怎样配制的? 配制过程中应注意什么? 新配制的铬酸洗液是什么颜色? 如果用铬酸洗液清洗还原性污物,铬酸洗液的颜色会发生什么变化?

3. 举例说明不同的玻璃器皿、不同的污物要用不同的洗涤剂、不同的清洗方法进行清洗。

扫描二维码化学试剂的选择、保管、使用

扫描二维码溶液的配制

● **实验 1-2　磷酸一氢钠的制备及检验**

扫描二维码量筒的使用

实验目的

1. 掌握制备磷酸一氢钠的方法,加深对磷酸盐的认识。

2. 复习和巩固多元酸的解离平衡与溶液 pH 的关系。

实验原理

磷酸是三元酸,在溶液中有三步解离。当用碳酸钠或氢氧化钠中和磷酸时,如果中和磷酸的一个氢离子($pH = 4.2 \sim 4.6$),浓缩结晶后得到的是 $NaH_2PO_4 \cdot 2H_2O$,它是无色菱形晶体。如果中和磷酸的两个氢离子($pH \approx 9.2$),浓缩结晶后得到的是 $Na_2HPO_4 \cdot 12H_2O$,它是无色透明单斜晶系菱形结晶,在空气中迅速风化。

磷酸一氢钠($Na_2HPO_4 \cdot 12H_2O$)溶于水后,存在水解和解离的双重平衡:

水解：　　$HPO_4^{2-} + H_2O \rightleftharpoons H_2PO_4^- + OH^-$

解离：　　$HPO_4^{2-} \rightleftharpoons H^+ + PO_4^{3-}$

但由于 HPO_4^{2-} 的水解程度比解离程度大,故磷酸一氢钠溶液显弱碱性($pH = 9 \sim 10$)。因此合成时,用 NaOH 中和磷酸,通过严格控制溶液的 pH,就能制得磷酸一氢钠。

在磷酸盐(包括 Na_3PO_4、Na_2HPO_4、NaH_2PO_4)溶液中,加入 $AgNO_3$ 皆生成 Ag_3PO_4 黄色沉淀。

仪器、试剂和材料

电子天平;烧杯(100 mL);水浴锅;布氏漏斗;量筒(10 mL,50 mL);蒸发皿。

H_3PO_4 溶液(化学纯,质量分数大于 85%);NaOH 溶液($2 \ mol \cdot L^{-1}$,$6 \ mol \cdot L^{-1}$);$AgNO_3$ 溶液($0.1 mol \cdot L^{-1}$);无水乙醇;pH 试纸。

实验内容

1. $Na_2HPO_4 \cdot 12H_2O$ 的制备

用量筒量取 2 mL 化学纯的磷酸置于 100 mL 烧杯中,加入 15 mL 蒸馏水,搅匀。

加入 6 mol·L⁻¹ NaOH 溶液,调节溶液的 pH 为 9.2(注意:中和到 pH = 7~8 时,改用 2 mol·L⁻¹ NaOH 溶液调节)。将溶液转到蒸发皿中(室温较低时,溶液中会有少量晶体析出,可水浴加热待晶体溶解后再转移),在水浴上加热,蒸发浓缩至表面刚有微晶出现(不要过分浓缩)。用冰水或冷水冷却(可适当搅动,防止晶体结块)。待晶体析出后,减压抽滤。晶体用少量无水乙醇(3~5 mL)洗涤 2~3 次,用滤纸吸干晶体后,称量。

2. 产品($Na_2HPO_4·12H_2O$)检验

1)取少量产品置于试管中,加水溶解,加入 0.1 mol·L⁻¹ $AgNO_3$ 溶液,观察沉淀的颜色。

2)用 pH 试纸检验 $Na_2HPO_4·12H_2O$ 水溶液的酸碱性。

扫描二维码
过滤操作

扫描二维码
pH 试纸的
使用

⚠ **注意事项**

本实验使用的 Ag^+ 对人体有毒,使用量应尽可能少,取用时避免进入口内或接触伤口,剩余的废液请倒入指定的重金属离子废液回收桶中,不能倒入下水道。

💡 **思考题**

1. 减压抽滤的步骤是什么?

2. 蒸发和结晶有什么区别?

3. 酸式盐的水溶液是否都具有酸性,为什么?

● 实验 1-3　五水硫酸铜的制备及提纯

实验目的

1. 掌握水浴加热、蒸发浓缩、常规过滤、热过滤及减压过滤、重结晶等基本操作。

2. 了解用不活泼金属和酸制备盐的方法。

实验原理

铜为不活泼金属,不能和稀硫酸反应直接制备硫酸铜。因此,想要制备五水硫酸铜,必须在反应中加入具有氧化性的酸。利用浓硝酸和稀硫酸的混合液与铜发生反应,浓硝酸可将铜氧化为 Cu^{2+},而 Cu^{2+} 又与 SO_4^{2-} 结合制备硫酸铜盐,反应如下:

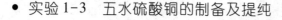

$$Cu + 2HNO_3 + H_2SO_4 =\!=\!= CuSO_4 + 2NO_2 \uparrow + 2H_2O$$

未参与反应的铜片及不溶性杂质可采用倾析法除去。由于该方法产生了有毒气体二氧化氮,因此,实验室通常利用氧化铜与特定浓度的硫酸反应,制备硫酸铜。

$$CuO + H_2SO_4 =\!=\!= CuSO_4 + H_2O$$

硫酸铜的溶解度会随着温度的升高增大,因此可用重结晶法进行提纯。将制备的粗产品硫酸铜溶于适量水中,加热制成饱和溶液并趁热过滤去除不溶性杂质。将滤液冷却后可析出硫酸铜晶体,过滤,与可溶性杂质分离,得到纯净五水硫酸铜晶体。

仪器、试剂和材料

电子天平;蒸发皿;表面皿;水浴锅;烧杯;布氏漏斗。

氧化铜粉末;硫酸($3\ mol\cdot L^{-1}$)。

实验内容

1. 五水硫酸铜的制备

称取 1.9 g 氧化铜粉末,置于干燥蒸发皿中,加入 6 mL $3\ mol\cdot L^{-1}$硫酸,在蒸发皿上盖上表面皿,水浴加热促使反应进行,注意加热过程中补加 $4\sim8$ mL $3\ mol\cdot L^{-1}$硫酸以便使反应进行完全。注意依据反应具体情况,调整补加酸的量。

待氧化铜全部溶解后,趁热利用倾析法将溶液转到一个小烧杯中,去除不溶性杂质。将冷却后的溶液转移至洗净的蒸发皿中。水浴加热蒸发皿,蒸发浓缩至出现结晶膜。取下蒸发皿,冷却析出蓝色的五水硫酸铜晶体。减压抽滤,得粗产品,称量并计算产率(以湿品计算,应不低于 85%)。

2. 重结晶法提纯五水硫酸铜

按照 1 g 粗产品兑 1.2 mL 水的比例混合,加热将粗产品溶于水中,并趁热过滤。滤液收集在一个小烧杯中,缓慢冷却,析出纯的五水硫酸铜晶体。若无晶体析出,可用水浴加热蒸发浓缩,再冷却制备纯的五水硫酸铜晶体。晶体用滤纸吸干水分,称量,计算产率。

💡 **思考题**

1. 总结和比较倾析法、常压过滤、减压过滤、热过滤等固液分离方法的优缺点。说明在什么情况下应该采用倾析法、常压过滤、减压过滤和热过滤。

2. 什么叫重结晶? 硫酸铜可以用重结晶进行提纯,NaCl 可以吗? 为什么?

扫描二维码
重结晶

扫描二维码
倾析法

● **实验 1-4　pH 法测定醋酸解离常数**

实验目的

1. 了解弱电解质解离常数的测定原理和方法。

2. 学习 pH 计的正确使用方法。

实验原理

醋酸是一种弱电解质,在水溶液中始终存在着未解离分子同离子之间的平衡。当温度一定时,这个过程很快达到动态平衡:

$$HAc(aq) \rightleftharpoons H^+(aq) + Ac^-(aq)$$

起始浓度/$(\text{mol} \cdot \text{L}^{-1})$ c_0 0 0

平衡浓度/$(\text{mol} \cdot \text{L}^{-1})$ $c_0 - c(H^+)$ $c(H^+)$ $c(Ac^-)$

因为 $c(H^+) = c(Ac^-)$

所以其解离常数表达式为

$$K_{HAc}^{\ominus} = \frac{\dfrac{c(H^+)}{c^{\ominus}} \times \dfrac{c(Ac^-)}{c^{\ominus}}}{\dfrac{c_0 - c(H^+)}{c^{\ominus}}}$$

式中：$K_{HAc}^{\ominus}$ 为 HAc 的解离常数；c 分别表示平衡时 H^+ 或 Ac^- 的浓度$(\text{mol} \cdot \text{L}^{-1})$；$c_0$ 表示 HAc 的起始浓度$(\text{mol} \cdot \text{L}^{-1})$；$c^{\ominus}$ 表示标准浓度$(1\ \text{mol} \cdot \text{L}^{-1})$

解离常数是温度的函数，与溶液的浓度无关。

醋酸解离程度的大小用解离度 α 表示：$\alpha = \dfrac{\text{已解离的电解质分子数}}{\text{溶液中原电解质分子数}} \times 100\%$

在稀的纯 HAc 溶液中，当 $c(H^+) < 5\%\ c_0$ 时：

$$\alpha = \sqrt{\frac{K_{HAc}^{\ominus}}{c_0/c^{\ominus}}}$$

因此可看出，解离度的大小和原电解质溶液的浓度有关。

在一定温度下，用 pH 计测定不同浓度醋酸的 pH，根据 $\text{pH} = -\lg c(H^+)$ 计算出醋酸在此温度下的解离常数和不同浓度醋酸的解离度。

仪器、试剂和材料

pH 计；容量瓶$(25\ \text{mL})$；吸量管$(10\ \text{mL}, 5\ \text{mL})$；微型碱式滴定管；微型滴定管架；锥形瓶$(50\ \text{mL})$；烧杯$(10\ \text{mL})$；洗瓶。

NaOH 标准溶液$(0.1000\ \text{mol} \cdot \text{L}^{-1})$；醋酸溶液$(约\ 0.1\ \text{mol} \cdot \text{L}^{-1})$；酚酞指示剂；缓冲溶液$(邻苯二甲酸氢钾\ 0.05\ \text{mol} \cdot \text{L}^{-1}, \text{pH} = 4.003)$。

实验内容

1. 醋酸溶液浓度的测定

用吸量管吸取 2 份 10.00 mL 浓度约为 0.1 $\text{mol} \cdot \text{L}^{-1}$ 醋酸溶液，分别置于 50 mL 的锥形瓶中，各加 2 滴酚酞指示剂，用标准 NaOH 溶液滴定至溶液显微红色，且 30 s 内不褪色，即为终点。准确读出滴定前和滴定终点时滴定管中 NaOH 液面的读数，算出 NaOH 的用量(要求两次滴定所用 NaOH 体积差小于 0.02 mL)。求出醋酸溶液的准确浓度。

2. 配制不同浓度的醋酸的溶液

用吸量管分取 10.00 mL 、5.00 mL、2.50 mL 已标定过的醋酸溶液于 3 个 25 mL 的

容量瓶中,用蒸馏水稀释至刻度,摇匀,计算它们的准确浓度。

3. 测定不同浓度的醋酸溶液的 pH

把以上稀释的醋酸溶液和原醋酸溶液共 4 种不同浓度的溶液,分别放入 4 个干燥的 10 mL 烧杯中,按由稀到浓的次序用 pH 计分别测定它们的 pH,记录数据和室温。

根据所测数据计算解离度和解离常数。

编号	HAc 溶液准确浓度	pH	$c(H^+)$	解离度 α	$K_{HAc}^{\ominus}$	$K_{HAc}^{\ominus}$ 的均值
1						
2						
3						
4						

💡 **思考题**

1. 用 NaOH 标准溶液测定醋酸溶液的浓度时,滴定已达到终点(即酚酞指示剂呈微红色,并在半分钟内不褪色),但久置后,红色褪掉了。有人说:"是由于刚才的终点不是真正的终点所至"。你认为这种说法对吗?为什么?

2. 用 pH 法测定醋酸的解离常数的依据是什么?由测得的 pH,如何计算醋酸的解离常数?

3. 25 ℃时,醋酸的解离常数为 1.76×10^{-5},将实验温度下测得的解离常数和其比较。

4. 测定不同浓度醋酸溶液的 pH 时,为什么要由稀到浓的顺序进行?由浓到稀的顺序测定行吗?为什么?

5. 使用 pH 计应注意哪些方面的问题?

扫描二维码
pH 计的使用

扫描二维码
移液管和吸量管的使用

扫描二维码
容量瓶的使用

● **实验 1-5　溶胶的制备及其稳定性**

实验目的

1. 了解溶胶的制备方法。

2. 了解影响溶胶聚沉的因素。

3. 了解大分子物质对溶胶的保护作用。

实验原理

胶体是指一种或几种物质以一定的分散程度(粒子直径在 1~1000 nm)分散在另一种物质中所形成的体系。其中以固体分散在水中的溶胶最为重要。以下讨论的都是指这种水溶胶。

要制备出比较稳定的溶胶必须满足两个条件:

1）固体分散相粒子大小必须在胶体分散度的范围内。

2）胶粒在液体介质中要保持分散,不聚结(一般需加稳定剂)。

通常制备溶胶有两种方法:

1）凝聚法。即在一定条件下使小分子或离子聚结成胶体分散度的大小。

2）分散法。即是将大块固体分割到胶体分散度的大小。

溶胶的性质与其结构有关。本实验用 $AgNO_3$ 溶液和过量的 KI 溶液所制备的 AgI 溶胶(A)的胶团结构如下:

$$[(AgI)_m \cdot nI^- \cdot (n-x)K^+]^{x-} \cdot xK^+$$

此溶胶由 m 个 AgI 组成胶核,由于 KI 溶液过量,溶液中还剩有 K^+、NO_3^-、I^- 等。因为胶核有选择性地吸附与其组成相类似离子的倾向,所以 I^- 在胶核表面优先吸附,使胶核带上了负电荷。溶液中与其电性相反的 K^+(反离子)也部分被吸附在胶核表面形成吸附层,胶核和吸附层构成胶粒,其余反离子松散地分布在胶粒外面,形成扩散层。扩散层和胶粒合称为胶团。在溶胶中胶粒是独立运动单位。因此 AgI 溶胶(A)的胶粒是带负电荷的。

本实验用过量的 $AgNO_3$ 溶液和少量的 KI 溶液制成的 AgI 溶胶(B)的胶团结构如下:

$$[(AgI)_m \cdot nAg^+ \cdot (n-x)NO_3^-]^{x+} \cdot xNO_3^-$$

同理可推断出 AgI 溶胶(B)的胶粒是带正电的。

由于胶粒带电是导致其具有稳定性的原因之一,因此,电解质的加入或与带相反电荷溶胶的混合,都将破坏胶团的双电层结构,使溶胶发生聚沉。电解质能使溶胶聚沉,起主要作用的是与胶粒带相反电荷的离子,这种离子价态越高,聚沉溶胶的能力越强。此外,电解质在溶胶中的浓度越大,越有利于溶胶的聚沉。通常把能使溶胶聚沉所需的电解质的最低浓度称为聚沉值($mmol \cdot L^{-1}$)。

$$聚沉值 = \frac{c \cdot V_1}{V} \times 1000$$

式中:c 为外加电解质溶液浓度,单位为 $mol \cdot L^{-1}$;V_1 为发生聚沉时所加电解质溶液的最小体积,单位为 mL;V 为发生聚沉时溶胶的总体积,单位为 mL。

在溶胶里加入适量的大分子物质溶液,可提高溶胶对电解质的稳定性,这种作用叫大分子对溶胶的保护作用。

仪器、试剂和材料

烧杯(200 mL,100 mL,50 mL);量筒;布氏漏斗;试管;滤纸;酒精灯。

HCl 溶液(0.1 $mol \cdot L^{-1}$);$NH_3 \cdot H_2O$ 溶液(2 $mol \cdot L^{-1}$);$FeCl_3$ 溶液(5%);KI 溶液(0.1 $mol \cdot L^{-1}$,0.01 $mol \cdot L^{-1}$);KCl 溶液(2.5 $mol \cdot L^{-1}$);$AgNO_3$ 溶液(0.1 $mol \cdot L^{-1}$,0.01 $mol \cdot L^{-1}$);$AlCl_3$ 溶液(1%);K_2CrO_4 溶液(0.01 $mol \cdot L^{-1}$);$K_3[Fe(CN)_6]$ 溶液(0.01 $mol \cdot L^{-1}$);明胶(0.5%)。

实验内容

1. 溶胶的制备

1）化学凝聚法

（1）$Fe(OH)_3$ 溶胶制备。取蒸馏水 50 mL 于烧杯中,煮沸后,逐滴加入 5% 的 $FeCl_3$ 溶液 6 mL,并不断搅拌,待 $FeCl_3$ 加完后,再煮沸 1~2 min,即得深红色的 $Fe(OH)_3$ 溶胶。立即用冷水冷却到室温,留待后续实验用。

（2）AgI 溶胶（A）制备。取 15 mL 0.1 mol·L^{-1} 的 KI 溶液于 50 mL 烧杯中,一边搅拌,一边用滴管缓慢滴加 0.01 mol·L^{-1} 的 $AgNO_3$ 溶液,制得 AgI 溶胶（A）。留待后续实验用。

（3）AgI 溶胶（B）制备。在 1.5 mL 0.1 mol·L^{-1} 的 $AgNO_3$ 溶液中,一边搅拌,一边滴加 1~2 滴 0.01 mol·L^{-1} 的 KI 溶液,制得 AgI 溶胶（B）。留待后续实验用。

2）分散法。$Al(OH)_3$ 溶胶的制备:取 10 mL 1% $AlCl_3$ 溶液于一小烧杯中,一边搅拌,一边滴加 2 mol·L^{-1} 的 $NH_3·H_2O$,当有沉淀析出后,减压抽滤,用蒸馏水洗涤 2~3 次。然后将滤纸上的沉淀转入 100 mL 蒸馏水中,煮沸,中间可加入 2~3 滴 0.1 mol·L^{-1} 的 HCl 溶液。煮沸 30 min 后,取上面清液,冷却至室温。留待后续实验用。

2. 影响溶胶聚沉的因素

1）测定不同电解质对 $Fe(OH)_3$ 溶胶的聚沉能力

（1）取 5 支试管加以标号。现有浓度为 2.5 mol·L^{-1} KCl 溶液,请设计使每管中 KCl 溶液浓度相差 10 倍,且每管体积相等。将自制的 1 mL $Fe(OH)_3$ 溶胶加入各管,摇匀,计时。15 min 后,记录其中使溶胶明显发生聚沉(浑浊)的最小电解质浓度。

（2）现有浓度分别为 0.01 mol·L^{-1} 的 K_2CrO_4 溶液和 0.01 mol·L^{-1} 的 $K_3[Fe(CN)_6]$ 溶液,按照实验内容 2 中（1）的方法,测它们分别使 $Fe(OH)_3$ 溶胶发生明显聚沉的最小电解质浓度。

2）带不同电荷的溶胶的相互聚沉。自行设计实验,验证实验内容 1 中制备的 4 种溶胶,哪些等体积混合会发生聚沉,如将 5 mL AgI 溶胶（A）和 5 mL AgI 溶胶（B）混合。

3. 大分子物质对溶胶的保护作用

取两支试管,各加入 2 mL 自制的 $Fe(OH)_3$ 溶胶,然后在一支试管中加 2 滴 0.5% 的明胶,另一支试管加 2 滴蒸馏水,振荡试管,然后分别滴加 0.01 mol·L^{-1} 的 $K_3[Fe(CN)_6]$ 溶液,记录两支试管发生聚沉所需 $K_3[Fe(CN)_6]$ 溶液的滴数,并解释现象。

⚠ **注意事项**

本实验使用的 CrO_4^{2-} 和 Ag^+ 对人体有毒,取用时避免进入口内或接触伤口,剩余的废液请倒入指定的重金属离子废液回收桶中,不能随便倒入下水道。

💡 **思考题**

1. 从实验所得 KCl、K_2CrO_4 及 $K_3[Fe(CN)_6]$ 对 $Fe(OH)_3$ 溶胶的聚沉值,排列出它们对 $Fe(OH)_3$ 溶胶聚沉能力的大小顺序,并计算聚沉值之比。

2. 大分子物质为何对溶胶有保护作用?

3. 自制一种溶胶后,如何推断其胶粒电性?如何验证?

4. 当设计某种电解质对某一溶胶的聚沉值实验时,应从哪些方面考虑?

5. 在本实验制备的四种溶胶中,哪些溶胶的相互混合会发生聚沉?

● **实验 1-6   化学反应速率和活化能的测定**

实验目的

1. 掌握浓度、温度、催化剂对化学反应速率的影响。

2. 测定过二硫酸铵氧化碘化钾反应的反应速率,并计算反应级数、反应速率常数和反应的活化能。

实验原理

在水溶液中,过二硫酸铵和碘化钾发生以下反应:

$$S_2O_8^{2-} + 3I^- \!\!=\!\!=\!\!= 2SO_4^{2-} + I_3^- \tag{1-6-1}$$

若用 $S_2O_8^{2-}$ 随时间的不断减少来表示该反应的反应速率 v,则

$$v = -\frac{dc(S_2O_8^{2-})}{dt} = k \cdot c^m(S_2O_8^{2-}) \cdot c^n(I^-)$$

本实验测定的是一段时间 Δt 内反应的平均速率 $\bar{v}$,由于在 Δt 时间内本反应的 v 变化较小,故可用平均速率近似代替起始速率。即

$$\bar{v} = -\frac{\Delta c(S_2O_8^{2-})}{\Delta t} = k \cdot c^m(S_2O_8^{2-}) \cdot c^n(I^-)$$

式中:$\Delta c(S_2O_8^{2-})$ 为 Δt 时间内 $S_2O_8^{2-}$ 浓度的变化值;$c(S_2O_8^{2-})$、$c(I^-)$ 分别为两种离子的初始浓度;k 为反应速率常数;m 和 n 为决定反应级数的两个值,$m+n$ 即为反应级数。为了测定在一定时间 Δt 内 $S_2O_8^{2-}$ 的变化值,可在混合 $(NH_4)_2S_2O_8$ 溶液和 KI 溶液的同时,加入一定体积已知浓度的 $Na_2S_2O_3$ 溶液和淀粉溶液,在反应(1-6-1)进行的同时,也同时进行着如下反应:

$$2S_2O_3^{2-} + I_2 \!\!=\!\!=\!\!= S_4O_6^{2-} + 2I^- \tag{1-6-2}$$

反应(1-6-2)比反应(1-6-1)进行得快,瞬间即可完成。由反应(1-6-1)生成的碘能立即与 $S_2O_3^{2-}$ 作用,生成无色的 $S_4O_6^{2-}$ 和 I^-。因此,在开始一段时间内,看不到碘与淀粉

作用所显示的蓝色,但当 $S_2O_3^{2-}$ 用尽,反应(1-6-1)继续生成的微量 I_2 与淀粉作用,使溶液显示出蓝色。

根据反应原理及反应(1-6-1)和反应(1-6-2)可看出,从反应开始到溶液出现蓝色所需的时间 Δt 内,$S_2O_8^{2-}$ 浓度的变化值为 $S_2O_3^{2-}$ 在溶液中浓度的一半,由此可计算出平均反应速率,再根据平均反应速率和反应物浓度的关系,进而求出反应级数和反应速率常数。

根据 Arrhenius 公式,反应速率常数与温度的关系为

$$\ln \frac{k}{[k]} = -\frac{E_a}{RT} + \ln \frac{A}{[A]}$$

式中:E_a 为反应的活化能;R 为摩尔气体常数 $8.314\ \mathrm{J \cdot K^{-1} \cdot mol^{-1}}$;$A$ 为指前因子;T 为热力学温度;$[k]$ 和 $[A]$ 是代表该量的单位。因此,可通过改变反应的温度,测得反应速率,此时可用反应速率代替反应速率常数,进而求得反应的活化能。

仪器、试剂和材料

秒表;烧杯(400 mL,50 mL);大试管;玻璃棒;恒温水浴锅;电磁搅拌器;温度计;吸量管(5 mL,2 mL,1 mL)。

KNO_3 溶液($0.2\ \mathrm{mol \cdot L^{-1}}$);$(NH_4)_2SO_4$ 溶液($0.2\ \mathrm{mol \cdot L^{-1}}$);$(NH_4)_2S_2O_8$ 溶液($0.2\ \mathrm{mol \cdot L^{-1}}$);$Na_2S_2O_3$ 溶液($0.01\ \mathrm{mol \cdot L^{-1}}$);$Cu(NO_3)_2$ 溶液($0.02\ \mathrm{mol \cdot L^{-1}}$);$KI$ 溶液($0.2\ \mathrm{mol \cdot L^{-1}}$);淀粉溶液(0.2%)。

实验内容

1. 浓度对化学反应速率的影响

表 1-6-1 共设计有 5 组实验。在室温下,按表 1-6-1 所设计的试剂量,准确取出每组实验所需的 $0.2\ \mathrm{mol \cdot L^{-1}}$ KI 溶液、$0.2\ \mathrm{mol \cdot L^{-1}}$ $(NH_4)_2SO_4$ 溶液、$0.01\ \mathrm{mol \cdot L^{-1}}$ $Na_2S_2O_3$ 溶液、$0.2\ \mathrm{mol \cdot L^{-1}}$ KNO_3 溶液和 0.2% 淀粉溶液于同一 50 mL 小烧杯中,将烧杯放在电磁搅拌器上搅拌,然后准确量取所需 $0.2\ \mathrm{mol \cdot L^{-1}}$ $(NH_4)_2S_2O_8$ 溶液,迅速加入小烧杯中,同时用秒表计时,待溶液刚一出现蓝色,立即停止计时,并记录 Δt。

本实验通过加入不同体积的 $0.2\ \mathrm{mol \cdot L^{-1}}$ KNO_3 溶液和 $0.2\ \mathrm{mol \cdot L^{-1}}$ $(NH_4)_2SO_4$ 溶液,使各组实验的总体积、离子强度保持不变,从而使实验具有可比性。

表 1-6-1　试剂用量表

实验编号	KI 溶液 $0.2\ \mathrm{mol \cdot L^{-1}}$	淀粉溶液 0.2%	$Na_2S_2O_3$ 溶液 $0.01\ \mathrm{mol \cdot L^{-1}}$	KNO_3 溶液 $0.2\ \mathrm{mol \cdot L^{-1}}$	$(NH_4)_2SO_4$ 溶液 $0.2\ \mathrm{mol \cdot L^{-1}}$	$(NH_4)_2S_2O_8$ 溶液 $0.2\ \mathrm{mol \cdot L^{-1}}$
1	4.0	0.5	1.5	0	0	4.0
2	4.0	0.5	1.5	0	2.0	2.0
3	4.0	0.5	1.5	0	3.0	1.0
4	2.0	0.5	1.5	2.0	0	4.0
5	1.0	0.5	1.5	3.0	0	4.0

2. 温度对化学反应速率的影响

根据表 1-6-1 中 5 组实验的结果,选取你认为最合适的 1 组配方,做温度对化学反应速率的影响。具体做法为:选取两支大试管,一支按配方量加入 0.2 mol·L⁻¹ KI 溶液,0.2%淀粉溶液,0.01 mol·L⁻¹ Na₂S₂O₃ 溶液,0.2 mol·L⁻¹ KNO₃ 溶液和 0.2 mol·L⁻¹(NH₄)₂SO₄ 溶液,另一支大试管加入 0.2 mol·L⁻¹(NH₄)₂S₂O₈ 溶液,然后将两支大试管同时放入比室温高 10 ℃ 的恒温水浴锅中,待试管中溶液与水温相同时,把(NH₄)₂S₂O₈ 溶液迅速加到 KI 混合液中,同时启动秒表,并不断搅拌。当溶液刚出现蓝色时,停止计时,并记录 Δt。

可在比室温低 10 ℃ 和高 20 ℃ 条件下,重复上述操作,记录 Δt,求出反应活化能。

3. 催化剂对化学反应速率的影响

按表 1-6-1 中实验编号 4 的试剂用量将 KI 溶液、Na₂S₂O₃ 溶液、淀粉溶液和 KNO₃ 溶液加入 1 支大试管中,再加入 2 滴 0.02 mol·L⁻¹ Cu(NO₃)₂ 溶液,摇匀后,迅速加入 4 mL 0.2 mol·L⁻¹(NH₄)₂S₂O₈ 溶液,振荡试管,记下反应时间,并与实验编号 4(不加催化剂)的反应时间相比较,得出定性结论。

💡 思考题

1. 不用 $c(S_2O_8^{2-})$ 而用 $c(I^-)$ 或 $c(I_3^-)$ 表示反应速率,反应速率常数是否一致?

2. 本实验中,溶液出现蓝色是否表示反应终止?

3. "催化剂加入后,一定能加快化学反应的速率",这句话对吗?

4. 设计实验数据记录表格。

5. 浓度、温度和催化剂分别对化学反应速率有何影响?

● 实验 1-7　电解质溶液和离子平衡

实验目的

1. 加深对解离平衡、同离子效应、盐类水解等理论的理解。

2. 配制缓冲溶液并验证其性质。

3. 了解沉淀溶解平衡及溶度积规则。

实验原理

电解质溶液中的离子反应和离子平衡是化学反应和化学平衡的一个重要方面。无机化学反应大多数是在水溶液中进行的,参与这些反应的物质主要是酸、碱、盐,它们都是电解质,在水溶液中能够完全或部分解离成带电离子。因此酸、碱、盐之间的反应实际上是离子反应。

1. 电解质的分类和弱电解质的解离

电解质一般分为强电解质和弱电解质。在水溶液中能完全解离成为离子的电解质称为强电解质;在水溶液中仅能部分解离(解离度<5%)的电解质称为弱电解质。弱电解质在水溶液中存在解离平衡,如一元弱酸 HA:

$$HA \rightleftharpoons H^+ + A^-$$

2. 同离子效应

在弱电解质溶液中,由于加入与该弱电解质有相同离子(阳离子或阴离子)的强电解质,使弱电解质的解离度降低的现象称为同离子效应,如在 HAc 溶液中加入 NaAc:

$$HAc \rightleftharpoons H^+ + Ac^-$$

由于增加了 Ac^- 的浓度,使 HAc 解离度降低,酸性降低,pH 增大。

同理,在氨水中加入 NH_4Cl,由于增加了 NH_4^+ 的浓度,可使氨水的解离度降低,pH 降低。

3. 缓冲溶液

一般水溶液常易受外界加酸、加碱或稀释影响而改变其原有的 pH。但也有一类溶液的 pH 在一定范围内并不因这些影响而有什么明显的变化,这类溶液称为缓冲溶液。常见的缓冲溶液为弱酸及其共轭碱所组成的混合溶液或弱碱及其共轭酸所组成的混合溶液。

缓冲溶液的 pH 决定于 $pK_a^\ominus$(或 $pK_b^\ominus$)及 $\dfrac{c(酸)}{c(碱)}$。当 $c(酸)=c(碱)$ 时,$pH=pK_a^\ominus$ 或 $pOH=pK_b^\ominus$。故配制一定 pH 的缓冲溶液时,可根据需要,选 $pK_a^\ominus$ 与 pH 相近的弱酸及其盐,或 $pK_b^\ominus$ 与 pOH 相近的弱碱及其盐。

4. 盐类的水解

盐类的水解反应是由于组成盐的离子和水解离出来的 H^+ 或 OH^- 作用,生成弱酸或弱碱的反应过程。水解反应往往使溶液显酸性或碱性。通常水解后生成的酸或碱越弱,盐的水解度越大。

水解是中和反应的逆反应,是吸热反应,加热能促进水解。同时,水解产物的浓度也是影响水解平衡移动的因素。

5. 沉淀溶解平衡

在难溶电解质的饱和溶液中,未溶解的固体和溶解后形成的离子间存在多相离子平衡:

$$A_mB_n(s) \rightleftharpoons mA^{n+} + nB^{m-}$$

$$K_{sp}^\ominus = [c(A^{n+})/c^\ominus]^m \cdot [c(B^{m-})/c^\ominus]^n$$

$K_{sp}^\ominus$ 称为溶度积,表示难溶电解质固体和它的饱和溶液达到平衡时的平衡常数。溶度积的大小与难溶电解质的溶解有关,反映了物质的溶解能力。

溶度积可作为沉淀与溶解的判断基础。对难溶电解质 A_mB_n,在一定的温度下,当溶液中:

$[c(A^{n+})/c^{\ominus}]^m \cdot [c(B^{m-})/c^{\ominus}]^n > K_{sp}^{\ominus}$ 时,溶液过饱和,有沉淀析出

$[c(A^{n+})/c^{\ominus}]^m \cdot [c(B^{m-})/c^{\ominus}]^n = K_{sp}^{\ominus}$ 时,沉淀-溶解达到动态平衡

$[c(A^{n+})/c^{\ominus}]^m \cdot [c(B^{m-})/c^{\ominus}]^n < K_{sp}^{\ominus}$ 时,溶液未饱和,无沉淀析出

如果在溶液中有两种或两种以上的离子都能被同一沉淀剂所沉淀,根据各种沉淀的溶度积的差异,它们在沉淀时次序有所不同,这种先后沉淀的现象叫分步沉淀。

使一种难溶电解质转化为另一种难溶电解质,即把一种沉淀转化为另一种沉淀的过程称为沉淀的转化。一般来说,溶解度大的难溶电解质易转化为溶解度小的难溶电解质。

仪器、试剂和材料

离心机;离心管;试管;烧杯。

NaAc(固体);NH₄Cl(固体);Fe(NO₃)₃·9H₂O(固体);锌粒;HCl 溶液(0.1 mol·L⁻¹,2 mol·L⁻¹);HAc 溶液(0.1 mol·L⁻¹);HNO₃ 溶液(6 mol·L⁻¹);NaOH 溶液(0.1 mol·L⁻¹,2 mol·L⁻¹);NH₃·H₂O 溶液(0.1 mol·L⁻¹,6 mol·L⁻¹);NaAc 溶液(0.1 mol·L⁻¹);NH₄Cl 溶液(0.1 mol·L⁻¹);FeCl₃ 溶液(0.1 mol·L⁻¹);Pb(NO₃)₂ 溶液(0.1 mol·L⁻¹);Na₂SO₄ 溶液(0.1 mol·L⁻¹);K₂Cr₂O₇溶液(0.1 mol·L⁻¹);K₂CrO₄ 溶液(0.1 mol·L⁻¹);NaCl 溶液(0.1 mol·L⁻¹);Na₂CO₃ 溶液(0.1 mol·L⁻¹);NH₄Ac 溶液(0.1 mol·L⁻¹);AgNO₃ 溶液(0.1 mol·L⁻¹);CaCl₂ 溶液(0.1 mol·L⁻¹);MgCl₂ 溶液(0.1 mol·L⁻¹);NaHCO₃ 溶液(0.1 mol·L⁻¹);Al₂(SO₄)₃ 溶液(0.1 mol·L⁻¹);Na₂S 溶液(0.1 mol·L⁻¹);NH₄Cl 溶液(饱和);(NH₄)₂C₂O₄ 溶液(饱和);甲基橙指示剂;酚酞指示剂;pH 试纸(广范,精密)。

实验内容

1. 比较盐酸和醋酸的酸性

1)取 2 支试管,1 支滴入 5 滴 0.1 mol·L⁻¹HCl 溶液,另 1 支滴入 5 滴 0.1 mol·L⁻¹HAc 溶液,然后再各滴加 1 滴甲基橙指示剂,并稀释至 5 mL,观察溶液的颜色。

2)用 pH 试纸分别测定 0.1 mol·L⁻¹HCl 溶液和 0.1 mol·L⁻¹HAc 溶液的 pH,观察 pH 试纸的颜色变化,并判断 pH。

3)取 2 支试管,1 支滴入 10 滴 0.1 mol·L⁻¹HCl 溶液,另 1 支滴加 10 滴 0.1 mol·L⁻¹HAc 溶液,再各加 1 颗锌粒,并加热试管,比较两支试管中反应的快慢。

通过以上实验,比较盐酸和醋酸有何不同,为什么?

2. 用 pH 试纸测定下列溶液的 pH,并与计算结果比较

0.1 mol·L⁻¹NaOH 溶液、0.1 mol·L⁻¹NH₃·H₂O 溶液、0.1 mol·L⁻¹Na₂S 溶液、0.1 mol·L⁻¹HAc 溶液。

3. 同离子效应和缓冲溶液

1）取 2 mL 0.1 mol·L^{-1}HAc 溶液,加入 1 滴甲基橙指示剂,摇匀,溶液是什么颜色?再加入少量 NaAc 固体,使它溶解后,溶液的颜色有何变化?为什么?

2）取 2 mL 0.1 mol·L^{-1}NH$_3$·H$_2$O 溶液,加入 1 滴酚酞指示剂,摇匀,溶液是什么颜色?再加入少量 NH$_4$Cl 固体,使它溶解后,溶液的颜色有何变化?为什么?

3）在 1 支试管中加入 3 mL 0.1 mol·L^{-1}HAc 溶液和 3 mL 0.1 mol·L^{-1}NaAc 溶液,搅拌均匀后,用精密 pH 试纸测定其 pH。然后将溶液均分成 2 份,第 1 份加入 2 滴 0.1 mol·L^{-1}HCl 溶液,摇匀,测定其 pH;第 2 份加入 2 滴 0.1 mol·L^{-1}NaOH 溶液,摇匀,测其 pH,解释观察到的现象。

4）在试管中加 6 mL 蒸馏水,测其 pH。将其均分成 2 份,第 1 份加入 2 滴 0.1 mol·L^{-1}HCl 溶液,摇匀,测定其 pH;第 2 份加入 2 滴 0.1 mol·L^{-1}NaOH 溶液,摇匀,测其 pH,解释观察到的现象。与实验内容 3 中 3)相比较,得出什么结论?

4. 盐类水解和影响水解平衡的因素

1）用精密 pH 试纸分别测定 0.1 mol·L^{-1}NH$_4$Cl 溶液、0.1 mol·L^{-1}NH$_4$Ac 溶液、0.1 mol·L^{-1}NaCl 溶液及 0.1 mol·L^{-1}Na$_2$CO$_3$ 溶液的 pH,解释观察到的现象。

2）取少量固体 Fe(NO$_3$)$_3$·9H$_2$O,用少量蒸馏水溶解后观察溶液的颜色,然后均分为 3 份。第 1 份留作比较;第 2 份加 3 滴 6 mol·L^{-1}HNO$_3$ 溶液;第 3 份小火加热煮沸。观察并解释现象。加入 HNO$_3$ 溶液或加热对水解平衡有何影响?试加以说明。

3）取 2 支试管,1 支加 1 mL 0.1 mol·L^{-1}Al$_2$(SO$_4$)$_3$ 溶液,另 1 支加 1 mL 0.1 mol·L^{-1}NaHCO$_3$ 溶液,用 pH 试纸分别测试它们的 pH,写出它们的水解方程式。然后将 NaHCO$_3$ 溶液倒入 Al$_2$(SO$_4$)$_3$ 溶液中,观察现象,试加以说明。

5. 沉淀的生成和溶解

1）在 2 支试管中分别加入约 0.5 mL(NH$_4$)$_2$C$_2$O$_4$饱和溶液和 0.5 mL 0.1 mol·L^{-1}CaCl$_2$溶液,混合均匀,观察白色沉淀 CaC$_2$O$_4$生成。然后在 1 支试管内缓慢滴加 2 mol·L^{-1}HCl 溶液,并不断振荡,观察沉淀是否溶解;在另 1 支试管内逐滴加入饱和 NH$_4$Cl 溶液,并不断振荡,观察沉淀是否溶解?通过实验现象,比较在 CaC$_2$O$_4$沉淀中加入 2 mol·L^{-1}HCl 或饱和 NH$_4$Cl 后,对平衡的影响。

2）在 2 支试管中分别加入 1 mL 0.1 mol·L^{-1}MgCl$_2$溶液,并逐滴加入 6 mol·L^{-1}NH$_3$·H$_2$O 至有白色 Mg(OH)$_2$ 沉淀生成,然后在第 1 支试管中加入 2 mol·L^{-1}HCl 溶液,并不断振荡,观察沉淀是否溶解;在第 2 支试管内逐滴加入饱和 NH$_4$Cl 溶液,并不断振荡,观察沉淀是否溶解?通过实验现象,比较在 Mg(OH)$_2$沉淀中加入 HCl 溶液和饱和 NH$_4$Cl 溶液对平衡的影响。

3）Ca(OH)$_2$、Mg(OH)$_2$和 Fe(OH)$_3$溶解度的比较

（1）取 3 支试管,第 1 支试管加 0.5 mL 0.1 mol·L^{-1}MgCl$_2$溶液,第 2 支试管加入

0.5 mL 0.1 mol·L⁻¹CaCl₂溶液,第 3 支试管加入 0.5 mL 0.1 mol·L⁻¹FeCl₃溶液,然后各加入 2 mol·L⁻¹NaOH 溶液数滴,观察记录 3 支试管中有无沉淀生成。

（2）另取 3 支试管,第 1 支试管加入 0.5 mL 0.1 mol·L⁻¹MgCl₂溶液,第 2 支试管加入 0.5 mL 0.1 mol·L⁻¹CaCl₂溶液,第 3 支试管加入 0.5 mL 0.1 mol·L⁻¹FeCl₃溶液,然后在每只试管内各加入 6 mol·L⁻¹NH₃·H₂O 溶液数滴,观察记录 3 支试管中有无沉淀生成。

（3）分别于 3 支试管中各取 4 滴 NH₄Cl 饱和溶液和 6 mol·L⁻¹NH₃·H₂O 溶液相混合的溶液(体积比为 1∶1),然后在第 1 支试管中加入 0.5 mL 0.1 mol·L⁻¹MgCl₂溶液,第 2 支试管中加入 0.5 mL 0.1 mol·L⁻¹CaCl₂溶液,第 3 支试管中加入 0.5 mL 0.1 mol·L⁻¹FeCl₃溶液,观察并记录 3 支试管中有无沉淀产生。

通过上述实验内容(1)(2)(3),比较 $Ca(OH)_2$、$Mg(OH)_2$ 和 $Fe(OH)_3$ 沉淀的溶解度的相对大小,并加以解释。

6. 沉淀转化

1）在 1 支试管中加入 0.1 mol·L⁻¹Pb(NO₃)₂溶液约 0.5 mL,然后再加入约 0.5 mL 0.1mol·L⁻¹Na₂SO₄溶液,观察沉淀的产生并记录沉淀的颜色。再加入约 0.5 mL 0.1 mol·L⁻¹K₂Cr₂O₇溶液,观察沉淀颜色的改变,写出反应方程式并根据溶度积的原理进行解释。

2）取数滴 0.1 mol·L⁻¹AgNO₃溶液,加入 2 滴 0.1 mol·L⁻¹K₂CrO₄溶液,观察沉淀的颜色。将沉淀离心分离,洗涤 2~3 次。然后往沉淀中加入 0.1 mol·L⁻¹NaCl 溶液,观察沉淀颜色的变化,写出反应方程式并根据溶度积原理进行解释。

⚠ **注意事项**

本实验使用的 $Cr_2O_7^{2-}$、Pb^{2+} 和 Ag^+ 对人体有毒,取用时避免进入口内或接触伤口,使用量尽可能少,剩余的废液请倒入指定的重金属离子废液回收桶中,不能随便倒入下水道。

💡 **思考题**

1. 试阐述弱电解质的解离平衡、同离子效应,并用酸碱质子理论说明盐类水解理论。

2. 试管操作的规则有哪些？

3. 计算实验内容 2 中各溶液的 pH。

4. 加热对水解有何影响？如何用理论解释？

5. 将 10 mL 0.2 mol·L⁻¹HAc 溶液与 10 mL 0.1 mol·L⁻¹NaOH 溶液混合,所得的溶液是否具有缓冲作用？这个溶液的 pH 缓冲范围是多少？

6. 沉淀的溶解和转化条件有哪些？

扫描二维码
离心分离及离
心机的使用

● 实验 1-8 氧化还原反应和电化学

实验目的

1. 了解氧化还原反应和电极电势的关系。

2. 验证浓度变化对电极电势的影响。

实验原理

元素原子因有电子得失或偏移而使氧化数发生变化的反应称为氧化还原反应。在氧化还原反应中,氧化剂中原子氧化数降低,发生还原反应;还原剂中原子氧化数升高,发生氧化反应。氧化剂或还原剂的相对强弱,可用其氧化态-还原态组成的氧化还原电对的电极电势的相对高低来衡量。若以还原电势为准,即

$$氧化态 + ze^- \rightleftharpoons 还原态$$

则一个氧化还原电对的标准电极电势 $E^{\ominus}$ 越大,表明氧化还原电对的氧化态越易得到电子,即氧化态就是越强的氧化剂,而还原态的还原能力越弱;若一个氧化还原电对的标准电极电势 $E^{\ominus}$ 越小,表明氧化还原电对的还原态越易给出电子,即该还原态就是越强的还原剂,而氧化态的氧化能力越弱。

通常情况下,可用标准电极电势判断反应进行的方向。即

$$E^{\ominus}(氧化剂电对) > E^{\ominus}(还原剂电对)$$

实际上,许多反应是在非标准状态下进行的,这时浓度对电极电势的影响可用 Nernst 方程表示:

$$E = E^{\ominus} + \frac{RT}{zF}\ln\frac{a(氧化态)}{a(还原态)}$$

式中:$E^{\ominus}$ 为该电对的标准电极电势;z 为电极反应得失电子数;R 为摩尔气体常数;F 为法拉第常数 96485 $C \cdot mol^{-1}$;$a(氧化态)$、$a(还原态)$ 分别表示电极反应中氧化态物质和还原态物质的活度。一般情况下,用浓度替代活度。

浓度对电极电势的影响表现在以下几个方面:

1. 对有沉淀生成的电极反应或有配合物生成的电极反应,沉淀或配合物的生成都会大大改变氧化态物质或还原态物质浓度;

2. 对有 H^+ 或 OH^- 参加的电极反应,不但氧化态物质或还原态物质的浓度对电极电势有很大影响,H^+ 或 OH^- 浓度对电极电势也有很大影响。

因此,对于非标准状态下自发进行的氧化还原反应的方向,可由电对电极电势 E 数值的相对大小加以判断:即从较强的氧化剂和较强的还原剂向着生成较弱的还原剂和较弱的氧化剂的方向进行。此时:

$$E(氧化剂电对)>E(还原剂电对)$$

将氧化还原反应的化学能转变为电能的装置叫原电池。原电池的电动势：

$$E_池 = E(氧化剂电对) - E(还原剂电对) = E(+) - E(-)$$

单独的电极电势无法测量，实验中只能测量两个电对组成的原电池的电动势，如果原电池中有一个电对的电极电势是已知的，则能算出另一个电对的电极电势。准确的电动势值是用对消法在电位差计上测量的。

仪器、试剂和材料

烧杯（50 mL）；试管；酒精灯；电位差计；盐桥；导线；电极（锌片、铜片）。

铝粒；Na_2SO_3（固体）；H_2SO_4 溶液（2 mol·L^{-1}，3 mol·L^{-1}）；$H_2C_2O_4$ 溶液（0.1 mol·L^{-1}）；HAc 溶液（1 mol·L^{-1}）；Na_2SiO_3 溶液（0.5 mol·L^{-1}）；$NH_3·H_2O$ 溶液（6 mol·L^{-1}）；KI 溶液（0.1 mol·L^{-1}）；$FeCl_3$ 溶液（0.1 mol·L^{-1}）；KBr 溶液（0.1 mol·L^{-1}）；$FeSO_4$ 溶液（0.1 mol·L^{-1}）；$K_2Cr_2O_7$ 溶液（0.1 mol·L^{-1}）；$KMnO_4$ 溶液（0.1 mol·L^{-1}）；$Pb(NO_3)_2$ 溶液（0.1 mol·L^{-1}，0.5 mol·L^{-1}，1.0 mol·L^{-1}）；$CuSO_4$ 溶液（0.1 mol·L^{-1}，1.0 mol·L^{-1}）；$K_3[Fe(CN)_6]$ 溶液（0.1 mol·L^{-1}）；$ZnSO_4$ 溶液（0.01 mol·L^{-1}，0.1 mol·L^{-1}，0.2 mol·L^{-1}，1.0 mol·L^{-1}）；$KClO_3$ 溶液（饱和）；溴水；碘水；CCl_4；淀粉溶液（1%）。

实验内容

1. 电极电势和氧化还原反应的关系

1）根据实验室准备的药品设计实验，证明 I^- 的还原能力大于 Br^-。

2）根据实验室准备的药品设计实验，证明 Br_2 的氧化能力大于 I_2。

3）利用标准电极电势，判断下列氧化还原反应能否进行，然后用实验证明。若能发生反应，观察现象，写出离子反应方程式。

$$K_2Cr_2O_7 + H_2SO_4 + Na_2SO_3(s) =\!=\!=$$

$$KMnO_4 + H_2SO_4 + KI =\!=\!=$$

4）比较锌、铅、铜在电位序中的位置

（1）取 2 支小试管，1 支加入 0.1 mol·L^{-1} $CuSO_4$ 溶液，另 1 支加入 0.1 mol·L^{-1} $Pb(NO_3)_2$ 溶液，然后各放入一块表面擦净的锌片，放置片刻，观察锌片表面有何变化。

（2）用表面擦净的铅粒代替锌片，分别与 0.1 mol·L^{-1} $ZnSO_4$ 溶液和 0.1 mol·L^{-1} $CuSO_4$ 溶液反应，观察铅粒表面有何变化。写出反应方程式，说明电子转移方向，并确定锌、铜、铅在电位序中的相对位置。

2. 介质对含氧酸盐氧化性的影响

取少量饱和 $KClO_3$ 溶液，加入 2~3 滴 0.1 mol·L^{-1} KI 溶液，微热，观察有无现象发生。然后再加少量 3 mol·L^{-1} H_2SO_4 溶液，并不断振荡试管，微热，观察现象，写出离子反应方程式。

3. 沉淀对氧化还原反应的影响

往试管中加入 0.5 mL 0.1 mol·L^{-1} KI 溶液和 5 滴 0.1 mol·L^{-1} K$_3$[Fe(CN)$_6$]溶液,混匀后,再加入 0.5 mL CCl$_4$,充分振荡,观察 CCl$_4$ 层的颜色有无变化? 然后加入 5 滴 0.1 mol·L^{-1} ZnSO$_4$ 溶液,充分振荡,观察现象并加以解释。

提示:$2I^- + 2[Fe(CN)_6]^{3-} \Longleftrightarrow I_2 + 2[Fe(CN)_6]^{4-}$

$$Zn^{2+}\downarrow$$

$$Zn_2[Fe(CN)_6]\text{(白色}\downarrow\text{)}$$

4. 温度、浓度对氧化还原反应速率的影响

1) 温度的影响。在 A、B 两支试管中各加入 1 mL KMnO$_4$ 溶液(0.1 mol·L^{-1}),再各加入几滴 2 mol·L^{-1} H$_2$SO$_4$ 溶液酸化;在 C、D 两支试管中各加入 1mL H$_2$C$_2$O$_4$ 溶液(0.1 mol·L^{-1})。将 A、C 两支试管放入沸水浴中加热几分钟后,取出,同时将 A 倒入 C 中,B 倒入 D 中。观察 C、D 试管中的溶液何者先褪色,并解释原因。

2) 氧化剂浓度的影响。在分别盛有 3 滴 0.5 mol·L^{-1} Pb(NO$_3$)$_2$ 溶液和 3 滴 1.0 mol·L^{-1} Pb(NO$_3$)$_2$ 溶液的两支试管中,各加入 1.5 mL HAc 溶液(1 mol·L^{-1})。混匀后,再逐滴加入 0.5 mol·L^{-1} Na$_2$SiO$_3$ 溶液 26~28 滴(注意:因 Na$_2$SiO$_3$ 溶液对玻璃有腐蚀作用,实验后要及时清洗所用玻璃仪器),摇匀,用 pH 试纸检查溶液仍呈酸性。在 90 ℃ 水浴中加热,此时两试管中出现胶冻。从水浴中取出试管,冷却后,同时往两支试管中插入相同表面积的锌片,观察哪支试管中"铅树"生长的速度快,并解释原因。

5. 浓度变化对电极电势的影响

1) 电动势的测定。用细砂纸除去金属电极表面的氧化层及其他物质,洗净并擦干。在一个 25 mL 的烧杯中加入 15 mL 1.0 mol·L^{-1} 的 CuSO$_4$ 溶液,并插入铜电极,组成一个半电池。在另一个 25 mL 的烧杯中加入 15 mL 1.0 mol·L^{-1} 的 ZnSO$_4$ 溶液,插入锌电极,组成另一个半电池。用盐桥①连接两个半电池,用导线把铜电极与电位差计的"+"极相连,锌电极与"−"极相连。用电位差计测出此原电池的电动势。

2) Zn^{2+} 浓度变化对电极电势的影响。测定原电池 Zn|ZnSO$_4$(0.01 mol·L^{-1}) ‖ CuSO$_4$(1.0 mol·L^{-1})|Cu 的电动势,并与实验内容 5 中 1)比较,试说明 Zn^{2+} 浓度降低对 $E(Zn^{2+}/Zn)$ 的影响。

3) Cu^{2+} 生成配合物后对电极电势的影响。在 Cu|CuSO$_4$(1.0 mol·L^{-1})半电池的 CuSO$_4$ 溶液中,缓慢加入 6 mol·L^{-1} 的氨水②(加氨水前必须取出盐桥),边加氨水边搅拌,直至沉淀溶解完全,生成深蓝色的[Cu(NH$_3$)$_4$]SO$_4$ 溶液(确保氨水能够使 Cu^{2+} 完全转化为[Cu(NH$_3$)$_4$]$^{2+}$ 并有一定的过量)。插上盐桥,与 Zn|ZnSO$_4$(1.0 mol·L^{-1})组

---

① 盐桥的制法:称取 1 g 琼脂,放在 100 mL 饱和的 KCl 溶液中浸泡一会,加热煮成糊状,趁热倒入 U 形玻璃管中(里面不能留有气泡),冷却后即成。制好的盐桥不用时可浸在饱和 KCl 溶液中保存。

② 由于氨水有较大的刺激性气味,可用 15 mL 0.2 mol·L^{-1} 的 EDTA 二钠溶液代替氨水,搅拌均匀后,得到蓝色的 EDTA-Cu 配合物。

成原电池,测定电动势,并与实验内容 5 中 1)比较,试说明 Cu^{2+} 生成配合物对 $E(Cu^{2+}/Cu)$ 的影响。

4) 自行设计实验,试验 Cu^{2+} 生成沉淀后对 $E(Cu^{2+}/Cu)$ 的影响。

⚠ 注意事项

本实验使用的 $Cr_2O_7^{2-}$ 和 Pb^{2+} 对人体有毒,取用时避免进入口内或接触伤口,使用量尽可能少,剩余的废液请倒入指定的重金属离子废液回收桶中,不能随便倒入下水道。另外,本实验使用的 CCl_4 也对人体有毒害,实验后废液应倒入指定的有机废液回收桶中。

💡 思考题

1. 设计实验内容 1 中 1),证明 I^- 的还原能力大于 Br^- 的还原能力。

2. 设计实验内容 1 中 2),证明 Br_2 的氧化能力大于 I_2 的氧化能力。

3. 为何测电动势最好不用伏特计,而用电位差计或 pH 计?

4. 对实验内容 3,如何从理论上进行解释?

● 实验 1-9 配位化合物的生成和性质

实验目的

1. 了解配位化合物的生成与组成。

2. 了解配离子与简单离子及配位化合物与复盐的区别。

3. 比较不同配体对配离子稳定性的影响。

4. 了解配位解离平衡的移动。

实验原理

由一个中心元素(离子或原子)与一定数目的配体(阴离子或中性分子)以配位键结合成复杂的离子或分子,通常被称为配合单元。凡是由配合单元组成的化合物叫配位化合物,简称配合物。配合物也有电解质和非电解质之分。电解质如 $[Cu(NH_3)_4]SO_4$、$K_4[Fe(CN)_6]$ 等,其在水溶液中分别解离为 $[Cu(NH_3)_4]^{2+}$、SO_4^{2-} 和 $[Fe(CN)_6]^{4-}$、K^+,其中 $[Cu(NH_3)_4]^{2+}$ 带有正电荷,称为配阳离子,$[Fe(CN)_6]^{4-}$ 带有负电荷,称为配阴离子,两者统称为配离子,它们组成配合物的内界,是配合物的特征部分,而 SO_4^{2-} 和 K^+ 分别是外界。非电解质如 $[CoCl_3(NH_3)_3]$,其无论在晶体或溶液中都是以不带电荷的中性分子存在。

金属离子一旦形成配离子后,由于配体的配位作用,使原来离子或化合物的存在形式、颜色、溶解度、氧化还原反应性能或酸碱性发生了较大变化。例如,AgCl 难溶于水,但与氨水作用后生成的 $[Ag(NH_3)_2]Cl$ 则易溶于水;Co^{2+} 的水合离子为粉红色,而与 KSCN 形成的配离子 $[Co(SCN)_4]^{2-}$ 为蓝色(其在有机溶剂中稳定);Fe^{3+} 能氧化 I^-,而 $[Fe(CN)_6]^{3-}$ 却不能氧化 I^-;H_3BO_3 的酸性可因加入多羟基化合物(如甘油)而大为增强。

与复盐在溶液中能全部解离成简单离子不同,配离子在溶液中只有部分解离成简单离子。由于配离子有一定程度的解离,若在某一个配位解离平衡体系中加入某种化学试剂(如酸、碱、沉淀剂、氧化剂、还原剂等),则会导致该配位-解离平衡的移动。

具有环状结构的配合物,称为螯合物。许多金属螯合物具有特征颜色,且难溶于水,常在分析中用于鉴定该金属离子。如在 Ni^{2+} 的鉴定中,Ni^{2+} 和丁二酮肟在弱碱性条件下反应生成鲜红色的螯合物沉淀。

仪器、试剂和材料

电子天平;布氏漏斗;离心机;烧杯(50 mL);试管;离心管。

$CuSO_4 \cdot 5H_2O$(固体);草酸铵(固体);H_2SO_4 溶液(1 $mol \cdot L^{-1}$,浓);HCl 溶液(2 $mol \cdot L^{-1}$,6 $mol \cdot L^{-1}$);NaOH 溶液(2 $mol \cdot L^{-1}$);$NH_3 \cdot H_2O$ 溶液(2 $mol \cdot L^{-1}$,浓);NaCl 溶液(0.1 $mol \cdot L^{-1}$);KBr 溶液(0.1 $mol \cdot L^{-1}$);$K_4[Fe(CN)_6]$ 溶液(0.1 $mol \cdot L^{-1}$);KSCN 溶液(0.1 $mol \cdot L^{-1}$);$CuSO_4$ 溶液(0.1 $mol \cdot L^{-1}$);$BaCl_2$ 溶液(0.1 $mol \cdot L^{-1}$);$FeCl_3$ 溶液(0.1 $mol \cdot L^{-1}$);$FeSO_4$ 溶液(0.1 $mol \cdot L^{-1}$);$Na_2S_2O_3$ 溶液(0.1 $mol \cdot L^{-1}$);$K_3[Fe(CN)_6]$ 溶液(0.1 $mol \cdot L^{-1}$);$AgNO_3$ 溶液(0.1 $mol \cdot L^{-1}$);KI 溶液(0.1 $mol \cdot L^{-1}$);$NiSO_4$ 溶液(0.1 $mol \cdot L^{-1}$);$NH_4Fe(SO_4)_2$ 溶液(0.1 $mol \cdot L^{-1}$);NH_4F 溶液(10%);Na_2S 溶液(0.5 $mol \cdot L^{-1}$);$Fe(NO_3)_3$ 溶液(0.5 $mol \cdot L^{-1}$);H_3BO_3 溶液(饱和);乙醇溶液(95%);CCl_4;甘油;pH 试纸;丁二酮肟乙醇溶液。

实验内容

1. 配位化合物的生成

1) 简单配位化合物 $[Cu(NH_3)_4]SO_4$ 的生成。取 1 只 50 mL 烧杯,加入 0.5 g $CuSO_4 \cdot 5H_2O$,再加入 5 mL 含有 2 滴浓 H_2SO_4 溶液的水,微热溶解,冷却后,逐滴加入浓氨水(有刺激性,请勿靠近鼻子闻),生成浅蓝色 $Cu_2(OH)_2SO_4$ 沉淀,继续加入浓氨水,边加边搅拌,直至沉淀完全溶解生成透明深蓝色溶液。然后慢慢加入 3 mL 95% 乙醇溶液,搅拌均匀后,静置 10 min,析出深蓝色固体。搅拌溶液,待沉淀完全后抽滤,用少量无水乙醇洗涤,抽干,即得 $[Cu(NH_3)_4]SO_4 \cdot H_2O$ 固体。取适量固体,加入少量 2 $mol \cdot L^{-1}$ 氨水至固体溶解,得 $[Cu(NH_3)_4]SO_4$ 溶液,留作下面实验用。

2) 螯合物的生成及性质

(1) 取几滴 0.1 $mol \cdot L^{-1}$ $NiSO_4$ 溶液,加入 2 $mol \cdot L^{-1}$ 氨水,调节 pH 约为 10,再加入 2 滴丁二酮肟乙醇溶液,观察现象,写出反应方程式。

(2) 取一小段 pH 试纸,在试纸的一端加入一滴 H_3BO_3 溶液,在试纸的另一端加入一滴甘油,待甘油与 H_3BO_3 溶液相互渗透,观察试纸两端及交错点的 pH,并解释之。

2. 配位化合物的组成

1) 取两支试管,各加入 5 滴 0.1 $mol \cdot L^{-1}$ $CuSO_4$ 溶液。然后在其中一支试管中加入 2 滴 0.1 $mol \cdot L^{-1}$ $BaCl_2$ 溶液,在另一支试管中加入 2 滴 1 $mol \cdot L^{-1}$ NaOH 溶液。观察现象,写出反应方程式。

2) 取两支试管,各加入 5 滴自制的 $[Cu(NH_3)_4]SO_4$ 溶液。然后在其中一支试管中加入 2 滴 0.1 $mol \cdot L^{-1}$ $BaCl_2$ 溶液,在另一支试管中加入 2 滴 1 $mol \cdot L^{-1}$ NaOH 溶液。观察现象,写出反应方程式。

根据实验内容 2 中 1)、2) 的结果,分析简单配位化合物 $[Cu(NH_3)_4]SO_4$ 的内界和外界。

3. 简单离子和配离子的区别

现有浓度均为 0.1 $mol \cdot L^{-1}$ 的 $FeSO_4$ 溶液、$K_4[Fe(CN)_6]$ 溶液、$FeCl_3$ 溶液、$K_3[Fe(CN)_6]$ 溶液、KSCN 溶液、KI 溶液,浓度为 0.5 $mol \cdot L^{-1}$ 的 Na_2S 溶液,以及 CCl_4,设计实验验证 Fe^{3+} 及 Fe^{3+} 与 CN^- 形成的配离子 $[Fe(CN)_6]^{3-}$ 在存在形式、沉淀、氧化还原性能方面的区别。

4. 配位化合物与复盐和单盐的区别

取三支试管,第一支试管加入 5 滴 0.1 $mol \cdot L^{-1}$ $K_3[Fe(CN)_6]$ 溶液,第二支试管加入 5 滴 0.1 $mol \cdot L^{-1}$ $NH_4Fe(SO_4)_2$ 溶液,第三支试管加入 5 滴 0.1 $mol \cdot L^{-1}$ $FeCl_3$ 溶液。然后在每支试管中各加入 2 滴 0.1 $mol \cdot L^{-1}$ KSCN 溶液,观察溶液颜色的变化,比较现象,并加以说明。

5. 配体的取代

取两支试管,各加入 5 滴 0.1 $mol \cdot L^{-1}$ $Fe(NO_3)_3$ 溶液。以其中一支试管为颜色参照。在另一支试管中滴加 1~2 滴 6 $mol \cdot L^{-1}$ 的 HCl 溶液,振荡后观察颜色的变化;接着往这支试管中加入几滴 0.1 mol·L^{-1}KSCN 溶液,观察颜色有何变化;再往这支试管中边逐滴加入 NH$_4$F 溶液(10%),振荡试管观察颜色有何变化;最后往这只试管中加入草酸铵固体,振荡后观察溶液颜色的变化。写出上述离子反应方程式,并说明反应进行的理由。

6. 配位解离平衡和沉淀溶解平衡

在离心管内加入 5 滴 0.1 mol·L^{-1}AgNO$_3$ 溶液和 5 滴 0.1 mol·L^{-1}NaCl 溶液。离心分离,弃去清液,并用少量蒸馏水洗涤沉淀 2~3 次,弃去洗涤液,然后加入 2 mol·L^{-1}的 NH$_3$·H$_2$O 溶液至沉淀刚好溶解。在上述溶液中加 1 滴 0.1 mol·L^{-1}NaCl 溶液,观察是否有 AgCl 沉淀生成。再加入 1 滴 0.1 mol·L^{-1}KBr 溶液,观察有无 AgBr 沉淀生成?观察沉淀的颜色,继续加入 KBr 溶液至不再产生 AgBr 沉淀为止。离心分离,弃去清液,并用少量蒸馏水洗涤沉淀 2~3 次,弃去洗涤液,然后加入 0.1 mol·L^{-1} Na$_2$S$_2$O$_3$ 溶液直至沉淀刚好溶解为止。在上述溶液中加入 1 滴 KBr 溶液,观察是否有 AgBr 沉淀产生。再加 1 滴 0.1 mol·L^{-1}KI 溶液,观察有没有 AgI 沉淀产生?观察沉淀的颜色。

根据以上实验,讨论沉淀溶解平衡与配位解离平衡的相互影响,并写出有关反应方程式。

7. 配位解离平衡和酸碱平衡

取自制的 [Cu(NH$_3$)$_4$]SO$_4$ 溶液,然后逐滴加入 1 mol·L^{-1}的 H$_2$SO$_4$ 溶液,边加边振荡,观察是否有沉淀产生?继续加入 H$_2$SO$_4$ 溶液至溶液呈酸性,又有什么变化?解释现象,说明原因。

8. 配位解离平衡和氧化还原平衡

取两支试管,各加入几滴 CCl$_4$ 和几滴 0.1 mol·L^{-1}FeCl$_3$ 溶液,往其中一支试管中加入 NH$_4$F 溶液(10%)至溶液呈无色,然后往两支试管中分别加入几滴 0.1 mol·L^{-1}KI 溶液,振荡试管观察 CCl$_4$ 层颜色,解释现象。

⚠ 注意事项

本实验使用的 Ag$^+$ 对人体有毒,取用时避免进入口内或接触伤口,使用量尽可能少,剩余的废液请倒入指定的重金属离子废液回收桶中,不能随便倒入下水道。另外,本实验使用的 CCl$_4$ 也对人体有毒害,实验后废液应倒入指定的有机废液回收桶中。

💡 思考题

1. 试举例说明不同配体对配离子稳定性的影响。

2. 按要求,设计实验内容 3。

3. 写出每步实验的反应方程式。

- 实验 1-10　分光光度法测定 $\left[\mathrm{Ti}(\mathrm{H}_2\mathrm{O})_6\right]^{3+}$、$\left[\mathrm{Cr}(\mathrm{H}_2\mathrm{O})_6\right]^{3+}$ 和

　　　　　　 $\left[\mathrm{Cr}(\mathrm{EDTA})\right]^-$ 的晶体场分裂能

实验目的

1. 加深对晶体场理论的了解。

2. 学习用分光光度法测定配合物的分裂能。

实验原理

过渡金属离子的 d 轨道在晶体场的影响下会发生能级分裂。金属离子的 d 轨道未被电子充满时,处于低能量 d 轨道上的电子吸收了一定波长的可见光后,就跃迁到高能量的 d 轨道,这种 d-d 跃迁的能量差可以通过实验来测定。

对于八面体的 $\left[\mathrm{Ti}(\mathrm{H}_2\mathrm{O})_6\right]^{3+}$,因为配离子 $\left[\mathrm{Ti}(\mathrm{H}_2\mathrm{O})_6\right]^{3+}$ 的中心离子 $\mathrm{Ti}^{3+}(3\mathrm{d}^1)$ 仅有一个 3d 电子,因此在八面体场的影响下,Ti^{3+} 的 5 个简并 d 轨道分裂为能量较高的二重简并的 e_g 轨道和能量较低的三重简并的 t_{2g} 轨道,e_g 轨道和 t_{2g} 轨道的能量差等于分裂能 Δ_o(下标 o 表示八面体)或以 $10Dq$ 表示。在基态时,Ti^{3+} 上的这个 3d 电子处于能级较低的 t_{2g} 轨道,当它吸收一定波长可见光的能量时,这个电子跃迁到 e_g 轨道。因此 3d 电子所吸收光子的能量应等于分裂能 Δ_o($10Dq$)。如图 1-10-1 所示。

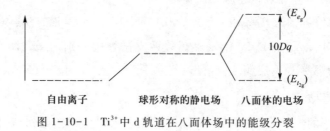

图 1-10-1　Ti^{3+} 中 d 轨道在八面体场中的能级分裂

$$E_{光} = E_{e_g} - E_{t_{2g}} = \Delta_o, \qquad E_{光} = h\nu = \frac{hc}{\lambda}$$

式中:h 为普朗克常量;c 为光速;$E_{光}$ 为可见光光能;ν 为频率;λ 为波长。又因为 h 和 c 都是常数,当 1 mol 电子跃迁时,$hc = 1$,所以:

$$\Delta_o = \frac{1}{\lambda} \times 10^7$$

式中:λ 是 $\left[\mathrm{Ti}(\mathrm{H}_2\mathrm{O})_6\right]^{3+}$ 吸收峰对应的波长,单位为 nm。

对于八面体的 $\left[\mathrm{Cr}(\mathrm{H}_2\mathrm{O})_6\right]^{3+}$、$\left[\mathrm{Cr}(\mathrm{EDTA})\right]^-$ 配离子,中心离子 Cr^{3+} 的 d 轨道上有 3 个电子,除了受八面体场的影响外,还因电子的相互作用使 d 轨道产生如图 1-10-2

所示的能级分裂,所以这些配离子吸收了光能量后,就有 3 个相应的电子跃迁峰,其中电子从 $^4A_{2g}$ 到 $^4T_{2g}$ 所需的能量为分裂能($10Dq$)。

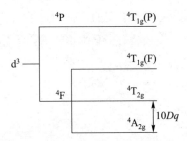

图 1-10-2　Cr^{3+} 中 d 轨道在八面体场中的能级分裂

本实验只要测定上述各种配离子在不同波长下的相应吸光度 A,做 $A-\lambda$ 吸收曲线,就可用曲线中能量最低的吸收峰所对应的波长来计算 Δ_o 值。

对 $[Ti(H_2O)_6]^{3+}$,只有 1 个吸收峰,可用此吸收峰所对应的波长来计算分裂能值;对 $[Cr(H_2O)_6]^{3+}$ 和 $[Cr(EDTA)]^-$,应有 3 个吸收峰,但是某些配合物溶液在可见光区只出现两个或一个明显的吸收峰,这是由于荷移光谱的干扰,可选用光谱中最大波长的吸收峰所对应的波长来分别计算上述配离子的晶体场分裂能值。

仪器、试剂和材料

电子天平;电炉;分光光度计;容量瓶(25 mL,50 mL);烧杯(100 mL);吸量管(5 mL)。

$CrK(SO_4)_2 \cdot 12H_2O$(固体);EDTA 二钠盐(固体);$CrCl_3 \cdot 6H_2O$(固体);$TiCl_3$ 溶液(15%)。

实验内容

1. 溶液的配制

1)$[Cr(H_2O)_6]^{3+}$ 溶液的配制。称取 0.45 g $CrK(SO_4)_2 \cdot 12H_2O$ 于 100 mL 烧杯中,用少量蒸馏水溶解,转移至 25 mL 容量瓶中,用蒸馏水稀释至刻度,摇匀。

2)$[Cr(EDTA)]^-$ 溶液的配制。称取 0.5 g EDTA 二钠盐于 100 mL 烧杯中,用 30 mL 蒸馏水加热溶解,加入 0.05 g 的 $CrCl_3 \cdot 6H_2O$,稍加热得紫色的 $[Cr(EDTA)]^-$ 溶液。将已配好的 $[Cr(EDTA)]^-$ 溶液转入 50 mL 容量瓶中,稀释至刻度。

3)$[Ti(H_2O)_6]^{3+}$ 溶液的配制。用吸量管移取 2.5 mL $TiCl_3$ 溶液于 25 mL 容量瓶中,用蒸馏水稀释至刻度,摇匀。

2. 晶体场分裂能的测定

在分光光度计的波长范围内(400~650 nm),以蒸馏水为参比,每隔 10 nm 分别测定上述溶液的吸光度(在最大吸收峰附近,波长间隔可适当减少)。以波长为横坐标、吸光度为纵坐标作图可得到各配离子的光吸收曲线,从曲线中找到各配离子能量最低的吸收峰所对应的波长 λ_{max},计算各配离子的晶体场分裂能。

💡 **思考题**

1. 配合物的分裂能受哪些因素的影响？

2. 本实验测定吸收曲线时,溶液浓度的高低对测定分裂能的大小有何影响？

3. 根据晶体场理论,同一金属离子,配体不同,配合物分裂能的一般变化规律如何？本实验结果与该理论是否一致？

4. 使用分光光度计的注意事项是什么？

2. 常见元素和化合物的性质实验

● 实验 1-11 卤素重要单质及化合物的性质

实验目的

1. 比较 Cl_2、Br_2、I_2 的氧化性强弱。

2. 比较 HCl、HBr、HI 的还原性强弱。

3. 了解氯、溴含氧酸及其盐的性质。

4. 了解 Cl^-、Br^-、I^- 的鉴定。

实验原理

元素周期表ⅦA族元素称为卤素元素或卤素。卤素原子的价电子构型为 ns^2np^5,因此在化合物中最常见的氧化数为−1,除氟外,氯、溴、碘还能呈现正氧化数。

卤素单质的化学性质非常活泼,易得电子变为负离子,都可作为氧化剂,它们的氧化性顺序如下:

$$F_2 > Cl_2 > Br_2 > I_2$$

因此,前面的卤素单质可以把后面的卤素单质从它们的卤化物中置换出来,例如:

$$2KBr+Cl_2 =\!=\!=\!= 2KCl+Br_2$$

$$2KI+Br_2 =\!=\!=\!= 2KBr+I_2$$

氯气的水溶液叫氯水,过量的氯水还能将置换出来的碘进一步氧化成无色的碘酸:

$$I_2+5Cl_2+6H_2O =\!=\!=\!= 2HIO_3+10HCl$$

卤化氢(HX)的还原性则按下列顺序变化:

$$I^- > Br^- > Cl^- > F^-$$

因此,实验室里的 HF 和 HCl 可由浓 H_2SO_4 溶液与卤化物反应制备,而 HBr 和 HI 却不

能用此方法制备,因为浓 H_2SO_4 溶液会氧化它们,得不到纯的 HBr 和 HI。反应方程式如下:

$$CaF_2+H_2SO_4(浓)=\!=\!=CaSO_4+2HF$$

$$2NaCl+H_2SO_4(浓)=\!=\!=Na_2SO_4+2HCl$$

$$2HBr+H_2SO_4(浓)=\!=\!=SO_2\uparrow+2H_2O+Br_2$$

$$8HI+H_2SO_4(浓)=\!=\!=H_2S\uparrow+4H_2O+4I_2$$

在氯水中存在下列歧化反应:

$$Cl_2+H_2O\rightleftharpoons HCl+HClO$$

但该反应平衡常数很小,因此,在氯水中加碱,可促进氯气的分解,生成次氯酸盐。次氯酸盐和次氯酸都是强氧化剂。卤酸盐在中性溶液中,氧化性较弱,但在酸性介质中能表现出强氧化性。

混合溶液中 Cl^-、Br^-、I^- 的鉴定方法如下:

1) Cl^- 的鉴定

Cl^-、Br^-、I^- 都能和 Ag^+ 生成难溶于水的 AgCl(白)、AgBr(淡黄)和 AgI(黄色)沉淀,且它们都不溶于稀硝酸中。但 AgCl 沉淀在氨水或(NH_4)$_2CO_3$ 溶液中,可生成银氨配离子而溶解,AgBr 和 AgI 则不溶。利用这一性质可将 AgCl 和 AgBr、AgI 分开。在离心除去 AgBr、AgI 沉淀的溶液中,再加入 HNO_3 时,AgCl 又重新沉淀出来。说明此混合液中含有 Cl^-。

2) Br^- 和 I^- 的鉴定

在稀酸介质中用锌还原 AgBr 和 AgI 中的 Ag^+ 为 Ag,同时生成溶于水的 Br^- 和 I^-,再利用 Cl_2 将它们氧化生成 Br_2 和 I_2。由于 Br_2 和 I_2 易溶于 CCl_4 中,分别使 CCl_4 层显黄色和紫色。若加入过量的 Cl_2 能使紫色(I_2)转变生成无色(IO_3^-),则可以进一步区分 Br^- 和 I^-。

仪器、试剂和材料

离心机;试管;酒精灯;离心管。

KCl(固体);KBr(固体);KI(固体);$KClO_3$(固体);硫粉;锌粉;H_2SO_4 溶液(2 mol·L^{-1},浓);HCl 溶液(2 mol·L^{-1},浓);HNO_3 溶液(6 mol·L^{-1});NaOH 溶液(2 mol·L^{-1});氨水(6 mol·L^{-1});KI 溶液(0.1 mol·L^{-1},0.5 mol·L^{-1});KBr 溶液(0.1 mol·L^{-1},0.5 mol·L^{-1});NaCl 溶液(0.1 mol·L^{-1});$KBrO_3$ 溶液(饱和);KIO_3 溶液(0.1 mol·L^{-1});$KClO_3$ 溶液(饱和);$AgNO_3$ 溶液(0.1 mol·L^{-1});(NH_4)$_2CO_3$ 溶液(12%);Na_2SO_3 溶液(0.1 mol·L^{-1});氯水;溴水;碘水;淀粉溶液;品红溶液;CCl_4;pH 试纸;Pb(Ac)$_2$ 试纸;KI-淀粉试纸。

实验内容

1. 卤素单质的性质

1）取 1 支试管,加入 3 滴 0.1 mol·L^{-1} KBr 溶液和 5 滴 CCl$_4$ 后,滴加氯水,边滴加边振荡,观察 CCl$_4$ 层的颜色变化。

2）取 1 支试管,加入 3 滴 0.1 mol·L^{-1} KI 溶液和 5 滴 CCl$_4$ 后,滴加氯水,边滴加边振荡,观察 CCl$_4$ 层的颜色变化。

3）取 1 支试管,加入 3 滴 0.1 mol·L^{-1} KI 溶液和 5 滴 CCl$_4$ 后,滴加溴水,边滴加边振荡,观察 CCl$_4$ 层的颜色变化。

根据以上实验结果,比较 Cl$_2$、Br$_2$、I$_2$ 氧化性强弱次序,并写出反应方程式。

4）取 1 支试管加入 5 滴 0.1 mol·L^{-1} KBr 溶液,1 滴 0.1 mol·L^{-1} KI 溶液和数滴 CCl$_4$,混匀后,逐滴加入氯水,同时振荡试管,仔细观察 CCl$_4$ 层中先后出现的颜色,写出反应方程式。

5）溴和碘的歧化反应。取 1 支试管加入 1 滴溴水,再滴入 1 滴 2 mol·L^{-1} NaOH 溶液,振荡,观察有何现象发生。再加入 2 滴 2 mol·L^{-1} HCl 溶液,又有何现象?写出反应方程式。用碘水代替溴水,进行上述实验。写出反应方程式并解释之。

2. 卤化氢还原性比较(应在通风橱中进行)

1）取 3 支试管,分别加入 KCl 晶体数粒,再加入数滴浓硫酸,微热,观察试管中溶液颜色有无变化,并用湿润的 pH 试纸、Pb(Ac)$_2$ 试纸、KI-淀粉试纸分别检验试管中产生的气体。

2）取 3 支试管,分别加入 KBr 晶体数粒,再加入数滴浓硫酸,微热,观察试管中溶液颜色有无变化,并用湿润的 pH 试纸、Pb(Ac)$_2$ 试纸、KI-淀粉试纸分别检验试管中产生的气体。

3）取 3 支试管,分别加入 KI 晶体数粒,再加入数滴浓硫酸,微热,观察试管中溶液颜色有无变化,并用湿润的 pH 试纸、Pb(Ac)$_2$ 试纸、KI-淀粉试纸分别检验试管中产生的气体。

根据以上实验结果,比较 HCl、HBr、HI 的还原性强弱次序。

3. 次氯酸盐的氧化性

取 2 mL 氯水倒入试管中,逐滴加入 2 mol·L^{-1} NaOH 溶液至呈碱性为止(用 pH 试纸检查)。将所得溶液分装于 3 支试管中,在第 1 支试管中加入数滴 2 mol·L^{-1} HCl 溶液,用湿润的 KI-淀粉试纸检验放出的气体,写出反应方程式;在第 2 支试管中加入 0.1 mol·L^{-1} KI 溶液,再加淀粉溶液数滴,观察现象,写出反应的离子方程式;在第 3 支试管中加入数滴品红溶液,观察品红颜色是否褪去。

根据实验结果,说明 NaClO 具有什么性质。

4. 氯酸盐、溴酸盐、碘酸盐的氧化性

1）取 10 滴饱和 KClO$_3$ 溶液于试管中,加入 3 滴浓 HCl 溶液,用湿润的 KI-淀粉试纸验证是否有 Cl$_2$ 产生。

2）取绿豆大小的干燥的 KClO$_3$ 晶体与硫粉在纸上混合均匀(KClO$_3$ 晶体与硫粉的

质量比约 2:3),用纸包好,用铁锤在铁块上锤打,锤打时即爆炸,注意安全。

3) 取 2 支试管,各加入 3 滴 0.5 mol·L^{-1}KI 溶液和少量饱和 KClO$_3$ 溶液和几滴 CCl$_4$ 溶液,其中 1 支试管加几滴蒸馏水,并不断振荡试管,观察有何现象发生;另 1 支试管逐滴加入 2 mol·L^{-1}H$_2$SO$_4$ 溶液,并不断振荡试管,溶液颜色先呈黄色(I$_3^-$),后变为紫黑色(I$_2$),最后变成无色(IO$_3^-$)。写出每步反应的离子方程式。根据现象比较 HIO$_3$ 和 HClO$_3$ 的氧化性强弱。

4) 取 2 支试管,各加入 5 滴饱和 KBrO$_3$ 溶液和几滴 CCl$_4$,其中 1 支试管加 3 滴蒸馏水,另 1 支试管加入 3 滴 2 mol·L^{-1}H$_2$SO$_4$ 溶液,再分别加入 3 滴 0.5 mol·L^{-1}KBr 溶液,振荡试管,观察反应产物的颜色和状态。如果反应不明显,可稍微加热。用湿润的 KI-淀粉试纸在管口检验气体的性质,写出反应方程式并解释。

5) 用 0.5 mol·L^{-1}KI 溶液代替 KBr 溶液进行与上述实验内容 4 中 4)相同的反应,观察反应产物的颜色和状态,应该用什么方法检验产物?写出反应方程式并解释。

6) 在 5 滴 0.1 mol·L^{-1}Na$_2$SO$_3$ 溶液中,加入 2 滴 2 mol·L^{-1}H$_2$SO$_4$ 溶液和 1 滴淀粉溶液,然后逐滴加入 0.1 mol·L^{-1}KIO$_3$ 溶液,边加边振荡,观察现象,写出反应方程式。

5. 卤素离子的鉴定

1) Cl$^-$ 的鉴定。取 2 滴 0.1 mol·L^{-1}NaCl 溶液,加入 1 滴 6 mol·L^{-1}HNO$_3$ 溶液,再加入 2 滴 0.1 mol·L^{-1}AgNO$_3$,观察沉淀的颜色。然后离心沉降后,弃去清液,并在沉淀中加入数滴 6 mol·L^{-1}NH$_3$·H$_2$O 溶液,振荡后,观察沉淀溶解,然后再加入 6 mol·L^{-1}HNO$_3$ 溶液,若又有白色沉淀析出,就证明 Cl$^-$ 的存在。

2) Br$^-$ 的鉴定。取 2 滴 0.1 mol·L^{-1}KBr 溶液,加入 1 滴 2 mol·L^{-1}H$_2$SO$_4$ 溶液和 5 滴 CCl$_4$,然后加入氯水,边加边摇,若有机层出现棕色或黄色,表示有 Br$^-$ 存在。

3) I$^-$ 的鉴定。取 2 滴 0.1 mol·L^{-1}KI 溶液,加入 1 滴 2 mol·L^{-1}H$_2$SO$_4$ 溶液和 5 滴 CCl$_4$,然后加入氯水,边加边摇,若有机层出现紫色,再加氯水,紫色褪去,变成无色,表示 I$^-$ 存在。

6. Cl$^-$、Br$^-$、I$^-$ 混合物的鉴定

在试管中加入 0.1 mol·L^{-1}NaCl 溶液、0.1 mol·L^{-1}KBr 溶液、0.1 mol·L^{-1}KI 溶液各几滴,混合后加入 2 滴 6 mol·L^{-1}HNO$_3$ 溶液,再加入 0.1 mol·L^{-1}AgNO$_3$ 溶液至沉淀完全,离心沉降,弃去清液,沉淀用蒸馏水洗涤 2 次。

1) Cl$^-$ 的鉴定。将上面得到的沉淀中加入 10~15 滴 12% 的(NH$_4$)$_2$CO$_3$ 溶液,充分搅动,并温热 1 min,离心沉降。将清液倒入另 1 支试管中,沉淀留做下步使用。在清液中加入 6 mol·L^{-1}HNO$_3$ 溶液酸化,若有白色沉淀产生,表示 Cl$^-$ 存在。

2) Br$^-$、I$^-$ 的鉴定。将实验内容 6 中 1)的沉淀用蒸馏水洗涤 2 次,弃去洗液,在沉淀中加 5 滴水和少量锌粉,再加入 4 滴 2 mol·L^{-1}H$_2$SO$_4$ 溶液,加热,搅动,离心沉降。吸取清液于另 1 支试管中,加几滴 CCl$_4$,然后滴加氯水,每加 1 滴都要摇动,并观察

CCl_4 层颜色变化,如 CCl_4 层变紫,表示 I^- 存在,如变为橙黄或黄色表示 Br^- 存在。若有 I^- 存在,则继续加氯水,直至紫色消失,CCl_4 层仍显橙黄或黄色,则表示 Br^-、I^- 都存在。

⚠ **注意事项**

本实验在使用浓硫酸、浓盐酸、氯水、溴水时应避免溅落在皮肤上,更应防止溅入眼睛里。含 Ag^+ 废液应倒入指定的重金属离子废液回收桶中,含 CCl_4 废液应倒入指定的有机废液回收桶中。

💡 **思考题**

1. 写出本实验的所有反应方程式。
2. 滴管的使用及注意事项是什么?
3. 如何在实验中验证卤化氢还原性的递变规律。
4. 次氯酸有哪些重要性质?
5. 在水溶液中,卤酸盐的氧化性与介质有何关系?

● **实验 1-12 氧族重要化合物的性质**

实验目的

1. 掌握过氧化氢的氧化性和还原性。
2. 了解金属硫化物的溶解性。
3. 掌握硫化氢、亚硫酸、亚硫酸盐、硫代硫酸盐的还原性。
4. 掌握亚硫酸盐、过二硫酸盐的氧化性。

实验原理

氧、硫是氧族中常见而且重要的元素。其原子的价电子层结构分别为 $2s^2 2p^4$ 及 $3s^2 3p^4$。由氧及氢两种元素组成的化合物中,除最重要的水外,另一个是过氧化氢 (H_2O_2),俗称双氧水。H_2O_2 分子中含有过氧键 (—O—O—),根据其电极电势,H_2O_2 不仅具有较强的氧化性,还具有较弱的还原性。除此之外,H_2O_2 还会发生歧化反应:

$$H_2O_2 + 2I^- + 2H^+ = I_2 + 2H_2O$$

$$5H_2O_2 + 2MnO_4^- + 6H^+ = 5O_2 + 2Mn^{2+} + 8H_2O$$

$$2H_2O_2 = 2H_2O + O_2$$

在酸性溶液中,H_2O_2 和 $Cr_2O_7^{2-}$ 反应生成蓝色的双氧化铬 $CrO(O_2)_2$,也即 CrO_5,它在常温下很不稳定,易分解成 Cr^{3+} 和放出 O_2,但是 CrO_5 在乙醚中比较稳定,被萃取至乙醚中形成稳定的蓝色有机层。这个反应可用于鉴定 H_2O_2,也可鉴定 $Cr_2O_7^{2-}$(或

CrO_4^{2-}）。反应方程式如下：

$$4H_2O_2+Cr_2O_7^{2-}+2H^+ \Longrightarrow 2CrO_5+5H_2O$$

$$4CrO_5+12H^+ \Longrightarrow 4Cr^{3+}+7O_2+6H_2O$$

硫能形成氧化数为-2、$+2$、$+4$、$+6$的化合物。H_2S稍溶于水，是常用的较强还原剂。H_2S水溶液在空气中易被氧化而析出硫，使溶液变混浊。H_2S能和多种金属离子作用，生成不同颜色和不同溶解性的硫化物。例如，H_2S与Zn^{2+}生成白色的ZnS，ZnS能溶于稀HCl溶液中；H_2S与Cd^{2+}生成黄色的CdS，CdS不溶于稀HCl溶液中，但能溶于浓HCl溶液中；H_2S与Cu^{2+}、Hg^{2+}分别生成黑色的CuS、HgS，CuS不溶于HCl溶液，但能溶于HNO_3溶液中，而HgS只有在王水中才能溶解。主要的反应方程式如下：

$$3CuS+2NO_3^-+8H^+ \Longrightarrow 3Cu^{2+}+2NO+3S+4H_2O$$

$$3HgS+8H^++2NO_3^-+12Cl^- \Longrightarrow 3\left[HgCl_4\right]^{2-}+3S+2NO+4H_2O$$

SO_2易溶于水，生成不稳定的亚硫酸（H_2SO_3），其对应的盐$NaHSO_3$和Na_2SO_3比较稳定。H_2SO_3既具有氧化性，又具有还原性，但以还原性为主。例如，

$$H_2SO_3+2H_2S \Longrightarrow 3S+3H_2O$$

$$5SO_3^{2-}+2MnO_4^-+6H^+ \Longrightarrow 5SO_4^{2-}+2Mn^{2+}+3H_2O$$

硫代硫酸钠（$Na_2S_2O_3$）中硫的氧化数为$+2$，它是常用的还原剂。强氧化剂（如Cl_2）将它氧化为硫酸盐；较弱的氧化剂（如I_2）将它氧化成连四硫酸盐，此反应是氧化还原滴定分析中碘量法的基础。反应方程式如下：

$$Na_2S_2O_3+4Cl_2+5H_2O \Longrightarrow Na_2SO_4+H_2SO_4+8HCl$$

$$2Na_2S_2O_3+I_2 \Longrightarrow Na_2S_4O_6+2NaI$$

过二硫酸钾中硫的形式氧化数为$+6$，其结构中含有过氧键，在酸性介质中具有强氧化性。例如，

$$K_2S_2O_8+2KI \Longrightarrow 2K_2SO_4+I_2$$

$$5S_2O_8^{2-}+2Mn^{2+}+8H_2O \xrightarrow{Ag^+} 10SO_4^{2-}+2MnO_4^-+16H^+$$

该反应可用来鉴定Mn^{2+}。

仪器、试剂和材料

离心机；离心管；试管；酒精灯；试管夹；点滴板。

$K_2S_2O_8$（固体）；Na_2S（固体）；$NaHSO_3$（固体）；$NaHSO_4$（固体）；$Na_2S_2O_3$（固体）；MnO_2（固体）；H_2SO_4溶液（$2\ mol\cdot L^{-1}$）；HCl溶液（$1\ mol\cdot L^{-1}$，$6\ mol\cdot L^{-1}$，浓）；HNO_3溶液（$6\ mol\cdot L^{-1}$，浓）；王水（现配）；KI溶液（$0.1\ mol\cdot L^{-1}$）；$KMnO_4$溶液（$0.01\ mol\cdot L^{-1}$）；$K_2Cr_2O_7$溶液（$0.5\ mol\cdot L^{-1}$）；$FeCl_3$溶液（$0.1\ mol\cdot L^{-1}$）；$ZnSO_4$溶液（$0.1\ mol\cdot L^{-1}$）；$CdSO_4$溶液（$0.1\ mol\cdot L^{-1}$）；$BaCl_2$溶液（$0.1\ mol\cdot L^{-1}$）；$CuSO_4$溶液（$0.1\ mol\cdot L^{-1}$）；$Hg(NO_3)_2$溶液（$0.1\ mol\cdot L^{-1}$）；$Na_2S_2O_3$溶液（$0.1\ mol\cdot L^{-1}$）；$AgNO_3$溶液（$0.1\ mol\cdot L^{-1}$）；$MnSO_4$溶液

$(0.002\ mol \cdot L^{-1})$;$H_2O_2$溶液(3%);乙醚;pH 试纸;$H_2S$ 溶液(饱和);SO_2溶液(饱和);氯水;CCl_4;$Pb(Ac)_2$试纸。

实验内容

1. H_2O_2的性质

1)H_2O_2的氧化性。在一支试管中加入 5 滴 3% H_2O_2溶液,再滴加 3 滴 2 $mol \cdot L^{-1}$ H_2SO_4溶液酸化,然后滴加 10 滴 0.1 $mol \cdot L^{-1}$ KI 溶液和几滴 CCl_4。振荡试管,观察现象。

2)H_2O_2的还原性。在一支试管中加入 10 滴 0.01 $mol \cdot L^{-1}$ $KMnO_4$溶液,然后再滴加 3 滴 2 $mol \cdot L^{-1}$ H_2SO_4溶液酸化,然后边振荡边滴加 3% H_2O_2溶液,观察现象。

3)H_2O_2的分解。在一支试管中加入 5 滴 3% H_2O_2溶液,微热试管,有什么现象?向试管内加入少量固体 MnO_2(用量要少,以防反应速率过快使反应液溅到管外),用火柴余烬检验反应产生的气体。

4)H_2O_2的鉴定。在试管中加入 10 滴 3% H_2O_2溶液、8 滴乙醚和 3 滴 2 $mol \cdot L^{-1}$ H_2SO_4溶液,再加入 2 滴 0.5 $mol \cdot L^{-1}$ $K_2Cr_2O_7$溶液,振荡试管,观察溶液和乙醚层的颜色有何变化。

2. H_2S 的性质

1)H_2S 饱和水溶液的酸碱性。用 pH 试纸检验 H_2S 水溶液的酸碱性。

2)H_2S 的还原性。取两支试管,一支加入 4 滴 0.01 $mol \cdot L^{-1}$ $KMnO_4$溶液,另一支加入 4 滴 0.1 $mol \cdot L^{-1}$ $FeCl_3$溶液,然后各加 1 滴 2 $mol \cdot L^{-1}$ H_2SO_4溶液酸化,再分别滴加 H_2S 饱和水溶液,观察溶液颜色的变化和白色硫的析出。

3. 难溶硫化物的形成和溶解

取四支离心管,第一支加入 5 滴 0.1 $mol \cdot L^{-1}$ $ZnSO_4$溶液,第二支加入 5 滴 0.1 $mol \cdot L^{-1}$ $CdSO_4$溶液,第三支加入 5 滴 0.1 $mol \cdot L^{-1}$ $CuSO_4$溶液,第四支加入 5 滴 0.1 $mol \cdot L^{-1}$ $Hg(NO_3)_2$溶液,然后分别在每支试管中加入几滴饱和 H_2S 水溶液,观察产生沉淀的颜色,写出反应方程式。分别将沉淀离心分离,弃去清液。洗涤沉淀 2~3 次。现有 1 $mol \cdot L^{-1}$ HCl 溶液、6 $mol \cdot L^{-1}$ HCl 溶液、6 $mol \cdot L^{-1}$ HNO_3 溶液和王水(自配),试检验上述四种沉淀与酸反应的情况。写出实验的试剂用量、步骤、现象及反应方程式。

4. SO_2的性质

1)SO_2的氧化性。在盛有几滴 H_2S 水溶液的试管中通入 SO_2 气体(或加入 SO_2饱和水溶液),观察现象。

2)SO_2的还原性。在试管中加入 5 滴 0.01 $mol \cdot L^{-1}$ $KMnO_4$溶液和 1 滴 2 $mol \cdot L^{-1}$ H_2SO_4溶液,然后通入 SO_2 气体(或加入 SO_2饱和水溶液),观察现象。

5. 硫代硫酸盐的性质和 $S_2O_3^{2-}$ 的鉴定

1)硫代硫酸钠的还原性。在盛有 10 滴 0.1 $mol \cdot L^{-1}$ $Na_2S_2O_3$溶液的试管中滴加氯水,并设法检验反应中生成的 SO_4^{2-}(注意:不要放置太久才检查 SO_4^{2-},否则有少量 $Na_2S_2O_3$ 分解析出 S 而使溶液浑浊,妨碍检查 SO_4^{2-})。

2)硫代硫酸的生成和分解。在 $Na_2S_2O_3$ 溶液中加入 1 mol·L^{-1} HCl 溶液,观察现象。

3)$S_2O_3^{2-}$ 的鉴定。在点滴板上滴 2 滴 0.1 mol·L^{-1} $Na_2S_2O_3$ 溶液,再滴加 0.1 mol·L^{-1} $AgNO_3$ 溶液,直至产生白色沉淀,观察沉淀颜色的变化(白—黄—棕—黑)。利用 $Ag_2S_2O_3$ 分解时颜色的变化可以鉴定 $S_2O_3^{2-}$ 的存在。

6. $K_2S_2O_8$ 的氧化性

取 3 mL 1.0 mol·L^{-1} H_2SO_4 溶液、3 mL 蒸馏水和 3 滴 0.002 mol·L^{-1} $MnSO_4$ 溶液混合均匀后分两份。

1)在第一份中加 1 滴 0.1 mol·L^{-1} $AgNO_3$ 溶液和少许 $K_2S_2O_8$ 固体,水浴加热,观察现象。

2)在另一份溶液中只加少许 $K_2S_2O_8$ 固体,水浴加热,观察现象。

比较实验内容 6 中 1)、2)反应情况有何不同。

7. 现有五瓶固体物质:Na_2S、$NaHSO_3$、$NaHSO_4$、$Na_2S_2O_3$ 和 $K_2S_2O_8$,请用实验室已有的试剂,设计出一套最简单的方案鉴别之。

⚠ 注意事项

本实验在使用王水和氯水时应避免溅落在皮肤上,更应防止溅入眼睛里。含 $Cr_2O_7^{2-}$、Cd^{2+}、Hg^{2+}、Ag^+ 废液应倒入指定的重金属离子废液回收桶中,含 CCl_4 废液应倒入指定的有机废液回收桶中。注意乙醚易挥发、易燃,使用时要远离火源,不要将鼻子凑近去闻,取用完毕应将试剂瓶瓶盖迅速盖上。

💡 思考题

1. 写出每步实验的反应方程式。

2. 设计实验 7 的可行方案。

3. 在有 H_2S 产生的实验操作中,应注意哪些安全措施?

4. 你认为氧族中还有何重要性质应包括在本实验中?

● 实验 1-13 氮族重要化合物的性质

实验目的

1. 掌握亚硝酸及其盐、硝酸及其盐的重要化学性质。

2. 掌握 NH_4^+、NO_2^-、NO_3^-、PO_4^{3-} 的鉴定。

3. 掌握正磷酸盐的溶解性和酸碱性。

4. 熟悉砷(Ⅲ)、锑(Ⅲ)、铋(Ⅲ)的还原性和砷(Ⅴ)、锑(Ⅴ)、铋(Ⅴ)的氧化性。

实验原理

氮族元素包括氮、磷、砷、锑、铋五种元素。氮和磷是非金属元素,砷、锑是准金属元素,铋是金属元素。

氨是氮的重要氢化物,氨能与各种酸反应生成铵盐。铵盐遇强碱会有氨气放出,因此可采用气室法鉴定铵盐。

硝酸是氮的最重要的含氧酸,它的重要化学性质是既具有强酸性,又具有强氧化性,而其氧化性是随着硝酸浓度的降低而减弱的。浓硝酸与金属反应一般被还原成 NO_2,与非金属反应常被还原为 NO。稀硝酸与金属反应一般被还原成 NO,很稀的硝酸与活泼金属反应能被还原成 NH_4^+,稀硝酸与非金属一般不能反应。

NO_3^- 离子的鉴定可用生成棕色环的特征反应来进行:

$$NO_3^- + 3Fe^{2+} + 4H^+ \rule[0.5ex]{2em}{0.4pt} 3Fe^{3+} + 2H_2O + NO\uparrow$$

$$NO + Fe^{2+} \rule[0.5ex]{2em}{0.4pt} [Fe(NO)]^{2+}(棕色)$$

NO_2^- 在弱酸溶液中也能产生同样的反应。HNO_2 是不稳定酸,但其盐却是稳定的。HNO_2 及其盐在化学性质上主要表现为氧化还原性。一方面,HNO_2 是强氧化剂(氧化能力超过 HNO_3),它在水溶液中能将 I^- 氧化为 I_2。即

$$2HNO_2 + 2I^- + 2H^+ \rule[0.5ex]{2em}{0.4pt} 2NO\uparrow + I_2 + 2H_2O$$

此反应可用于定量测定亚硝酸盐。另一方面,HNO_2 又是弱还原剂,当 HNO_2 及其盐遇更强氧化剂时,也可被氧化。例如,

$$5NO_2^- + 2MnO_4^- + 6H^+ \rule[0.5ex]{2em}{0.4pt} 5NO_3^- + 2Mn^{2+} + 3H_2O$$

该反应可用来区别 HNO_3 和 HNO_2。

正磷酸盐(磷酸一氢盐、磷酸二氢盐和磷酸盐)比较重要的性质是溶解性、水解性和稳定性。磷酸的钠、钾、铵盐及所有的磷酸二氢盐都易溶于水,而磷酸一氢盐和磷酸盐,除钠、钾、铵盐外,都不溶于水。PO_4^{3-} 的鉴定是利用 PO_4^{3-} 和 $(NH_4)_2MoO_4$ 生成黄色晶状沉淀:

$$12MoO_4^{2-} + 3NH_4^+ + PO_4^{3-} + 24H^+ \rule[0.5ex]{2em}{0.4pt} (NH_4)_3PO_4 \cdot 12MoO_3 \cdot 6H_2O\downarrow + 6H_2O$$

砷、锑、铋的三价氧化物中,As_2O_3 微溶于水,是以酸性为主的两性氧化物;Sb_2O_3 不溶于水,是以碱性为主的两性氧化物;Bi_2O_3 不溶于水,是碱性氧化物。从氧化还原能力来看,正三价化合物被氧化为正五价化合物按砷、锑、铋依次困难。例如,三价砷及锑在 pH 为 5~9 条件下,可被 I_2 氧化,而三价铋需在强碱性条件下,才能被强氧化剂(Cl_2)氧化。与此相反,砷、锑、铋的正五价化合物的氧化能力是按照砷、锑、铋顺序增大。例如,BiO_3^- 在酸性条件下能将 Mn^{2+} 氧化为 MnO_4^-,而 SbO_4^{3-}、AsO_4^{3-} 都无此能力。

仪器、试剂和材料

试管;离心机;离心管;点滴板;试管夹。

NH$_4$Cl(固体)；NH$_4$NO$_3$(固体)；(NH$_4$)$_2$SO$_4$(固体)；NH$_4$HCO$_3$(固体)；铜屑；FeSO$_4$·7H$_2$O(固体)；硫粉；锌片；H$_2$SO$_4$溶液(3 mol·L^{-1},1:1,浓)；HCl溶液(2 mol·L^{-1},6 mol·L^{-1},浓)；HNO$_3$溶液(2 mol·L^{-1},6 mol·L^{-1},浓)；HAc溶液(2 mol·L^{-1},6 mol·L^{-1})；NaOH溶液(2 mol·L^{-1},6 mol·L^{-1})；NH$_3$·H$_2$O溶液(2 mol·L^{-1})；NaNO$_2$溶液(0.1 mol·L^{-1},1 mol·L^{-1})；BaCl$_2$溶液(0.1 mol·L^{-1})；CaCl$_2$溶液(0.1 mol·L^{-1})；AgNO$_3$溶液(0.1 mol·L^{-1})；KI溶液(0.1 mol·L^{-1})；KMnO$_4$溶液(0.01 mol·L^{-1})；BiCl$_3$溶液(0.1 mol·L^{-1})；Na$_3$PO$_4$溶液(0.1 mol·L^{-1})；Na$_2$HPO$_4$溶液(0.1 mol·L^{-1})；NaH$_2$PO$_4$溶液(0.1 mol·L^{-1})；钼酸铵准备液[①]；奈斯勒试剂[②]；Na$_3$AsO$_3$溶液(0.1 mol·L^{-1})；SbCl$_3$溶液(0.1 mol·L^{-1})；NaHCO$_3$溶液(1 mol·L^{-1})；氯水；碘水；pH试纸；KI-淀粉试纸；红色石蕊试纸；冰；对氨基苯磺酸；α-萘胺。

实验内容

1. 铵盐的性质

1) 观察下列固体物质 NH$_4$Cl、NH$_4$NO$_3$、(NH$_4$)$_2$SO$_4$、NH$_4$HCO$_3$的颜色、状态,试验它们在水中的溶解性,并用精密pH试纸测定各溶液的pH。

2) 氯化铵的热分解。在一支短粗且干燥的试管中,放入1 g氯化铵。将试管垂直固定,加热。并用湿润的红色石蕊试纸横放在管口,检验逸出的气体,观察试纸颜色的变化。继续加热,红色石蕊试纸又有何变化? 同时观察试管壁上部有何现象发生,试证明它仍然是氯化铵,解释原因。

3) NH$_4^+$的鉴定。用干燥、洁净的表面皿两块(一大一小),在大的一块表面皿中心加3滴NH$_4^+$试液,再加3滴6 mol·L^{-1} NaOH溶液,混合均匀。在小的一块表面皿中心黏附一小条润湿的酚酞试纸,盖在大的表面皿上形成气室。将此气室放在水浴上微热2 min,酚酞试纸变红,表示有NH$_4^+$。

通过上述实验,总结铵盐有哪些性质。

2. 亚硝酸和亚硝酸盐(有毒,勿入口)

1) 亚硝酸的生成和分解。把盛有5滴1 mol·L^{-1} NaNO$_2$溶液的试管置于冰水中冷却,然后加入约5滴1:1 H$_2$SO$_4$溶液,混合均匀,观察亚硝酸的生成及颜色。然后将试管自冰水中取出并放置一段时间,观察亚硝酸在室温下迅速分解。

2) 亚硝酸的氧化性。在一支试管中加入5滴0.1 mol·L^{-1} NaNO$_2$溶液,再加入2滴0.1 mol·L^{-1} KI溶液,有无变化? 再滴加3 mol·L^{-1} H$_2$SO$_4$溶液,有何现象?

3) 亚硝酸的还原性。在一支试管中加入5滴0.1 mol·L^{-1} NaNO$_2$溶液,再加入2

---

① 钼酸铵准备液的制备:称取0.1 mol的钼酸铵晶体,溶于500 mL蒸馏水中,放置过夜(已饱和),倾出清液,在清液中加入500 mL浓HNO$_3$溶液。这时可能有白色固体形成,加热后即可溶解。澄清后备用。

② 用HgI$_2$代替HgCl$_2$配制奈斯勒试剂:将17.5 g KI晶体溶于100 mL水中,再慢慢加入25 g HgI$_2$晶体。溶解后加水稀释至500 mL。另将105 g NaOH溶于200 mL水中,再加入前面所配的溶液中。最后用水稀释至1 L。

滴 0.01 mol·L^{-1}KMnO$_4$溶液,有无变化?再滴加 3 mol·L^{-1}H$_2$SO$_4$溶液,有何现象?

4)NO$_2^-$的鉴定。取 5 滴 0.1 mol·L^{-1}NaNO$_2$溶液于试管中,加入几滴 6 mol·L^{-1}HAc,再加入 1 滴对氨基苯磺酸和 1 滴 α-萘胺,溶液呈粉红色。当 NO$_2^-$浓度较大时,粉红色很快褪去,生成黄色或褐色溶液。

通过上述实验,说明亚硝酸具有什么性质?为什么?

3. 硝酸和硝酸盐

1)浓硝酸、稀硝酸与非金属反应。在两支干燥试管中,各加入少量硫粉,然后在一支试管中滴加浓硝酸约 10 滴,在另一支试管中滴加 2 mol·L^{-1}硝酸约 10 滴,加热煮沸片刻(在通风橱中),静置冷却一会。分别将清液吸至另外的干净试管中,各加约 10 滴水①,再加 0.1 mol·L^{-1}BaCl$_2$溶液 2~3 滴,振荡试管,观察记录现象,得出结论,写出反应方程式。

2)浓硝酸、稀硝酸与金属反应

(1)取两支试管,各加入少量铜屑,然后在一支试管中滴加 2 滴浓 HNO$_3$溶液,注意观察放出的气体和溶液的颜色,写出反应方程式。在另一支试管中滴加 2 mol·L^{-1}HNO$_3$溶液,并在水浴中微热,通过观察比较,说明两者有何不同。

(2)取一支试管,加入一小块锌片,然后再加入 2 mol·L^{-1}HNO$_3$溶液,几分钟后,取出少许反应后的硝酸溶液,检查有无 NH$_4^+$生成。

(3)NO$_3^-$的鉴定。取 10 滴 0.1 mol·L^{-1}NaNO$_3$溶液于试管中,加入 1~2 小粒FeSO$_4$·7H$_2$O 晶体,振荡,溶解后,将试管斜持,沿试管内壁加 8~10 滴浓硫酸(注意不要摇晃试管)②,观察浓硫酸和溶液两个液层交界处有无棕色环出现,如有棕色环出现,证明有 NO$_3^-$存在。

4. 正磷酸盐的性质和磷酸根的鉴定

1)用 pH 试纸分别检验 0.1 mol·L^{-1}的 Na$_3$PO$_4$溶液、Na$_2$HPO$_4$溶液、NaH$_2$PO$_4$溶液的酸碱性。取三支试管,第一支试管加 10 滴 0.1 mol·L^{-1}的 Na$_3$PO$_4$溶液,第二支试管加 10 滴 0.1 mol·L^{-1}Na$_2$HPO$_4$溶液,第三支试管加 10 滴 0.1 mol·L^{-1}NaH$_2$PO$_4$溶液,然后在三支试管中各加入 10 滴 0.1 mol·L^{-1}的 AgNO$_3$溶液,观察黄色磷酸银沉淀的生成。再分别用 pH 试纸检查上清液的酸碱性,前后对比,有何变化?用反应方程式解释。

2)取三支试管,第一支加 0.1 mol·L^{-1}Na$_3$PO$_4$溶液,第二支加 0.1 mol·L^{-1}Na$_2$HPO$_4$溶液,第三支试管加 0.1 mol·L^{-1}NaH$_2$PO$_4$溶液,然后在每支试管中各加入几滴0.1 mol·L^{-1}CaCl$_2$溶液,观察有无沉淀产生?然后各加入 2 mol·L^{-1}氨水后,各有何变化?然后再分别加入 2 mol·L^{-1}HCl 溶液后,又有何变化?

---

① Ba(NO$_3$)$_2$的溶解度较小,所以在硝酸溶液中加少量 BaCl$_2$便会有 Ba(NO$_3$)$_2$晶体析出,冲稀可防止在溶液中生成 Ba(NO$_3$)$_2$沉淀,不会导致 NO$_3^-$的过度检出。

② 注入浓硫酸时,要使液流成线连续加入,以便迅速沉底后分层。

通过实验,比较三种磷酸钙盐的溶解度大小,指出它们之间相互转化的条件。

3）磷酸根的鉴定。取 3 滴待测液（待测液可以是 Na_3PO_4、Na_2HPO_4、NaH_2PO_4、H_3PO_4 等溶液),加入 1 滴 6 mol·L^{-1} HNO$_3$ 溶液和 10 滴钼酸铵准备液。必要时用玻璃棒摩擦管壁。

5. 砷（Ⅲ）、锑（Ⅲ）、铋（Ⅲ）的还原性及砷（Ⅴ）、锑（Ⅴ）、铋（Ⅴ）的氧化性

1）取几滴 0.1 mol·L^{-1} Na$_3$AsO$_3$ 溶液,用 1 mol·L^{-1} NaHCO$_3$ 溶液调至 pH 为 8~9,加数滴碘水,观察现象;然后再加浓 HCl 溶液,又有何变化?

2）取几滴 0.1 mol·L^{-1} SbCl$_3$ 溶液,用 2 mol·L^{-1} NaOH 溶液调至 pH 为微酸性,改用 1 mol·L^{-1} NaHCO$_3$ 溶液调至 pH 为 8~9,加数滴碘水,观察现象;然后再加浓 HCl 溶液,又有何变化?

3）取几滴 0.1 mol·L^{-1} BiCl$_3$ 溶液,用 2 mol·L^{-1} NaOH 溶液调至 pH 为微酸性,改用 1 mol·L^{-1} NaHCO$_3$ 溶液调至 pH 为 8~9,加数滴碘水,观察碘水颜色褪否。

4）另取几滴 0.1 mol·L^{-1} BiCl$_3$ 溶液,用 6 mol·L^{-1} NaOH 溶液制得沉淀,在沉淀中加入氯水,水浴加热,观察沉淀颜色,弃去清液,洗涤沉淀,用浓 HCl 溶液作用于沉淀物,设法鉴别气体为何物。

⚠ **注意事项**

本实验使用的亚硝酸、亚硝酸盐及砷、锑、铋的化合物都有毒,实验完毕要洗手,废液要妥善处理。

💡 **思考题**

1. 写出本实验的所有反应方程式。
2. 在化学反应中,为什么一般不用 HNO$_3$ 和 HCl 作酸性介质?
3. 设计实验方案对 SbCl$_3$ 和 Bi（NO$_3$）$_3$ 混合溶液进行分离鉴定。

● 实验 1-14　硼族和碳族重要化合物的性质

实验目的

1. 掌握硼、铝、碳、硅及其化合物的重要性质。
2. 了解活性炭的吸附作用。
3. 掌握锡（Ⅱ）、铅（Ⅱ）氢氧化物的两性及锡（Ⅱ）的还原性和铅（Ⅳ）的氧化性。

实验原理

B、Al 是硼族（ⅢA）中两种最常见的元素,其原子的价电子层结构分别为 $2s^22p^1$ 和 $3s^23p^1$,它们的氧化数一般为+3。

硼砂($Na_2B_4O_7 \cdot 10H_2O$)在实验室中常用来配制缓冲溶液或作为基准物质使用。硼砂溶于热水,经酸化并冷却,可得溶解度较小的白色片状硼酸晶体。

硼酸是一元弱酸,它在水中显酸性是因为:

$$B(OH)_3 + H_2O \Longrightarrow B(OH)_4^- + H^+$$

硼酸的酸性可因加入甘露醇或甘油而大为增强。

Al 具有两性,既溶于酸也能溶于碱。在铝盐溶液中加入氨水或适量的碱,可得白色凝胶状 $Al(OH)_3$ 沉淀,$Al(OH)_3$ 为两性氢氧化物。

Al^{3+} 的鉴定:铝试剂在 $HAc-NH_4Ac$ 溶液中,与 Al^{3+} 反应,生成亮红色沉淀。

碳、硅、锡、铅是周期表ⅣA族元素。它们原子的价电子层构型为 ns^2np^2。碳酸为弱酸,碳酸盐有正盐和酸式盐之分。

硅酸是比碳酸还弱的酸。硅酸钠水解作用明显,它在一定条件下分别与 CO_2、HCl 或 NH_4Cl 作用,都能形成硅酸凝胶。例如:

$$Na_2SiO_3 + 2HCl \Longrightarrow H_2SiO_3 + 2NaCl$$

当金属盐的晶体置于 20% Na_2SiO_3 溶液中,在晶体表面上形成难溶的硅酸盐膜,溶液中的水靠渗透压进入晶体内部,而长出颜色各异的"石笋",宛如一座"水中花园"。

锡、铅都能形成+2 价和+4 价的化合物。+2 价锡是强还原剂,如 $SnCl_2$ 将 $HgCl_2$ 还原为 Hg_2Cl_2,过量时可再将 Hg_2Cl_2 还原为单质 Hg;而+4 价铅是强氧化剂,能与浓 HCl 溶液或浓 H_2SO_4 溶液反应生成 Cl_2 或 O_2。反应方程式如下:

$$2HgCl_2 + SnCl_2 \Longrightarrow SnCl_4 + Hg_2Cl_2(白色)$$
$$Hg_2Cl_2 + SnCl_2 \Longrightarrow SnCl_4 + 2Hg(黑色)$$
$$PbO_2 + 4HCl(浓) \Longrightarrow PbCl_2 + Cl_2 \uparrow + 2H_2O$$
$$2PbO_2 + 2H_2SO_4(浓) \Longrightarrow 2PbSO_4 + O_2 \uparrow + 2H_2O$$

锡(Ⅱ)、铅(Ⅱ)的氢氧化物都呈两性。在含有 Sn(Ⅳ) 的溶液中加适量的碱可生成白色胶状沉淀 α-锡酸,α-锡酸呈两性;由 Sn 与浓 HNO_3 溶液反应或用 $SnCl_4$ 在高温下水解制得的锡酸为 β-锡酸,β-锡酸既不溶于酸,也不溶于碱。

铅的氧化物除黄色的 PbO 和褐色的 PbO_2 外,还有鲜红色的 Pb_3O_4(铅丹),它可看成原铅酸的铅盐(Pb_2PbO_4)或复合氧化物 $2PbO \cdot PbO_2$,发生如下反应:

$$Pb_3O_4 + 4HNO_3 \Longrightarrow PbO_2(s) + 2Pb(NO_3)_2 + 2H_2O$$
$$Pb_3O_4 + 8HCl \Longrightarrow 3PbCl_2 + Cl_2 \uparrow + 4H_2O$$

仪器、试剂和材料

布氏漏斗;离心机;离心管;试管;烧杯;酒精灯;蒸发皿。

硼砂;活性炭;$CuCl_2 \cdot 2H_2O$(固体);$CoCl_2 \cdot 6H_2O$(固体);$NiCl_2 \cdot 6H_2O$(固体);$MnCl_2 \cdot 4H_2O$(固体);$ZnCl_2$(固体);$FeCl_3 \cdot 6H_2O$(固体);$AlCl_3 \cdot 6H_2O$(固体);锡粒;PbO_2(固体);Pb_3O_4(固体);H_2SO_4 溶液(2 mol·L^{-1},浓);HAc 溶液(2 mol·L^{-1});

$NH_3 \cdot H_2O$ 溶液（$6 \text{ mol} \cdot L^{-1}$）；$HNO_3$ 溶液（$2 \text{ mol} \cdot L^{-1}$，浓）；HCl 溶液（$2 \text{ mol} \cdot L^{-1}$，$6 \text{ mol} \cdot L^{-1}$，浓）；NaOH 溶液（$2 \text{ mol} \cdot L^{-1}$，$6 \text{ mol} \cdot L^{-1}$）；$Al_2(SO_4)_3$ 溶液（$0.5 \text{ mol} \cdot L^{-1}$，饱和）；$Na_2S$ 溶液（$2 \text{ mol} \cdot L^{-1}$）；$K_2SO_4$ 溶液（饱和）；$Pb(NO_3)_2$ 溶液（$0.001 \text{ mol} \cdot L^{-1}$，$0.5 \text{ mol} \cdot L^{-1}$）；$K_2Cr_2O_7$ 溶液（$0.5 \text{ mol} \cdot L^{-1}$）；$Na_2CO_3$ 溶液（$0.1 \text{ mol} \cdot L^{-1}$）；$NaHCO_3$ 溶液（$0.1 \text{ mol} \cdot L^{-1}$）；$CuSO_4$ 溶液（$0.1 \text{ mol} \cdot L^{-1}$）；$Na_2SiO_3$ 溶液（20%）；市售水玻璃溶液；NH_4Cl 溶液（饱和）；$SnCl_4$ 溶液（$0.5 \text{ mol} \cdot L^{-1}$）；KI 溶液（$0.1 \text{ mol} \cdot L^{-1}$）；$MnSO_4$ 溶液（$0.1 \text{ mol} \cdot L^{-1}$）；$HgCl_2$ 溶液（$0.1 \text{ mol} \cdot L^{-1}$）；$SnCl_2$ 溶液（$0.1 \text{mol} \cdot L^{-1}$，$0.5 \text{ mol} \cdot L^{-1}$）；乙醇溶液（95%）；pH 试纸；甘油；$Pb(Ac)_2$ 试纸；铝试剂（1% 水溶液）；淀粉–KI 试纸。

实验内容

1. 硼

1）硼酸的制备。取 1 g 硼砂晶体，用 5 mL 水加热溶解，测试溶液的 pH。稍冷后加入 2 mL 浓 HCl 溶液。冷却后抽滤，并用少量冷水洗涤。观察产物的颜色和状态。

2）硼酸的鉴定。将实验内容 1 中 1）制得的硼酸晶体转入蒸发皿中，加 2 mL 95% 乙醇溶液。搅匀后点燃，观察火焰颜色。然后加入 5 滴浓 H_2SO_4 溶液，再观察火焰颜色。

3）硼酸溶液的酸碱性。取少量硼酸晶体，加水制得溶液，测其 pH。向溶液中加入几滴甘油，再测其 pH。解释现象。

2. 铝

1）氢氧化铝的制备和性质。取三支试管，各加入 2 滴 $0.5 \text{ mol} \cdot L^{-1} Al_2(SO_4)_3$ 溶液和数滴 $6 \text{ mol} \cdot L^{-1} NH_3 \cdot H_2O$ 溶液，观察沉淀的颜色和状态。在第一支试管中滴加 $2 \text{ mol} \cdot L^{-1}$ HCl 溶液；第二支试管中滴加 $2 \text{ mol} \cdot L^{-1}$ NaOH 溶液；第三支试管中继续滴加 $6 \text{ mol} \cdot L^{-1} NH_3 \cdot H_2O$ 溶液，观察沉淀溶解情况。

2）铝盐的水解。在 5 滴 $0.5 \text{ mol} \cdot L^{-1} Al_2(SO_4)_3$ 溶液中加入几滴 $2 \text{ mol} \cdot L^{-1} Na_2S$ 溶液。观察沉淀的生成，设法检验产生的气体。

3）铝钒的生成。将 1 mL 饱和 $Al_2(SO_4)_3$ 溶液与等体积的饱和 K_2SO_4 溶液混合，在冷水中冷却，同时用玻璃棒摩擦试管壁，观察晶体的析出。

4）Al^{3+} 的鉴定。取 Al^{3+} 试液 2~3 滴，加数滴 $2 \text{ mol} \cdot L^{-1}$ HAc 溶液和铝试剂。在水浴上加热片刻，再加入 $6 \text{ mol} \cdot L^{-1} NH_3 \cdot H_2O$ 溶液至有氨臭。有红色沉淀产生表示有 Al^{3+} 存在。

3. 碳

1）活性炭的吸附作用。取两支试管，各加入 10 滴 $0.001 \text{ mol} \cdot L^{-1} Pb(NO_3)_2$ 溶液，在其中一支试管中加入 1 滴 $0.5 \text{ mol} \cdot L^{-1} K_2Cr_2O_7$ 溶液；在另一支试管中加入 1 小勺活性炭，摇匀，滤去活性炭，再在滤液中加入 1 滴 $0.5 \text{ mol} \cdot L^{-1} K_2Cr_2O_7$ 溶液，通过比较，说明活性炭的作用。

2）碳酸盐的性质。测试浓度均为 0.1 mol·L^{-1} 的 Na$_2$CO$_3$ 和 NaHCO$_3$ 的 pH。

4. 硅

1）硅酸盐的水解。在 1 mL 20% Na$_2$SiO$_3$ 溶液中加入 1 mL 饱和 NH$_4$Cl 溶液,用湿润 pH 试纸放在试管口以检验气体的酸碱性。必要时可加热。

2）硅酸盐花园。在一个大烧杯中,加入一定量的市售水玻璃溶液(约含硅酸钠 25%）。然后加入 2~3 倍的水,搅匀。依次加入几颗下列盐的晶粒:CuCl$_2$·2H$_2$O、CoCl$_2$·6H$_2$O、NiCl$_2$·6H$_2$O、MnCl$_2$·4H$_2$O、ZnCl$_2$、FeCl$_3$·6H$_2$O、AlCl$_3$·6H$_2$O,隔 1 h 后,观察现象①。

5. 锡和铅

1）Sn(OH)$_2$ 的生成和酸碱性。用 0.5 mol·L^{-1}SnCl$_2$ 溶液和 2 mol·L^{-1}NaOH 溶液,制得两份沉淀物,分别试验该沉淀与稀酸、稀碱的作用。

2）Pb(OH)$_2$ 的生成和酸碱性。用 0.5 mol·L^{-1}Pb(NO$_3$)$_2$ 溶液和 2 mol·L^{-1}NaOH 溶液,制得两份沉淀物,分别试验该沉淀与稀酸(何种酸适宜?)、稀碱的作用。

根据实验内容 5 中 1）和 2）的结果,对这两种氢氧化物的酸碱性做出评价。

3）α-锡酸的生成和酸碱性。用 0.5 mol·L^{-1}SnCl$_2$ 溶液和 2 mol·L^{-1}NaOH 溶液,制得两份沉淀物,分别试验该沉淀对 6 mol·L^{-1}HCl 溶液和稀碱的作用。

4）β-锡酸的生成和酸碱性。取一粒金属锡粒放在盛有 2~3 mL 浓 HNO$_3$ 溶液的试管中,在通风橱中用小火微热 2~3 min。分别试验沉淀物能否溶于 6 mol·L^{-1}HCl 溶液和 6 mol·L^{-1}NaOH 溶液。

根据上述实验内容 5 中 3）和 4）的结果,比较 α-锡酸和 β-锡酸在性质上的差异。

5）PbCl$_2$ 的生成和溶解性。在 2 mL 蒸馏水中加数滴 0.5 mol·L^{-1}Pb(NO$_3$)$_2$ 溶液,然后再加几滴 2 mol·L^{-1}HCl 溶液,即有白色的 PbCl$_2$ 沉淀生成。将此溶液加热,观察沉淀是否溶解,再将溶液冷却,又有何变化。

6）锡(Ⅱ)的还原性。在 0.1 mol·L^{-1}HgCl$_2$ 溶液中,逐滴加入 0.1mol·L^{-1}SnCl$_2$ 溶液,观察有何变化,继续滴加 SnCl$_2$ 溶液,又有何变化。

7）铅(Ⅳ)的氧化性。取两支试管,各加入少量 PbO$_2$。在一支试管中加入浓 HCl 溶液,观察现象,并鉴定气体产物。在另一支试管中加入 2 mL 2 mol·L^{-1}H$_2$SO$_4$ 溶液及 2 滴 0.1 mol·L^{-1}MnSO$_4$ 溶液,微热,静置,溶液澄清后观察溶液的颜色。

8）铅丹(Pb$_3$O$_4$)的组成。在少量固体 Pb$_3$O$_4$ 中加入 6 mol·L^{-1}HNO$_3$ 溶液,微热,观察固体颜色变化。自然沉降后,吸取清液,并用稀硫酸检查清液中有无 Pb^{2+} 存在。通过实验,得出铅丹的组成。

---

① 难溶硅酸盐的颜色:蓝色(铜盐);紫色(钴盐);绿色(镍盐);肉色(锰盐);白色(锌盐);棕色(铁盐);无色(铝盐)。注意硅酸钠对玻璃有腐蚀作用,实验后要将玻璃杯及时洗净,不能过夜。如果要将各种颜色的硅酸盐保存起来,可用滴管将烧杯内的水玻璃小心吸去,然后小心地加入蒸馏水,并将烧杯用表面皿盖好,这样就可长期保存。

⚠️ **注意事项**

本实验使用的 $Cr_2O_7^{2-}$、Hg^{2+} 和铅的化合物都有毒,实验完毕要洗手,废液应倒入指定的重金属离子废液回收桶中。

💡 **思考题**

1. 写出本实验所有的反应方程式。

2. 实验室中配制氯化亚锡溶液,往往既加盐酸,又加锡粒,为什么?

3. 试验氢氧化铅的碱性时,应该用什么酸为宜?

4. 如何鉴别 $SnCl_4$ 和 $SnCl_2$?

● 实验 1-15　d 区重要元素(铬、锰、铁、钴、镍)化合物性质与应用

实验目的

1. 掌握 d 区重要元素氢氧化物的酸碱性及氧化还原性。

2. 掌握 d 区重要元素化合物的氧化还原性。

3. 掌握钴、镍的氨配合物的生成及性质。

实验原理

铬、锰和铁、钴、镍分别为第四周期的ⅥB、ⅦB 和Ⅷ族元素。几种元素的重要化合物的性质如下。

1. 铬的重要化合物性质

$Cr(OH)_3$ 是典型的灰蓝色的两性氢氧化物,能与过量的 NaOH 反应生成绿色 $[Cr(OH)_4]^-$。$Cr(Ⅲ)$ 在酸性溶液中很稳定,但在碱性溶液中具有较强的还原性,易被 H_2O_2 氧化成 CrO_4^{2-}。

铬酸盐与重铬酸盐互相可以转化,溶液中存在下列平衡:

$$2CrO_4^{2-} + 2H^+ \rightleftharpoons Cr_2O_7^{2-} + H_2O$$

重铬酸盐的溶解度较铬酸盐的溶解度大,因此,向重铬酸盐溶液中加入 Ag^+、Pb^{2+}、Ba^{2+} 等离子时,通常生成铬酸盐沉淀。例如,

$$Cr_2O_7^{2-} + 2Ba^{2+} + H_2O === 2BaCrO_4(黄色,s) + 2H^+$$

在酸性条件下 $Cr_2O_7^{2-}$ 具有强氧化性,可氧化乙醇,反应方程式如下:

$$2Cr_2O_7^{2-}(橙色) + 3C_2H_5OH + 16H^+ === 4Cr^{3+}(绿色) + 3CH_3COOH + 11H_2O$$

通过此实验,可检测酒后驾车或酒精中毒。

2. 锰的重要化合物性质

$Mn(Ⅱ)$ 在碱性条件下具有还原性,易被空气中的氧气所氧化。反应方程式如下:

$$Mn^{2+} + 2OH^- \Longrightarrow Mn(OH)_2\downarrow（白色）$$

$$2Mn(OH)_2 + O_2 \Longrightarrow 2MnO(OH)_2（棕红色）$$

在酸性溶液中，Mn^{2+}很稳定，只有强氧化剂（如 $NaBiO_3$、PbO_2、$S_2O_8^{2-}$ 等）才能将它氧化成 MnO_4^-。

$$2Mn^{2+} + 5NaBiO_3(s) + 14H^+ \Longrightarrow 2MnO_4^- + 5Bi^{3+} + 5Na^+ + 7H_2O$$

氧化数为+6 的 MnO_4^{2-} 能稳定存在于强碱溶液中，而在酸性或弱碱性溶液中会发生歧化：

$$3MnO_4^{2-} + 2H_2O \Longrightarrow 2MnO_4^- + MnO_2\downarrow + 4OH^-$$

氧化数为+7 的 MnO_4^-是强氧化剂，介质的酸碱性不仅影响它的氧化能力，也影响它的还原产物。在酸性介质中，其还原产物是 Mn^{2+}；在弱碱性（或中性）介质中，其还原产物是 MnO_2；在强碱性介质中，其还原产物是 MnO_4^{2-}。

3. 铁、钴、镍重要化合物性质

Fe(Ⅱ)、Co(Ⅱ)、Ni(Ⅱ)的氢氧化物依次为白色、粉红色和绿色。$Fe(OH)_2$具有很强的还原性，易被空气中的氧气迅速氧化。它先部分被氧化成灰绿色沉淀，随后转化为红棕色 $Fe(OH)_3$。$Fe(OH)_2$主要呈碱性，酸性很弱。

$CoCl_2$溶液与 OH^-反应，先生成蓝色 Co(OH)Cl 沉淀，稍放置生成粉红色 $Co(OH)_2$沉淀。$Co(OH)_2$也能被空气中的氧气氧化，生成 CoO(OH)（褐色）。$Co(OH)_2$显两性，不仅能溶于酸，而且能溶于过量的浓碱形成$[Co(OH)_4]^{2-}$。

$Ni(OH)_2$在空气中是稳定的，只有在碱性溶液中用强氧化剂（如 Br_2、NaClO、Cl_2）才能将其氧化成黑色 NiO(OH)。$Ni(OH)_2$显碱性。

Fe(Ⅲ)、Co(Ⅲ)、Ni(Ⅲ)的氢氧化物都显碱性，颜色依次为红棕色、褐色和黑色。将 Fe(Ⅲ)、Co(Ⅲ)、Ni(Ⅲ)的氢氧化物溶于酸后，则分别得到三价的 Fe^{3+}和二价的 Co^{2+}、Ni^{2+}。这是因为在酸性溶液中，Co^{3+}、Ni^{3+}是强氧化剂，它们能将 H_2O 氧化为 O_2，将 Cl^-氧化为 Cl_2。反应方程式如下（M 为 Co,Ni）：

$$4M^{3+} + 2H_2O \Longrightarrow 4M^{2+} + 4H^+ + O_2\uparrow$$

$$2M^{3+} + 2Cl^- \Longrightarrow 2M^{2+} + Cl_2\uparrow$$

Co(Ⅲ)、Ni(Ⅲ)氢氧化物的获得，通常是由 Co(Ⅱ)、Ni(Ⅱ)盐在碱性条件下被强氧化剂（如 Br_2、NaClO、Cl_2）氧化而得到。例如，

$$2Ni^{2+} + 6OH^- + Br_2 \Longrightarrow 2Ni(OH)_3\downarrow + 2Br^-$$

铁、钴、镍均能生成多种配合物。Fe^{2+}、Fe^{3+}与氨水反应只生成氢氧化物沉淀，而不生成氨配合物。Co^{2+}、Ni^{2+}与氨水反应先生成碱式盐沉淀，而后溶于过量氨水，形成 Co(Ⅱ)、Ni(Ⅱ)的氨配合物。但是，$CoCl_2$在水溶液中与氨水形成氨配合物的过程中，很容易被空气中的氧氧化成 $[Co(NH_3)_5Cl]Cl_2$（紫红色配合物）。实际上，纯的 $[Co(NH_3)_6]Cl_2$是红棕色晶体，其在有催化剂存在下的氧化产物为 $[Co(NH_3)_6]Cl_3$，

是黄色或橙黄色晶体。$[Ni(NH_3)_6]^{2+}$（蓝紫色）能在空气中稳定存在。

仪器、试剂和材料

点滴板；离心机；离心管；试管；酒精灯；试管夹。

$(NH_4)_2Fe(SO_4)_2·6H_2O$（固体）；$NaBiO_3$（固体）；MnO_2（固体）；NH_4Cl（固体）；HCl 溶液（2 $mol·L^{-1}$，浓）；HNO_3 溶液（6 $mol·L^{-1}$）；H_2SO_4 溶液（3 $mol·L^{-1}$）；HAc 溶液（2 $mol·L^{-1}$）；NaOH 溶液（2 $mol·L^{-1}$，6 $mol·L^{-1}$，40%）；$NH_3·H_2O$ 溶液（2 $mol·L^{-1}$，浓）；$CoCl_2$ 溶液（0.1 $mol·L^{-1}$）；$NiSO_4$ 溶液（0.1 $mol·L^{-1}$）；$MnSO_4$ 溶液（0.1 $mol·L^{-1}$）；$CrCl_3$ 溶液（0.1 $mol·L^{-1}$）；$FeCl_3$ 溶液（0.1 $mol·L^{-1}$）；$K_2Cr_2O_7$ 溶液（0.1 $mol·L^{-1}$）；$KMnO_4$ 溶液（0.01 $mol·L^{-1}$）；Na_2SO_3 溶液（0.1 $mol·L^{-1}$）；$CoCl_2$ 溶液（0.5 $mol·L^{-1}$）；$NiSO_4$ 溶液（0.5 $mol·L^{-1}$）；NH_4Cl 溶液（1 $mol·L^{-1}$）；H_2O_2 溶液（3%）；溴水；乙醇溶液（95%）；淀粉-KI 试纸。

实验内容

1. 低价氢氧化物的生成和性质

1）氢氧化铁（Ⅱ）。在一支试管中加入 1 mL 蒸馏水和 2 滴 3 $mol·L^{-1}$ H_2SO_4溶液，煮沸以赶尽溶于其中的氧气，冷却后往试管中加入少量固体$(NH_4)_2Fe(SO_4)_2·6H_2O$。在另一支试管中加入 1 mL 6 $mol·L^{-1}$NaOH 溶液，煮沸赶尽氧气，冷却后，用一滴管吸取 NaOH 溶液，插入亚铁溶液底部，慢慢放出，观察沉淀的颜色和状态。继续在空气中放置沉淀一段时间，观察沉淀颜色是否变化。

2）氢氧化钴（Ⅱ）。用 1 mL 0.1 $mol·L^{-1}$ $CoCl_2$溶液和 2 $mol·L^{-1}$NaOH 溶液制取$Co(OH)_2$沉淀，观察沉淀的颜色和状态。继续在空气中放置沉淀一段时间，观察沉淀颜色是否变化。

3）氢氧化镍（Ⅱ）。用 1 mL 0.1 $mol·L^{-1}$ $NiSO_4$溶液和 2 $mol·L^{-1}$NaOH 溶液制取$Ni(OH)_2$沉淀，观察沉淀的颜色和状态。把沉淀分成三份，一份放置在空气中，观察沉淀颜色是否变化；另两份分别滴入 2 $mol·L^{-1}$HCl 溶液和 40% NaOH 溶液，观察沉淀是否溶解。

4）氢氧化锰（Ⅱ）。用 1 mL 0.1 $mol·L^{-1}$ $MnSO_4$溶液和 2 $mol·L^{-1}$NaOH 溶液制取$Mn(OH)_2$沉淀，观察沉淀的颜色和状态。继续在空气中放置沉淀一段时间，观察沉淀颜色是否变化。

5）氢氧化铬（Ⅲ）。用 1 mL 0.1 $mol·L^{-1}$ $CrCl_3$溶液和 2 $mol·L^{-1}$NaOH 溶液制取$Cr(OH)_3$沉淀，观察沉淀的颜色和状态。把沉淀分成三份，一份放置在空气中，观察沉淀颜色是否变化；另两份分别滴入 2 $mol·L^{-1}$HCl 溶液和 6 $mol·L^{-1}$NaOH 溶液，观察沉淀是否溶解。

通过以上实验，总结低价氢氧化物的性质。

2. 高价氢氧化物的生成和性质

1) 氢氧化铁（Ⅲ）。用 0.1 mol·L^{-1} FeCl$_3$ 溶液和 2 mol·L^{-1} NaOH 溶液制取 Fe(OH)$_3$ 沉淀,观察沉淀的颜色和状态。把沉淀分成三份,一份加浓 HCl 溶液,检查是否有 Cl$_2$ 产生;另两份分别滴入 2 mol·L^{-1} HCl 溶液和 40% NaOH 溶液,观察沉淀是否溶解。

2) 氢氧化钴（Ⅲ）和氢氧化镍（Ⅲ）。用 0.1 mol·L^{-1} CoCl$_2$ 溶液、0.1 mol·L^{-1} NiSO$_4$ 溶液、6 mol·L^{-1} NaOH 溶液和溴水分别制备 Co(OH)$_3$、Ni(OH)$_3$ 沉淀,观察沉淀颜色,然后向所制取的 Co(OH)$_3$、Ni(OH)$_3$ 沉淀中分别滴加浓 HCl 溶液,检查是否有 Cl$_2$ 产生。

3. 低价盐的还原性

1) 碱性介质中 Cr(Ⅲ) 的还原性。取少量 0.1 mol·L^{-1} CrCl$_3$ 溶液,滴加 2 mol·L^{-1} NaOH 溶液,观察沉淀颜色,继续滴加 NaOH 溶液至沉淀溶解,再加入适量 3% H$_2$O$_2$ 溶液,加热,观察溶液颜色的变化。

2) 酸性介质中 Mn(Ⅱ) 的还原性。取少量 0.1 mol·L^{-1} MnSO$_4$ 溶液,加少量 NaBiO$_3$ 固体,然后滴加 6 mol·L^{-1} HNO$_3$ 溶液,观察溶液颜色的变化。

4. 高价盐的氧化性

1) Cr(Ⅵ) 的氧化性。取数滴 0.1 mol·L^{-1} K$_2$Cr$_2$O$_7$ 溶液,用 3 mol·L^{-1} H$_2$SO$_4$ 溶液酸化,再滴加少量 95% 乙醇,微热,观察溶液颜色的变化。

2) Mn(Ⅶ) 的氧化性

(1) 取三支试管,各加入少量 0.01 mol·L^{-1} KMnO$_4$ 溶液,然后在第一支试管中加入几滴 3 mol·L^{-1} H$_2$SO$_4$ 溶液,第二支试管中加入几滴蒸馏水,第三支试管中加入几滴 6 mol·L^{-1} NaOH 溶液,最后再往各试管中分别滴加几滴 0.1 mol·L^{-1} Na$_2$SO$_3$ 溶液,振荡溶液,观察紫红色溶液的变化。

(2) 另取三支试管,各加入少量 0.01 mol·L^{-1} KMnO$_4$ 溶液,然后将滴加介质及还原剂的次序颠倒,观察实验结果有何不同? 为什么?

5. Cr$_2$O$_7^{2-}$ 与 CrO$_4^{2-}$ 的转化

1) 取 5 滴 0.1 mol·L^{-1} K$_2$Cr$_2$O$_7$ 溶液于试管中,加入 2 滴 2 mol·L^{-1} NaOH 溶液,观察溶液颜色的变化,在此溶液中加入 2 滴 0.5 mol·L^{-1} BaCl$_2$ 溶液,观察沉淀的生成。

2) 取 5 滴 0.1 mol·L^{-1} K$_2$Cr$_2$O$_7$ 溶液于试管中,加入 2 滴 2 mol·L^{-1} HAc 溶液,观察溶液颜色的变化,在此溶液中加入 2 滴 0.5 mol·L^{-1} BaCl$_2$ 溶液,观察沉淀的生成。

6. 锰酸盐的生成及不稳定性

1) 取适量 0.01 mol·L^{-1} KMnO$_4$ 溶液,加入过量 40% NaOH 溶液,再加入少量 MnO$_2$ 固体,微热,搅拌,静置片刻,离心,绿色清液即 K$_2$MnO$_4$ 溶液。

2) 取少量绿色清液,滴加 3 mol·L^{-1} H$_2$SO$_4$ 溶液,观察现象。

3) 取少量绿色清液,加入少许 NH$_4$Cl 固体,振荡试管,使 NH$_4$Cl 溶解,微热,观察现象。

7. 钴和镍的氨配合物

1）取 1 mL 0.5 mol·L^{-1}CoCl$_2$溶液，滴加少量 1 mol·L^{-1}NH$_4$Cl 溶液，然后逐滴加入 2 mol·L^{-1}NH$_3$·H$_2$O 溶液，振荡试管，观察沉淀的颜色，再继续加入过量的浓 NH$_3$·H$_2$O 溶液至沉淀溶解为止，观察反应产物的颜色。最后把溶液放置一段时间，观察溶液的颜色变化，说明钴氨配合物的性质。

2）取 1 mL 0.5 mol·L^{-1}NiSO$_4$溶液，滴加少量 1 mol·L^{-1}NH$_4$Cl 溶液，然后逐滴加入 2 mol·L^{-1}NH$_3$·H$_2$O 溶液，振荡试管，观察沉淀的颜色。再继续加入过量的浓NH$_3$·H$_2$O 溶液至沉淀溶解为止，观察反应产物的颜色。然后把溶液分成四份。第一份溶液中加入几滴 2 mol·L^{-1}NaOH 溶液，第二份溶液中加入几滴 3 mol·L^{-1}H$_2$SO$_4$溶液，有何现象？把第三份溶液用水稀释，是否有沉淀产生？把第四份溶液煮沸，有何变化？综合实验结果，说明镍氨配合物的稳定性。

⚠ 注意事项

含 Cr$_2$O$_7^{2-}$ 废液应倒入指定的重金属离子废液回收桶中。

💡 思考题

1. 写出本实验的所有反应方程式。

2. 比较 Fe(OH)$_3$、Al(OH)$_3$、Cr(OH)$_3$ 的性质。设计实验，分离并鉴定含 Fe^{3+}、Al^{3+}、Cr^{3+} 的混合液。

● **实验 1-16　ds 区重要元素(铜、银、锌、镉、汞)化合物性质及应用**

实验目的

1. 掌握 Cu(Ⅱ)、Ag(Ⅰ)、Zn(Ⅱ)、Cd(Ⅱ)、Hg(Ⅱ)的氧化物和氢氧化物的酸碱性及稳定性。

2. 掌握 Cu(Ⅱ)、Ag(Ⅰ)、Zn(Ⅱ)、Cd(Ⅱ)、Hg(Ⅱ)的重要配合物的性质。

3. 掌握 Cu(Ⅱ)和 Ag(Ⅰ)的氧化性。

实验原理

在元素周期表中，Cu、Ag 属ⅠB 族元素，Zn、Cd、Hg 为ⅡB 族元素。它们化合物的重要性质如下：

1. 氢氧化物的酸碱性和脱水性

Cu^{2+}、Zn^{2+}、Cd^{2+}都能与 NaOH 反应生成相应的氢氧化物沉淀，其中 Cu(OH)$_2$不稳定，当加热至 90 ℃时，生成 CuO。Ag$^+$与 NaOH 反应生成的 AgOH 更不稳定，在室温

下迅速分解为 Ag_2O。在室温时，Hg^{2+} 与 NaOH 反应只生成 HgO。

$Zn(OH)_2$ 为两性氢氧化物，$Cu(OH)_2$ 呈较弱的两性（偏碱），$Cd(OH)_2$ 呈碱性，有毒且致癌。

2. 硫化物的性质

Cu^{2+}、Ag^+、Zn^{2+}、Cd^{2+}、Hg^{2+} 与 S^{2-} 反应生成有色的硫化物沉淀，其中 ZnS 能溶于稀 HCl 溶液；CdS 难溶于稀 HCl 溶液，但能溶于浓 HCl 溶液；Ag_2S 和 CuS 能溶于浓 HNO_3 溶液，HgS 只能溶于王水。

3. 配位性

Cu^{2+}、Ag^+、Zn^{2+}、Cd^{2+}、Hg^{2+} 等离子都有较强的接受配体的能力，能与多种配体形成配离子，这些配离子和其他元素形成的配合物在无机化学及分析化学中有其特殊的用途。例如，Hg^{2+} 与过量的 KSCN 溶液反应生成无色的 $[Hg(SCN)_4]^{2-}$ 配离子，$[Hg(SCN)_4]^{2-}$ 与 Co^{2+} 生成蓝紫色的 $Co[Hg(SCN)_4]$；$[Hg(SCN)_4]^{2-}$ 与 Zn^{2+} 反应生成白色的 $Zn[Hg(SCN)_4]$，可用此反应来鉴定 Co^{2+} 和 Zn^{2+}。

$$Hg^{2+} + 2SCN^- \Longrightarrow Hg(SCN)_2 \downarrow （白色）$$

$$Hg(SCN)_2 + 2SCN^- \Longrightarrow [Hg(SCN)_4]^{2-} （无色）$$

在弱酸性条件下，Cu^{2+} 与 $[Fe(CN)_6]^{4-}$ 生成红棕色的沉淀 $Cu_2[Fe(CN)_6]$，此反应可用来检验 Cu^{2+}。

Cu^{2+}、Ag^+、Zn^{2+}、Cd^{2+} 都能与过量的 $NH_3 \cdot H_2O$ 溶液生成配离子，Hg^{2+} 只在有大量 NH_4^+ 存在下，才和 $NH_3 \cdot H_2O$ 溶液生成 $[Hg(NH_3)_4]^{2+}$ 配离子。

4. 氧化性

1）Cu^{2+} 的氧化性。在热的碱性溶液中，Cu^{2+} 能氧化醛或糖类，并有暗红色的 Cu_2O 生成。

$$2[Cu(OH)_4]^{2-} + C_6H_{12}O_6 \xrightarrow{\triangle} Cu_2O + C_6H_{12}O_7 + 2H_2O + 4OH^-$$

在较浓 HCl 溶液中，Cu^{2+} 能将 Cu 氧化成一价铜（$[CuCl_2]^-$），用水稀释生成白色的 CuCl 沉淀。Cu^{2+} 还能与 I^- 反应生成白色 CuI 沉淀，同时生成的可 I_2 用 $Na_2S_2O_3$ 除去。

$$4I^- + 2Cu^{2+} \Longrightarrow 2CuI \downarrow + I_2$$

$$I_2 + 2S_2O_3^{2-} \Longrightarrow 2I^- + S_4O_6^{2-}$$

2）Ag^+ 的氧化性。含有 $[Ag(NH_3)_2]^+$ 的溶液在加热时能将醛和某些糖类氧化，本身被还原为 Ag。

3）Hg^{2+} 的氧化性。酸性条件下 Hg^{2+} 具有较强的氧化性。例如，$HgCl_2$ 与 $SnCl_2$ 反应生成 Hg_2Cl_2 白色沉淀，进一步生成黑色 Hg，这一反应用于 Hg^{2+} 或 Sn^{2+} 的鉴定。

仪器、试剂和材料

试管；烧杯；离心管；离心机；点滴板；量杯；点滴板。

铜屑；$CuCl_2$（固体）；NaCl（固体）；HCl 溶液（1 $mol \cdot L^{-1}$，2 $mol \cdot L^{-1}$，6 $mol \cdot L^{-1}$，浓）；

H_2SO_4 溶液（1 mol·L^{-1}）；HNO_3 溶液（2 mol·L^{-1}，6 mol·L^{-1}，浓）；NaOH 溶液（2 mol·L^{-1}，6 mol·L^{-1}，40%）；$NH_3·H_2O$ 溶液（2 mol·L^{-1}，6 mol·L^{-1}，浓）；$CuSO_4$ 溶液（0.1 mol·L^{-1}）；$AgNO_3$ 溶液（0.1 mol·L^{-1}）；$K_4[Fe(CN)_6]$ 溶液（0.1 mol·L^{-1}）；KI 溶液（0.1 mol·L^{-1}）；$Na_2S_2O_3$ 溶液（0.1 mol·L^{-1}）；$ZnSO_4$ 溶液（0.1 mol·L^{-1}）；$CdSO_4$ 溶液（0.1 mol·L^{-1}）；$Hg(NO_3)_2$ 溶液（0.1 mol·L^{-1}）；$CoCl_2$ 溶液（0.1 mol·L^{-1}）；KSCN 溶液（1 mol·L^{-1}）；葡萄糖溶液（10%）；H_2S 溶液（饱和）。

实验内容

1. 铜的化合物

1）氢氧化铜的生成和性质。在三份 0.1 mol·L^{-1} $CuSO_4$ 溶液中分别加入 2 mol·L^{-1} NaOH 溶液，观察产物氢氧化铜的颜色和状态。离心分离，弃去清液，并用蒸馏水洗涤沉淀 2~3 次。然后将其中一份沉淀加热观察有何变化。其余两份，一份加入 1 mol·L^{-1} H_2SO_4 溶液，另一份加入 6 mol·L^{-1} NaOH 溶液，观察有何变化。写出反应方程式并总结氢氧化铜的性质。

2）铜氨配合物的生成和性质。在 0.1 mol·L^{-1} $CuSO_4$ 溶液中，加入数滴 2 mol·L^{-1} $NH_3·H_2O$ 溶液，观察生成的沉淀的颜色、状态。继续滴加 2 mol·L^{-1} $NH_3·H_2O$ 溶液直到沉淀完全溶解为止，观察溶液的颜色。然后将所得溶液分成两份，一份逐滴加入 1 mol·L^{-1} H_2SO_4 溶液，另一份加热至沸。观察各有何变化，并加以解释，写出反应方程式。

3）硫化铜的生成和溶解性。在 0.1 mol·L^{-1} $CuSO_4$ 溶液中，加入数滴饱和 H_2S 溶液，观察生成沉淀的颜色、状态。离心分离，弃去清液，并用蒸馏水洗涤沉淀 2~3 次。现有如下酸性溶液：2 mol·L^{-1} HCl 溶液、6 mol·L^{-1} HCl 溶液、6 mol·L^{-1} HNO_3 溶液，参考硫化物的溶度积常数，确定 CuS 溶于何种酸中，并用实验验证。

4）氧化亚铜的生成和性质。在 0.1 mol·L^{-1} $CuSO_4$ 溶液中加入过量的 6 mol·L^{-1} NaOH 溶液，使最初生成的沉淀完全溶解。再往溶液中加入数滴 10% 的葡萄糖溶液，混匀，水浴加热，观察现象。离心分离，弃去清液，并用蒸馏水洗涤沉淀 2~3 次。然后将沉淀分成三份，一份加浓 $NH_3·H_2O$ 溶液，一份加浓 HCl 溶液，一份加 1 mol·L^{-1} H_2SO_4 溶液，观察现象，写出反应方程式并总结氧化亚铜的性质。

5）碘化亚铜的生成。在 0.1 mol·L^{-1} $CuSO_4$ 溶液中，加入数滴 0.1 mol·L^{-1} KI 溶液，观察有何变化。再滴加 0.1 mol·L^{-1} $Na_2S_2O_3$ 溶液（不宜过多），以除去反应生成的 I_2。离心分离，弃去清液，并用蒸馏水洗涤沉淀 2~3 次，观察产物的颜色和状态。

6）氯化亚铜的生成。往 1 mL 0.5 mol·L^{-1} $CuCl_2$ 溶液中加入 1 mL 2 mol·L^{-1} HCl 溶液和 0.1 g 铜屑，加热，直到溶液由深棕色变为无色为止。取出几滴溶液，加入少量蒸馏水，如有白色沉淀产生，则可把全部溶液倒入 30 mL 已煮沸过的蒸馏水中（室温），观察产物的颜色、状态。

7) Cu^{2+} 的鉴定。在 $0.1\ mol \cdot L^{-1} CuSO_4$ 溶液中,加入 $2\ mol \cdot L^{-1} HCl$ 溶液直至溶液呈弱酸性,再滴加 $0.1\ mol \cdot L^{-1} K_4[Fe(CN)_6]$ 溶液数滴,观察红棕色沉淀的生成。

2. 银的化合物

1) 氧化银的生成和性质。向盛有 $0.1\ mol \cdot L^{-1} AgNO_3$ 溶液的离心管中,慢慢滴加新配制的 $2\ mol \cdot L^{-1} NaOH$ 溶液,观察沉淀的生成和变化。离心分离,弃去清液,用蒸馏水洗涤沉淀 $2 \sim 3$ 次。将沉淀分成三份,一份加 $2\ mol \cdot L^{-1} HNO_3$ 溶液,一份加 $6\ mol \cdot L^{-1}$ $NH_3 \cdot H_2O$ 溶液,一份加 40% $NaOH$ 溶液,观察反应现象,写出反应方程式并总结氧化银的性质。

2) 硫化银的生成和溶解性。在 $0.1\ mol \cdot L^{-1} AgNO_3$ 溶液中,加入数滴饱和 H_2S 溶液,观察生成的沉淀的颜色、状态。离心分离,弃去清液,并用蒸馏水洗涤沉淀 $2 \sim 3$ 次。现有如下酸性溶液:$2\ mol \cdot L^{-1} HCl$ 溶液、$6\ mol \cdot L^{-1} HCl$ 溶液、$6\ mol \cdot L^{-1} HNO_3$ 溶液,参考硫化物的溶度积常数,确定 Ag_2S 溶于何种酸中,并用实验验证。

3) 银镜的制作。取一支干净的试管,加入几滴 $0.1\ mol \cdot L^{-1} AgNO_3$ 溶液,然后逐滴滴加 $2\ mol \cdot L^{-1} NH_3 \cdot H_2O$ 溶液至所有的氧化银沉淀刚好溶解为止,再加入数滴 10% 葡萄糖溶液,在水浴中加热,观察试管壁上有何变化。

3. 锌、镉、汞的化合物

1) 氢氧化锌的生成和性质。在两份 $0.1\ mol \cdot L^{-1} ZnSO_4$ 溶液中,分别逐滴加入 $2\ mol \cdot L^{-1} NaOH$ 溶液直到有沉淀产生为止,观察产物氢氧化锌的颜色和状态。离心分离,弃去清液,并用蒸馏水洗涤沉淀 $2 \sim 3$ 次。然后在一份沉淀中加入 $1\ mol \cdot L^{-1} H_2SO_4$ 溶液,另一份沉淀中加入 $2\ mol \cdot L^{-1} NaOH$ 溶液,观察各有何变化。

2) 氢氧化镉的生成和性质。在两份 $0.1\ mol \cdot L^{-1} CdSO_4$ 溶液中,分别加入 $2\ mol \cdot L^{-1} NaOH$ 溶液,观察产物氢氧化镉的颜色和状态。离心分离,弃去清液,并用蒸馏水洗涤沉淀 $2 \sim 3$ 次。然后在一份沉淀中加入 $1\ mol \cdot L^{-1} H_2SO_4$ 溶液,在另一份沉淀中加入 40% $NaOH$ 溶液,观察有何变化。

3) 氧化汞的生成和性质。在两份 $0.1\ mol \cdot L^{-1} Hg(NO_3)_2$ 溶液中,分别加入 $2\ mol \cdot L^{-1} NaOH$ 溶液,观察产物氧化汞的颜色和状态。离心分离,弃去清液,并用蒸馏水洗涤沉淀 $2 \sim 3$ 次。然后在一份沉淀中加入 $1\ mol \cdot L^{-1} H_2SO_4$ 溶液,另一份沉淀中加入 40% $NaOH$ 溶液,观察有何变化。

通过上述实验内容 3 中 1)、2) 和 3),总结锌、镉、汞氢氧化物或氧化物的性质。

4) 硫化锌、硫化镉、硫化汞的生成和溶解性。用浓度为 $0.1\ mol \cdot L^{-1}$ 的 $ZnSO_4$ 溶液、$CdSO_4$ 溶液和 $Hg(NO_3)_2$ 溶液分别与饱和的 H_2S 溶液反应,制备 ZnS、CdS、HgS 沉淀,观察生成沉淀的颜色、状态。离心分离,弃去清液,并用蒸馏水洗涤沉淀 $2 \sim 3$ 次。现有 $2\ mol \cdot L^{-1} HCl$ 溶液、$6\ mol \cdot L^{-1} HCl$ 溶液、$6\ mol \cdot L^{-1} HNO_3$ 溶液、王水(自配),参考硫化物的溶度积常数,确定这些硫化物溶于何种酸中,并用实验验证。

5）锌的配合物。在 $0.1\ mol\cdot L^{-1}$ $ZnSO_4$ 溶液中,逐滴加入 $6\ mol\cdot L^{-1}$ $NH_3\cdot H_2O$ 溶液,观察沉淀的生成。继续加入过量 $6\ mol\cdot L^{-1}$ $NH_3\cdot H_2O$ 溶液,直到沉淀溶解为止。将此溶液分成两份,其中一份加热至沸,观察现象;另一份逐滴加入 $1\ mol\cdot L^{-1}$ HCl 溶液,每加一滴都需振荡,观察 $Zn(OH)_2$ 沉淀的出现,继续加 $1\ mol\cdot L^{-1}$ HCl 溶液,沉淀又溶解。解释现象,写出反应方程式。

6）镉的配合物。用 $0.1\ mol\cdot L^{-1}$ $CdSO_4$ 溶液代替 $0.1\ mol\cdot L^{-1}$ $ZnSO_4$ 溶液,重复上述实验内容 3 中 5）的步骤。

7）汞配合物的生成和性质

（1）在 $0.1\ mol\cdot L^{-1}$ 的 $Hg(NO_3)_2$ 溶液中,滴加 $0.1\ mol\cdot L^{-1}$ KI 溶液,观察沉淀的颜色,继续滴加 $0.1\ mol\cdot L^{-1}$ KI 溶液,直到起初生成的沉淀又溶解。然后再在溶液中加入 $6\ mol\cdot L^{-1}$ NaOH 溶液至碱性。此溶液就是奈斯勒试剂。用它如何检验 NH_4^+ ?

（2）在 $0.1\ mol\cdot L^{-1}$ 的 $Hg(NO_3)_2$ 溶液中,逐滴加入 $1\ mol\cdot L^{-1}$ KSCN 溶液,观察沉淀的颜色、状态。再继续加入过量的 $1\ mol\cdot L^{-1}$ KSCN 溶液,沉淀溶解,形成配离子。将此溶液分成两份,一份加入 $0.1\ mol\cdot L^{-1}$ $ZnSO_4$ 溶液,另一份加入 $0.1\ mol\cdot L^{-1}$ $CoCl_2$ 溶液,并用玻璃棒摩擦试管内壁,观察 $Zn[Hg(SCN)_4]$ 和 $Co[Hg(SCN)_4]$ 沉淀的颜色、状态(此反应可定性鉴定 Zn^{2+} 和 Co^{2+})。

⚠ 注意事项

本实验在使用王水时应避免溅落在皮肤上,更应防止溅入眼睛里。Cd^{2+}、Hg^{2+}、Ag^+ 溶液有毒,使用量尽可能少,含 Cd^{2+}、Hg^{2+}、Ag^+ 废液应倒入指定的重金属离子废液回收桶中。

💡 思考题

1. 写出本实验的所有反应方程式。

2. Ag_2O 和 HgO 是酸性氧化物还是碱性氧化物? 如何验证? 为使实验现象明显,需选何种试剂(HCl 溶液还是 HNO_3 溶液)?

3. 为何先将 $AgNO_3$ 制成 $[Ag(NH_3)_2]^+$,然后再用葡萄糖还原制取银镜? 能否直接用葡萄糖还原 $AgNO_3$ 制得?

● 实验 1-17　无机纸色谱法及应用

实验目的

1. 了解纸色谱法的基本原理。

2. 学习纸色谱法的实验技术。

实验原理

纸色谱是利用物质迁移速率不同,使混合物彼此分离,然后加以鉴定的分析分离技术。例如,滤纸通常含有20%的水分(吸附水),这些水分组成纸色谱的固定相。被测样品滴在滤纸上时,样品即溶解于固定相中,容器中有机溶剂由于滤纸的毛细现象而不断向上渗透,组成纸色谱的流动相。当流动相在原点与含有样品的固定相接触时,部分样品溶解于流动相中,此时在固定相和流动相中样品含量均相当高。随着流动相向上移动,由于原点以上固定相是不含样品的,流动相中的样品部分溶于固定相中,使流动相前沿的样品含量逐渐减少,基本被抽提完全。因此有机溶剂在滤纸渗透展开的全部过程可认为是无限个流动相在无限个固定相中移动,物质即在两相中无限次地重复抽提、溶解、再抽提、再溶解。由于物质在两相溶剂中溶解度的不同,在纸上的迁移速率也不同。若某物质在有机溶剂中溶解度极大,而在水中基本不溶,则从原点开始该物质将很快全部溶于流动相中,它随流动相同步迁移;若物质在水中溶解度极大,而在有机溶剂中基本不溶,则该物质将不随流动相同步迁移;一般物质在两相中溶解度介于上述两种情况之间,所以样品离子以小于有机溶剂的迁移速率向上迁移,各离子将在滤纸不同位置上留下它的斑点,如图1-17-1所示。

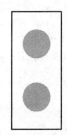

图 1-17-1 纸上斑点迁移示意图

对于某一离子来说,其迁移的距离与有机溶剂迁移的距离的比值是一常数,称为该离子的比移值 R_f:

$$R_f = \frac{离子斑点中心点离原点的距离}{溶剂浸湿前沿最高点离原点的距离}$$

纸色谱实验通常按下述方法进行:裁取一张长 15 cm、宽 1 cm 的滤纸条,在距离纸一端约 2 cm 处滴上一滴试液,形成直径约 0.5 cm 的斑点,该点称为原点。待试液干后,将滤纸垂直悬挂起来(原点向下),滤纸下端浸入有机溶剂中(原点不能浸入溶剂),由于滤纸的毛细作用使溶剂在纸上向上渗透。开始渗透速率比较快,随着渗透距离的增加渗透速率逐渐降低。当有机溶剂渗透到滤纸前沿某一预定点或渗透一段时间后,取出滤纸条,挂于通风处晾干。此时在滤纸上出现一些离子的斑点,表明待测试液各离子已经被分离。各离子斑点颜色一般较浅不容易鉴别,需加入某些特殊的显色试剂,使各离子斑点显示出特征颜色(称为显色法)。本实验中采用氨熏作为显色试剂,根据显示的特征颜色和离子迁移的距离鉴别离子。

仪器、试剂和材料

广口瓶(500 mL);量筒(50 mL);毛细管;剪刀。

HCl 溶液(浓);$NH_3 \cdot H_2O$ 溶液(浓);$CoCl_2$ 溶液(饱和);$CuSO_4$ 溶液(饱和);$FeCl_3$ 溶液(饱和);$NiCl_2$ 溶液(饱和);丙酮;未知液;慢速定量滤纸。

实验内容

1. 丙酮溶液(流动相)准备

在广口瓶中倒入 38 mL 丙酮、8 mL 浓 HCl 溶液和 4 mL 蒸馏水(或者加入 50 mL 实验室已按上述比例配制的溶液),盖上瓶塞,待用。

2. 滤纸准备

取一张宽 5 cm、长 15 cm 的慢速定量滤纸,剪成宽 1 cm 的 5 条(上端留 5 cm 不剪开),如图 1-17-2(a)所示。在纸的下端 2 cm 处,用铅笔(不能用钢笔和圆珠笔)轻轻地画一条直线。

3. 样品准备(点样)

用毛细管蘸取少量下列试液(每一种试液均用专用毛细管,不得混用):饱和 $FeCl_3$ 溶液、饱和 $CoCl_2$ 溶液、饱和 $NiCl_2$ 溶液和饱和 $CuSO_4$ 溶液及某一未知试液,分别在上述剪成的滤纸条的铅笔线中心位置滴出直径约 0.5 cm 的斑点,如图 1-17-2(b)所示。并在滤纸上端分别标出相应的样品名称:Fe^{3+}、Co^{2+}、Ni^{2+}、Cu^{2+} 及未知液,将滤纸置于通风处晾干。

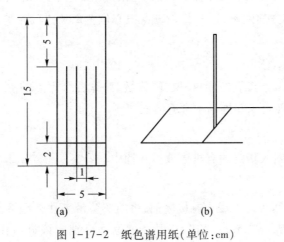

图 1-17-2　纸色谱用纸(单位:cm)

4. 样品提升

将点样后的滤纸插入广口瓶中,使滤纸下端浸入丙酮溶液 1 cm,滤纸上端裹在广口瓶磨口处,如图 1-17-3 所示。注意不要使试液斑点浸入丙酮溶液。同时 5 条滤纸应适当分开,不要互相粘贴或贴在瓶壁上。若滤纸条不易分开,可顺纸条方向将滤纸适当剪开些。盖紧瓶塞,待有机溶剂前沿上升至接近滤纸条顶端时,取出滤纸,立即用铅笔记下溶剂前沿的位置,记录各离子在滤纸上的颜色。然后将滤纸放在通风处晾干。

5. 斑点显色

将滤纸放在盛有氨水的广口瓶中,滤纸不要浸入氨水,如图 1-17-4 所示。氨熏约 5 min 后,即可得到清晰的斑点。

图 1-17-3　丙酮提升

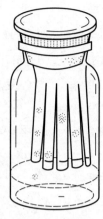

图 1-17-4　氨熏

实验结果和数据处理

1. 测定 R_f

记录四种已知无机离子在氨熏后斑点所显示的颜色。用尺子测量溶剂前沿最高点离原点处(铅笔线)的距离,以及每一斑点中心位置离原点的距离,分别计算 4 种无机离子的 R_f。

2. 未知液分析

观察未知液滤纸条斑点的颜色、位置、数量,计算各个斑点的 R_f,分别与已知离子的颜色、R_f 相比较,确定未知样品中含有哪些离子。

⚠ **注意事项**

含丙酮废液应倒入指定的有机废液回收桶中。

💡 **思考题**

1. 若实验时不慎将斑点浸入有机溶剂,将给实验带来什么后果?

2. 4 种已知样品 Fe^{3+}、Co^{2+}、Ni^{2+}、Cu^{2+} 经过氨熏分别应该显示什么颜色?氨熏后在空气中放置,为什么有些离子的颜色很快变浅?

3. 无机物的制备和表征

● **实验 1-18　硫酸亚铁铵的制备**

实验目的

1. 学习制备硫酸亚铁铵,并进行纯度分析。

2. 学习 pH 试纸、吸量管和比色管的使用。

3. 熟练掌握水浴加热、冷却结晶、减压过滤、干燥等技术。

实验原理

硫酸亚铁铵[$(NH_4)_2Fe(SO_4)_2 \cdot 6H_2O$ 或 $(NH_4)_2SO_4 \cdot FeSO_4 \cdot 6H_2O$],俗名为莫尔盐,是一种无机复盐,为浅蓝绿色单斜晶体,易溶于水,不溶于乙醇,在 100~110 ℃ 时失去结晶水,易风化。硫酸亚铁铵具有顺磁性,在物质磁化率测定过程中,可作为一种标准物质(磁化率已知)来标定磁场强度。本实验是利用复盐溶解度比组成它的简单盐的溶解度都要低的性质,由等物质的量的 $FeSO_4$ 溶液和 $(NH_4)_2SO_4$ 溶液相互作用生成硫酸亚铁铵。有关盐的溶解度见表 1-18-1。

表 1-18-1　有关盐的溶解度　　　　　　　　　　单位:g/100 g 水

温度	0 ℃	10 ℃	20 ℃	30 ℃	40 ℃
$(NH_4)_2SO_4$	70.6	73.0	75.4	78.0	81.0
$FeSO_4 \cdot 7H_2O$	28.8	40.0	48.0	60.0	73.3
$(NH_4)_2Fe(SO_4)_2 \cdot 6H_2O$	—	18.1	21.2	24.5	27.9

制备过程及反应方程式如下:

过量的铁溶于稀硫酸制备硫酸亚铁。

$$Fe(铁屑) + H_2SO_4(稀) \rightleftharpoons FeSO_4 + H_2\uparrow$$

等物质的量的硫酸亚铁与硫酸铵作用,制备硫酸亚铁铵。

$$FeSO_4 + (NH_4)_2SO_4 + 6H_2O \rightleftharpoons (NH_4)_2Fe(SO_4)_2 \cdot 6H_2O$$

仪器、试剂和材料

烧杯;电子天平;锥形瓶;吸量管;容量瓶;恒温水浴锅;热过滤装置;蒸发皿;抽滤瓶;布氏漏斗;比色管。

铁屑;H_2SO_4 溶液(3 mol·L^{-1});$(NH_4)_2SO_4$(固体);$(NH_4)_2Fe(SO_4)_2 \cdot 6H_2O$(固体);KSCN 溶液(25%)。

实验内容

1. 硫酸亚铁的制备

称量 1 g 铁屑,放入锥形瓶中,再加入 5 mL 3 mol·L^{-1} H_2SO_4 溶液,水浴加热(温度低于 353 K),旋摇锥形瓶至反应基本完成(此时产生的气泡很少),反应过程中注意适当补充水,以保持原体积。趁热过滤,并用少量热蒸馏水洗涤锥形瓶和滤渣,合并滤液,得 $FeSO_4$ 溶液。

2. 硫酸亚铁铵的制备

根据上述加入的 H_2SO_4 溶液量,计算所需 $(NH_4)_2SO_4$ 的量。称取相应量的

（NH₄）₂SO₄，并参照溶解度数据将其配成饱和溶液。将此溶液加到制得的 $FeSO_4$ 溶液中，并用 H_2SO_4 溶液调节混合液的 pH = 1~2。将混合溶液转入蒸发皿，水浴加热，将溶液浓缩到表面有结晶膜出现，取下蒸发皿，在空气中缓慢冷却，析出（NH₄）₂Fe（SO₄）₂·6H₂O 晶体，观察晶体颜色。减压抽滤，用滤纸吸干水分后称量，计算产率。将产物装入广口瓶内保存，供后面的实验用。

3. Fe^{3+} 的限量分析

1）不含氧的水。加一定量的水到锥形瓶中，小火加热，煮沸 10~20 min，冷却至室温后使用。

2）Fe^{3+} 标准溶液的配制。称取 0.8634 g（NH₄）₂Fe（SO₄）₂·6H₂O 固体溶于水（内含 2.5 mL 浓 H_2SO_4 溶液），移入 1000 mL 容量瓶中，并定容至刻度。此溶液每毫升含 Fe^{3+} 0.1 mg。

用吸量管分别吸取一定量的 Fe^{3+} 标准溶液，加入三支 25 mL 的比色管中，使 Fe^{3+} 的质量分别为 0.05 mg、0.10 mg 和 0.20 mg。向各比色管中分别加入 1.0 mL 3 mol·L⁻¹ H_2SO_4 溶液和 15 mL 不含氧的水，振荡，再加入 1.0 mL 25%KSCN 溶液，并加入不含氧的水至 25 mL 刻度线，摇匀。该标准色阶分别符合硫酸亚铁铵Ⅰ级、Ⅱ级、Ⅲ级试剂的 Fe^{3+} 含量要求。

3）限量分析。称取 1.0 g 样品于 25 mL 比色管中，加 1.0 mL 3 mol·L⁻¹ H_2SO_4 溶液、15 mL 不含氧的水，振荡，样品溶解后加 1.0 mL 25% KSCN 溶液，继续加不含氧的水至 25 mL 刻度线，摇匀，与标准色阶进行颜色比较，评判样品等级（所呈红色不得深于标准色阶对应等级颜色）。

💡 思考题

1. 硫酸亚铁和硫酸亚铁铵的性质有何不同？
2. 在反应过程中，铁和硫酸哪一种应过量？为什么？
3. 制备过程中如何减少硫酸亚铁铵中 Fe^{3+} 杂质的含量？
4. 怎样才能得到颗粒较大的晶体？
5. 硫酸亚铁铵晶体为什么只能吸干？加热烘干为什么不行？

● 实验 1-19　碳酸钡晶体的制备与晶形观察

实验目的

1. 了解碳酸钡不同晶形的用途和微型实验制备过程。
2. 掌握均相沉淀法和复分解法制备针状和球状碳酸钡。

3. 掌握用显微镜观察晶体形貌和尺寸的一般使用方法。

实验原理

碳酸钡($BaCO_3$)是一种重要的化工原料,在建材、冶金、电子和化工等诸多领域具有广泛的应用。$BaCO_3$具有多种晶形,常见的有球形、针形、柱形等。不同应用领域对$BaCO_3$晶形要求不同,其中针状$BaCO_3$作为微电子工业及塑料、橡胶、涂料等的填充料;球状$BaCO_3$目前在 PTC 热敏电阻元件的生产中使用较多。

$BaCO_3$的制备方法通常有纯碱法、碳化法、复分解法、毒重石转化法和均相沉淀法。制备方法和控制条件不同对晶形影响较大。本实验采用均相沉淀法,以$BaCl_2$、NaOH 和尿素为原料,制备针状$BaCO_3$晶体;采用复分解法,以$BaCl_2$和Na_2CO_3为原料,制备球状$BaCO_3$晶体。

均相沉淀法可使沉淀均匀缓慢地产生,有利于得到晶形完整、分散性好的晶体。当温度高于 60 ℃时,尿素在酸性、中性和碱性溶液中均可水解,且水解速率随温度的升高而加快,水解反应为

$$CO_2 + NH_4^+ \xleftarrow{\ H_2O,H^+\ } CO(NH_2)_2 \xrightarrow{\ H_2O,OH^-\ } CO_3^{2-} + NH_3$$

利用尿素在碱性条件下水解产生的CO_3^{2-}与Ba^{2+}反应生成针状$BaCO_3$晶体。较长的反应时间、较高的反应温度和较慢的搅拌速率(或不搅拌),均有利于针状$BaCO_3$晶体的生成。

$$Ba^{2+} + CO_3^{2-} = BaCO_3 \downarrow$$

复分解法制备球状$BaCO_3$晶体时,由于反应物的浓度较大,晶体的成核速率大于晶体的生长速率,定向速率大于聚集速率,故得到粒径较小的球状晶体(粒径为 μm 级)。在实验中,搅拌和较低的反应温度有利于球状$BaCO_3$晶体的生成。

仪器、试剂和材料

烧杯;试管;量筒;滴管;漏斗;玻璃棒;生物显微镜;载玻片;离心机;离心管;电子天平;恒温水浴锅。

$BaCl_2 \cdot 2H_2O$(固体);$Na_2CO_3 \cdot 10H_2O$(固体);$CO(NH_2)_2$(固体);$BaCl_2$溶液（1 mol·L^{-1}）;NaOH 溶液（1 mol·L^{-1}）;HNO_3溶液（2 mol·L^{-1}）;$AgNO_3$溶液（0.1 mol·L^{-1}）;无水乙醇。

实验内容

1. 针状$BaCO_3$晶体的制备

1）母液的制备。称取 1.1 g $CO(NH_2)_2$,置于 50 mL 烧杯中,然后加入 7.5 mL 1 mol·L^{-1}NaOH 溶液,搅拌至尿素完全溶解。再加入 3.0 mL 1 mol·L^{-1}$BaCl_2$溶液,混合,摇匀。用恒温水浴锅加热至 50 ℃左右,过滤。将清液转移到大试管中。

2）晶体的生成与培养。将装有清液的大试管置于 85 ℃的恒温水浴锅内加热保

温，至有沉淀生成（约为 1 h）。

3）晶体的洗涤与观察。将大试管中的沉淀完全转移到离心管中，用蒸馏水离心洗涤至上清液中不含 Cl^-（取少量上清液，加入 2 mol·L^{-1} HNO_3 溶液和 0.1mol·L^{-1} $AgNO_3$ 溶液各 2 滴，目视无白色沉淀生成）。取少量沉淀样品于小试管内加 1 mL 无水乙醇，振荡 5~6 min，用小滴管吸取悬浮液，在载玻片上滴 2~3 滴，晾干，在显微镜（遵循显微镜使用操作规则，避免损坏仪器）下观察，绘制晶形，并分别用目镜刻度尺测量针状 $BaCO_3$ 晶体的针长和径宽的范围。

4）晶体的干燥与产率的计算。将离心管中的固体沉淀物完全转移到蒸发皿中，炒干、称量、计算产率，回收针状 $BaCO_3$ 晶体。

2. 球状 $BaCO_3$ 晶体的制备

晶体的制备。称取 1.2 g $BaCl_2·2H_2O$ 和 1.4 g $Na_2CO_3·10H_2O$ 分别配制成 0.5 mol·L^{-1} 的溶液。用两支滴管分别取等量溶液，同时缓慢滴入一空烧杯中，边滴加边搅拌。将所得沉淀陈化 20 min。

后续操作同实验内容 1 中的 3）、4），其中用目镜刻度尺测量球状 $BaCO_3$ 晶体颗粒的平均粒径。

⚠️ **注意事项**

含 Ag^+ 废液应倒入指定的重金属离子废液回收桶中。

💡 **思考题**

1. 针状 $BaCO_3$ 晶体的制备为什么选择在碱性条件下进行？中性及酸性条件各有哪些缺点？

2. 对比两次观察的晶体形状有什么不同之处？试分析原因。

3. 试分析总结影响晶体形状的主要条件因素。

● 实验1-20 硫酸铝钾的制备及其晶体的培养

实验目的

1. 了解从 Al 制备硫酸铝钾的原理及过程。

2. 进一步认识 Al 及 Al(OH)₃的两性。

3. 学习从溶液中培养晶体的原理和方法。

实验原理

硫酸铝钾[$K_2SO_4·Al_2(SO_4)_3·24H_2O$]是一种复盐，俗称明矾，为无色晶体，易溶于水，并易水解生成 Al(OH)₃胶状沉淀。它具有较强的吸附性能，是工业上重要的铝盐,可作为净水剂、造纸填充剂等多种用途。

　　本实验利用金属铝溶于氢氧化钠溶液,生成可溶性的四羟基铝酸钠,金属铝中其他的杂质则不溶,过滤除去杂质。随后用 H_2SO_4 溶液调节此溶液的 pH 为 8~9,即有 $Al(OH)_3$ 沉淀产生,分离后,在沉淀中加入 H_2SO_4 溶液,使 $Al(OH)_3$ 转化为 $Al_2(SO_4)_3$,然后制成 $Al_2(SO_4)_3$ 晶体,将 $Al_2(SO_4)_3$ 晶体和 K_2SO_4 晶体分别制成饱和溶液,混合后就有明矾生成。有关反应如下:

$$2Al + 2NaOH + 6H_2O \Longrightarrow 2Na[Al(OH)_4] + 3H_2 \uparrow$$

$$[Al(OH)_4]^- + H^+ \Longrightarrow Al(OH)_3 \downarrow + H_2O$$

$$2Al(OH)_3 + 3H_2SO_4 \Longrightarrow Al_2(SO_4)_3 + 6H_2O$$

$$Al_2(SO_4)_3 + K_2SO_4 + 24H_2O \Longrightarrow K_2SO_4 \cdot Al_2(SO_4)_3 \cdot 24H_2O$$

　　明矾单晶的培养:当有 $K_2SO_4 \cdot Al_2(SO_4)_3 \cdot 24H_2O$ 晶体析出后,过滤得到晶体,选出规整的颗粒作为晶种,放在滤液中,盖上表面皿,让溶液自然蒸发,晶体逐渐长大,成为大的单晶,单晶具有八面体晶形。为使晶种长成大的单晶,要保障溶液温度不要变化太大,使溶液的水分缓慢蒸发。另外,为了长成大晶体,也可将生成的晶体系上尼龙绳,悬在溶液中,继续长大。这样晶体在各方面生长速率不受影响,生成的晶体更规整。

仪器、试剂和材料

　　烧杯;电子天平;恒温水浴锅;布氏漏斗;抽滤瓶;pH 试纸;尼龙线;蒸发皿;玻璃漏斗;滤纸。

　　铝屑;NaOH(固体);K_2SO_4(固体);H_2SO_4 溶液(3 mol·L^{-1}、1:1)。

实验内容

　　1. $Al(OH)_3$ 的生成

　　称取 2.3 g NaOH 固体,置于 200 mL 烧杯中,加入 30 mL 蒸馏水溶解。称取 1 g 铝屑,分批加入 NaOH 溶液中(反应剧烈,为防止溅出,应在通风橱内进行),至不再有气泡产生,说明反应完毕。然后再加入蒸馏水,使体积约为 40 mL,常压过滤。将滤液转入 200 mL 烧杯中,加热至沸,在不断搅拌下,滴加 3 mol·L^{-1} H_2SO_4 溶液,使溶液的 pH 为 8~9,继续搅拌煮沸数分钟,然后抽滤,并用沸水洗涤沉淀,直至洗涤液的 pH 降至 7 左右,抽干。

　　2. $Al_2(SO_4)_3$ 的制备

　　将制得的 $Al(OH)_3$ 沉淀转入烧杯中,在不断搅拌下,分批加入 1:1 H_2SO_4 溶液。当溶液变清后,停止加入 H_2SO_4 溶液,得到 $Al_2(SO_4)_3$ 溶液。将 $Al_2(SO_4)_3$ 溶液转入蒸发皿中,浓缩溶液为原体积的 $\frac{1}{2}$,取下,用水冷却至室温,待结晶完全后,抽滤,将晶体用滤纸吸干,称量。

　　3. 明矾的制备及大晶体的培养

基础化学实验

将称量后的硫酸铝晶体置于小烧杯中,配成室温下的饱和溶液。另称取 K_2SO_4 固体,也配成同体积的饱和溶液,然后将等体积的两饱和溶液混合,搅拌均匀后,静置,观察明矾晶体析出。过滤,选出规整的小颗粒作为晶种,放在滤液中,盖上表面皿,让溶液自然蒸发,晶体就会逐渐长大,成为大的单晶。为使晶种生成大的单晶,重要的是溶液温度不要变化太大,使溶液的水分缓慢蒸发。为生成大结晶,也可将生成的晶体系上尼龙绳,悬在溶液中。这样晶体在各方面生长速率不受影响。

💡 思考题

1. 为什么用碱溶解 Al 而不用酸?

2. $Al_2(SO_4)_3$ 和 K_2SO_4 在不同温度下的溶解度分别是多少?

3. 将硫酸钾和硫酸铝两种饱和溶液混合能够制得明矾晶体,用溶解度来说明其理由。

• 实验 1-21　三草酸合铁(Ⅲ)酸钾的合成

实验目的

1. 了解沉淀反应、氧化还原反应及配位反应等在无机合成中的应用。

2. 进一步掌握溶解、加热、沉淀、浓缩、结晶、过滤等基本操作。

实验原理

三草酸合铁(Ⅲ)酸钾($K_3[Fe(C_2O_4)_3]\cdot 3H_2O$)是一种翠绿色单斜晶体,溶于水而难溶于乙醇,是制备负载型活性铁催化剂的主要原料。

本实验以 Fe(Ⅱ)盐为原料,通过沉淀反应、氧化还原反应、配位反应多步转化,最后制得 $K_3[Fe(C_2O_4)_3]\cdot 3H_2O$。主要反应为

$$FeSO_4 + H_2C_2O_4 + 2H_2O = FeC_2O_4\cdot 2H_2O \downarrow + H_2SO_4$$

$$6FeC_2O_4\cdot 2H_2O + 3H_2O_2 + 6K_2C_2O_4 = 4K_3[Fe(C_2O_4)_3] + 2Fe(OH)_3 \downarrow + 12H_2O$$

$$2Fe(OH)_3 + 3H_2C_2O_4 + 3K_2C_2O_4 = 2K_3[Fe(C_2O_4)_3] + 6H_2O$$

$K_3[Fe(C_2O_4)_3]\cdot 3H_2O$ 对光敏感,见光易分解,容易进行下列光化学反应:

$$2[Fe(C_2O_4)_3]^{3-} \xrightarrow{h\nu} 2FeC_2O_4 + 3C_2O_4^{2-} + 2CO_2 \uparrow$$

仪器、试剂和材料

电子天平;电炉;烧杯;恒温水浴锅;布氏漏斗;抽滤瓶;表面皿;蒸发皿。

$FeSO_4\cdot 7H_2O$(固体);H_2SO_4 溶液($3\ mol\cdot L^{-1}$);$H_2C_2O_4$ 溶液($1\ mol\cdot L^{-1}$);$K_2C_2O_4$ 溶液(饱和);H_2O_2 溶液(3%);乙醇溶液(95%);pH 试纸;滤纸。

实验内容

1. $FeC_2O_4 \cdot 2H_2O$ 的制备

称取 2 g $FeSO_4 \cdot 7H_2O$ 晶体于烧杯中,加入 10 mL 蒸馏水和 4 滴 3 $mol \cdot L^{-1}$ H_2SO_4 溶液,微热使其溶解,然后加入 10 mL 1 $mol \cdot L^{-1}$ $H_2C_2O_4$ 溶液,在不断搅拌下加热至沸腾(注意安全,防止暴沸、溅射),即有黄色 $FeC_2O_4 \cdot 2H_2O$ 沉淀生成。静置,待黄色 $FeC_2O_4 \cdot 2H_2O$ 晶体沉淀后,倾泻弃去上层清液,晶体用少量蒸馏水洗涤 2~3 次,至中性。

2. $K_3[Fe(C_2O_4)_3] \cdot 3H_2O$ 的制备

在盛有黄色 $FeC_2O_4 \cdot 2H_2O$ 晶体的烧杯中,加入 5 mL 饱和 $K_2C_2O_4$ 溶液,加热至 40 ℃ 左右,取下,稍冷后缓慢地滴加 10 mL 3% H_2O_2 溶液,并不断搅拌。此时沉淀转为深褐色,将溶液加热至沸腾以除去过量的 H_2O_2 溶液,稍冷后置于 80 ℃ 水浴中,并分两次加入 4 mL 1 $mol \cdot L^{-1}$ $H_2C_2O_4$ 溶液,使沉淀溶解,此时溶液呈翠绿色,pH 为 4~5。将翠绿色溶液转移至蒸发皿,水浴加热、浓缩、冷却,即有翠绿色 $K_3[Fe(C_2O_4)_3] \cdot 3H_2O$ 晶体析出。若 $K_3[Fe(C_2O_4)_3]$ 溶液未达饱和,冷却时不析出晶体,可继续加热浓缩,即可析出晶体。观察晶体颜色和晶形,抽滤、吸干、称量、计算产率。

3. $K_3[Fe(C_2O_4)_3] \cdot 3H_2O$ 的光敏性

取少量 $K_3[Fe(C_2O_4)_3] \cdot 3H_2O$ 晶体,置于表面皿上,在阳光下晒 30 min,观察其颜色有何变化,为什么?

💡 **思考题**

1. 三草酸合铁(Ⅲ)酸钾的制备原理是什么?

2. 影响三草酸合铁(Ⅲ)酸钾产率的主要因素有哪些?

● **实验 1-22　无机颜料的制备**

实验目的

1. 了解用亚铁盐制备氧化铁黄的原理和方法。

2. 掌握无机化学制备的一些基本方法。

实验原理

氧化铁黄又称羟基铁(简称铁黄),化学分子式为 $Fe_2O_3 \cdot H_2O$ 或 $FeO(OH)$,呈黄色粉末状,是化学性质比较稳定的碱性氧化物。不溶于碱,而微溶于酸,在热浓盐酸中可完全溶解。热稳定性较差,加热至 150~200 ℃时开始脱水,当温度升至 270~300 ℃迅速脱水变为铁红(Fe_2O_3)。

铁黄无毒,具有良好的颜料性能,在涂料中使用时遮盖力强,常用于墙面粉饰、马赛克地面、水泥制品、油墨、橡胶及造纸等的着色剂。此外,铁黄还可作为生产铁红、铁黑、铁棕及铁绿的原料,医药上可用于药片的糖衣着色,等等。

本实验采用湿法亚铁盐氧化法制取铁黄。除空气参加氧化外,用氯酸钾作为主要的氧化剂。制备过程如下。

1. 晶种的形成

铁黄是一种晶态的氧化铁水合物。要得到它的结晶,必须先形成晶核,晶核再长大成为晶种。晶种生成过程的条件决定着铁黄的颜色和质量,所以制备晶种是关键的一步。形成铁黄晶种的过程大致分成两步:

1)生成氢氧化亚铁胶体。在一定温度下,向硫酸亚铁铵溶液中加入碱液,立即有胶状氢氧化亚铁生成,由于氢氧化亚铁溶解度非常小,晶核生成的速率相当迅速。为使晶种粒子细小而均匀,反应要在充分搅拌下进行,溶液中要留有硫酸亚铁晶体。

2)$FeO(OH)$晶核的形成。要生成铁黄晶种,需将氢氧化亚铁进一步氧化,反应方程式如下:

$$4Fe(OH)_2 + O_2 \xlongequal{} 4FeO(OH) + 2H_2O$$

由于铁(Ⅱ)氧化成铁(Ⅲ)是一个复杂的过程,反应温度和 pH 必须严格控制在规定范围内。此步温度控制在 20~25 ℃,调节溶液 pH 并保持在 4~4.5。如果溶液的 pH 接近中性或略偏碱性,可得到由棕黄到棕黑,甚至黑色的一系列过渡色。pH > 9 则形成红棕色的铁红晶种。若 pH >10 则又产生一系列过渡色的铁氧化物,失去作为晶种的作用。

2. 铁黄的制备(氧化阶段)

氧化阶段的氧化剂主要为 $KClO_3$。另外,空气中的氧也参加氧化反应。氧化时必须升温,温度保持在 80~85 ℃,控制溶液的 pH 为 4~4.5,氧化过程的化学反应如下:

$$4FeSO_4 + O_2 + 6H_2O \xlongequal{} 4FeO(OH) + 4H_2SO_4$$

$$6FeSO_4 + KClO_3 + 9H_2O \xlongequal{} 6FeO(OH) + 6H_2SO_4 + KCl$$

在氧化过程中,沉淀的颜色由灰绿色—墨绿色—红棕色—淡黄色(或赭黄色)逐渐变化。

仪器、试剂和材料

电子天平;烧杯;电炉;恒温水浴锅;蒸发皿;布氏漏斗;抽滤瓶。

$(NH_4)_2Fe(SO_4)_2·6H_2O$(固体);$KClO_3$(固体);NaOH 溶液(2 mol·L⁻¹);$BaCl_2$ 溶液(0.1 mol·L⁻¹);pH 试纸。

实验内容

称取 $(NH_4)_2Fe(SO_4)_2·6H_2O$ 晶体 10.0 g,置于 100 mL 烧杯,加蒸馏水 13 mL,恒温水浴中控制温度 20~25 ℃,搅拌约 5 min 使溶液达到溶解平衡(有部分晶体不溶),检测此时 pH。搅拌下缓慢滴加 1 mL 2 mol·L⁻¹ NaOH 溶液,继续搅拌约 5 min。观察过程中沉淀颜色的变化。

另称取 0.3 g KClO$_3$ 倒入上述溶液中,搅拌后检验溶液的 pH。将水浴温度升到 80~85 ℃ 进行氧化反应。不断缓慢滴加 2 mol·L^{-1}NaOH 溶液(计算大致所需的 NaOH 的量,实际用量比计算量少 1~2 mL,加上前面的碱量约 23 mL。滴加速率不宜过快,免得造成碱性偏高),至溶液的 pH 为 4~4.5。

因可溶盐难以洗净,故对最后生成的淡黄色颜料要用 60 ℃ 左右的水洗涤至溶液中基本无 SO$_4^{2-}$ 为止。抽滤得黄色颜料,将其转入蒸发皿中,在水浴加热下进行烘干,烘干后称量并计算产率。

💡 思考题

1. 简练且准确地归纳出由亚铁制备铁黄的原理及反应的条件。

2. 为何制得铁黄后要用水浴加热干燥?

● 实验 1-23　热致变色示温材料的制备

实验目的

1. 了解材料热致变色示温的原理及影响因素。

2. 了解在非水溶剂中制备无机材料的方法。

实验原理

在温度高于或低于某个特定温度区间会发生颜色变化的材料称为热致变色材料。颜色随温度连续变化的现象称为连续热致变色,而只在某一特定温度下发生颜色变化的现象称为不连续热致变色;能够随温度升降反复发生颜色变化的称为可逆热致变色,而随温度变化只能发生一次颜色变化的称为不可逆热致变色。热致变色材料已在工业和高新技术领域得到广泛应用,有些热致变色材料也用于儿童玩具和防伪技术中。

热致变色的机理很复杂,其中无机氧化物的热致变色多与晶体结构的变化有关,无机配合物的热致变色则与配位结构或水合程度有关,有机分子的异构化也可以引起热致变色。本实验研究的热致变色物质为四氯合铜二乙铵盐 $[(C_2H_5)_2NH_2]_2CuCl_4$。在温度较低时,由于 Cl$^-$ 与 $[(C_2H_5)_2NH_2]^+$ 中氢之间的氢键(N—H···Cl)较强和晶体场稳定化作用,四个 Cl$^-$ 与 Cu^{2+} 配位形成平面四边形的结构。随着温度升高,由于 $[(C_2H_5)_2NH_2]^+$ 的热振动,使得 N—H···Cl 的氢键发生变化,其结构发生扭曲而变成四面体结构,相应地其颜色也就由亮绿色转变为黄色(图 1-23-1)。可见配合物结构变化是引起颜色变化的重要原因之一。

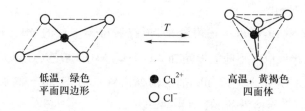

图 1-23-1 $[(C_2H_5)_2NH_2]_2CuCl_4$ 热致变色的机理

本实验用二乙胺盐酸盐与 $CuCl_2$ 反应制备 $[(C_2H_5)_2NH_2]_2CuCl_4$：

$$2(C_2H_5)_2NH_2Cl+CuCl_2\cdot2H_2O \Longrightarrow [(C_2H_5)_2NH_2]_2CuCl_4+2H_2O$$

由于产物极易溶于水,为得到其结晶,反应必须在非水溶剂中进行,在干燥的冬季做此实验效果更好。

仪器、试剂和材料

电子天平;锥形瓶;电炉;烧杯;量筒;布氏漏斗;抽滤瓶;橡胶圈;干燥器;毛细管;恒温水浴锅;温度计;试管;玻璃棒。

$CuCl_2\cdot2H_2O$(固体);二乙胺盐酸盐(固体);无水乙醇;异丙醇;$CaCl_2$;经活化的3A 或 4A 分子筛;凡士林;冰。

实验内容

1. $[(C_2H_5)_2NH_2]_2CuCl_4$ 制备

称取 3.2 g 二乙胺盐酸盐置于 50 mL 锥形瓶中,加入 15 mL 异丙醇。在另一个同样的锥形瓶中加入 1.7 g $CuCl_2\cdot2H_2O$ 和 3 mL 无水乙醇,微热使其全部溶解。然后将两者混合,摇匀。加入 10~16 粒经活化的 3A 或 4A 分子筛,以促进晶体的形成。用保鲜膜封口,放置冷却至接近室温,再用冰水冷却,析出亮绿色针状结晶。迅速抽滤,并用少量异丙醇洗涤沉淀,将产物放入干燥器中保存(此操作要快,避免吸水)。

2. 热致变色性能实验

取适量样品于试管中,用氯化钙冰盐浴冷却。观察产物在 -16 ℃ 左右的颜色、离开冰盐浴后的颜色,观察颜色变化的快慢,反复试验多次可逆变色性能。

取适量样品装入一段封口的毛细管中墩结实,用凡士林密封管口(防止管中样品吸潮)。用橡胶圈将此毛细管固定在温度计上,使样品部位靠近温度计下端水银泡。将带有毛细管的温度计一起放入装有约 100 mL 水的烧杯中,缓慢加热,当温度升高至 40~55 ℃ 时,注意观察变色现象,并记录变色温度范围。然后从热水中取出毛细管,室温下观察随着温度降低样品颜色的变化,并记录变色温度范围。

💡 **思考题**

1. 制备过程中加入 3A 或 4A 分子筛的作用是什么?

2. 在制备四氯合铜二乙胺盐时要注意什么?

3. 测定变色温度时,哪些因素会影响测定的准确性? 如何减小这种影响?

● 实验 1-24　碘酸铜溶度积的测定

实验目的

1. 练习饱和溶液的配制。

2. 测定碘酸铜的溶度积,加深对溶度积概念的理解。

3. 学习目视比色法和分光光度法测定溶液浓度的方法。

实验原理

将硫酸铜溶液和碘酸钾溶液在一定温度下混合,反应后得碘酸铜沉淀,其反应方程式如下:

$$CuSO_4 + 2KIO_3 \Longrightarrow Cu(IO_3)_2 \downarrow + K_2SO_4$$

碘酸铜是难溶强电解质,在其饱和水溶液中存在下述动态平衡:

$$Cu(IO_3)_2(s) \Longrightarrow Cu^{2+}(aq) + 2IO_3^-(aq)$$

其平衡常数称为溶度积常数,简称溶度积,以 $K_{sp}^{\ominus}[Cu(IO_3)_2]$ 表示:

$$K_{sp}^{\ominus}[Cu(IO_3)_2] \Longrightarrow \left[\frac{c(Cu^{2+})}{c^{\ominus}}\right] \cdot \left[\frac{c(IO_3^-)}{c^{\ominus}}\right]^2 \qquad (1-24-1)$$

式中:$c(Cu^{2+})$ 和 $c(IO_3^-)$ 分别为平衡时 Cu^{2+} 和 IO_3^- 的浓度,单位为 mol·L⁻¹;$c^{\ominus}$ 为标准浓度(1 mol·L⁻¹)。在一定温度下,$K_{sp}^{\ominus}[Cu(IO_3)_2]$ 的值不因 Cu^{2+} 浓度或 IO_3^- 浓度的改变而改变。

在此饱和溶液中,$c(IO_3^-) = 2c(Cu^{2+})$,因此,可以通过测定一定温度下碘酸铜饱和溶液中的 $c(Cu^{2+})$ 或 $c(IO_3^-)$,便可计算出此温度下其溶度积的值。

本实验利用 Cu^{2+} 能和 $NH_3·H_2O$ 溶液生成深蓝色的配离子,在一定浓度范围内,利用 Cu^{2+} 浓度和 $[Cu(NH_3)_4]^{2+}$ 浓度成正比的原理,通过两种方法(目视比色法和分光光度法)测定碘酸铜饱和溶液中的 Cu^{2+} 的浓度。然后利用式(1-24-1)计算溶度积。

仪器、试剂和材料

电子天平;烧杯(100 mL,50 mL);温控磁力搅拌器;布氏漏斗;比色管(25 mL);容量瓶(25 mL);玻璃漏斗;吸量管(1.0 mL,5.0 mL,10.0 mL);分光光度计。

$CuSO_4·5H_2O$(固体);KIO_3(固体);$NH_3·H_2O$ 溶液(1:1);$CuSO_4$ 溶液(0.1000 mol·L⁻¹);定量滤纸。

实验内容

1. 碘酸铜沉淀的制备

分别称取 2.0 g $CuSO_4·5H_2O$ 和 3.4 g KIO_3 置于烧杯,加适量的蒸馏水,使它们完全溶解。将两溶液混合,置温控磁力搅拌器上,在 40 ℃ 左右,搅拌约 30 min,此时有大量的沉淀析出。静置至室温,弃去上层清液,用倾斜法将所得碘酸铜洗净(洗涤 4~5 次,每次用蒸馏水 10 mL 左右),记录产品的外形、颜色及观察到的现象,最后进行减压过滤,将碘酸铜沉淀抽干备用。

2. 碘酸铜饱和溶液的制备

在上述制得的碘酸铜固体中加入蒸馏水 40 mL,置温控磁力搅拌器上。在室温下,搅拌约 30 min,使其达到沉淀溶解平衡。静置 20 min,用干的双层滤纸和干的漏斗将饱和溶液过滤,滤液收集于一个干燥的烧杯中。

3. 目视比色法测定碘酸铜饱和溶液中 Cu^{2+} 的浓度

1)标准 $[Cu(NH_3)_4]^{2+}$ 配离子色阶的配制。在 4 个 25 mL 比色管中,用吸量管分别加入 0.2 mL、0.4 mL、0.6 mL、0.8 mL 标准 $CuSO_4$ 溶液($0.1000 \text{ mol} \cdot L^{-1}$),再分别加入 5.0 mL $NH_3 \cdot H_2O$ 溶液(1:1),混合均匀后再加蒸馏水,稀释至刻度,盖好塞子,摇匀。

2)目视比色法测定饱和溶液中 Cu^{2+} 的浓度。取一个 25 mL 比色管,用吸量管取 10.0 mL 碘酸铜饱和溶液,再加入 5.0 mL $NH_3 \cdot H_2O$ 溶液(1:1),混合均匀后再加蒸馏水,稀释至刻度,盖好塞子,摇匀。通过目视与实验内容 3 中 1)标准色阶比较,估计碘酸铜饱和液中 Cu^{2+} 的浓度,然后计算碘酸铜的溶度积。

4. 分光光度法测定碘酸铜饱和溶液中 Cu^{2+} 的浓度

1)标准曲线的绘制。在 5 个 25 mL 容量瓶中,用吸量管分别加入 0.0 mL、0.2 mL、0.4 mL、0.6 mL、0.8 mL 标准 $CuSO_4$ 溶液($0.1000 \text{ mol} \cdot L^{-1}$),再分别加入 5.0 mL $NH_3 \cdot H_2O$ 溶液(1:1),加蒸馏水稀释至刻度,盖好塞子,摇匀。以试剂空白为参比(即不含 Cu^{2+}),选用 1 cm 比色皿,选择入射光波长为 600 nm,用分光光度计分别测定溶液吸光度。以 Cu^{2+} 浓度为横坐标、吸光度值(A)为纵坐标,绘制标准曲线。

2)分光光度法测定饱和溶液中 Cu^{2+} 的浓度。取一个 25 mL 容量瓶,用吸量管取 10.0 mL 碘酸铜饱和溶液,再加入 5.0 mL $NH_3 \cdot H_2O$ 溶液(1:1),加蒸馏水稀释至刻度,盖好塞子,摇匀。以试剂空白为参比,在 600 nm 处用 1 cm 比色皿测吸光度。根据吸光度值,可从标准曲线上找到此时 Cu^{2+} 的浓度,然后换算成饱和溶液中 Cu^{2+} 的浓度。计算碘酸铜的溶度积。

💡 思考题

1. 容量瓶的使用规则是什么?

2. 目视比色法的原理及优缺点是什么?

3. 分光光度法的原理、优缺点及使用注意事项是什么?

4. 本实验为何选用 600 nm 处测定吸光度?

5. 假设碘酸铜固体透过滤纸或者未达到沉淀溶解平衡,对实验结果有何影响?

6. 过滤饱和溶液时,为何漏斗、滤纸、收集溶液的烧杯都需是干燥的?若是湿的,对实验结果有何影响?

实验 1-25　从废电池中回收锌皮制备硫酸锌

实验目的

1. 了解由废锌皮制备硫酸锌的方法。

2. 了解控制 pH 进行沉淀分离除杂质的方法。

3. 熟悉无机制备中的一些基本操作。

实验原理

电池中的锌皮既是电池的负极,又是电池的壳体。当电池报废后,锌皮一般仍大部分留存,将其回收利用,既能节约资源,又能减少对环境的污染。

锌是两性金属,能溶于酸或碱,在常温下,锌片和碱的反应极慢,而锌与酸的反应则快得多。因此,本实验采用稀硫酸溶解回收的锌皮以制备硫酸锌。

$$Zn + H_2SO_4 === ZnSO_4 + H_2 \uparrow$$

此时,锌皮中含有的少量杂质铁也同时溶解,生成硫酸亚铁:

$$Fe + H_2SO_4 === FeSO_4 + H_2 \uparrow$$

因此,在所得的硫酸锌溶液中,需先用 H_2O_2 将 Fe^{2+} 氧化为 Fe^{3+}:

$$2FeSO_4 + H_2O_2 + H_2SO_4 === Fe_2(SO_4)_3 + 2H_2O$$

然后用氢氧化钠调节溶液的 pH = 8,使 Zn^{2+}、Fe^{3+} 生成氢氧化物沉淀:

$$ZnSO_4 + 2NaOH === Zn(OH)_2 \downarrow + Na_2SO_4$$

$$Fe_2(SO_4)_3 + 6NaOH === 2Fe(OH)_3 \downarrow + 3Na_2SO_4$$

再加入稀硫酸,控制溶液 pH = 4,此时氢氧化锌溶解而氢氧化铁不溶,可过滤除去氢氧化铁,最后将滤液酸化、蒸发浓缩、结晶,即得 $ZnSO_4 \cdot 7H_2O$。

仪器、试剂和材料

电子天平;剪刀;电炉;蒸发皿;布氏漏斗;玻璃漏斗。

$ZnSO_4$(固体);HCl(2 mol·L^{-1});H_2SO_4溶液(2 mol·L^{-1});HNO_3溶液(2 mol·L^{-1});NaOH 溶液(2 mol·L^{-1});KSCN 溶液(0.5 mol·L^{-1});$AgNO_3$溶液(0.1 mol·L^{-1});$BaCl_2$溶液(0.1 mol·L^{-1});H_2O_2溶液(3%);滤纸;pH 试纸。

实验内容

1. 锌皮的回收及处理

拆下废电池内的锌皮,锌皮表面可能黏有氯化锌、氯化铵、二氧化锰等杂质,应先用水刷洗除去。锌皮上还可能黏有石蜡、沥青等有机物,用水难以洗净,但它们不溶于酸,可在锌皮溶于酸后过滤除去。将锌皮剪成细条状,备用。

2. 锌皮的溶解

称取处理好的锌皮 5 g，加入 2 mol·L^{-1}H$_2$SO$_4$溶液（比理论量多 25%），加热，待反应较快时，停止加热。不断搅拌，使锌皮溶解完全，过滤，滤液盛在烧杯中。

3. Zn(OH)$_2$的生成

往滤液中加入 3% H$_2$O$_2$溶液 10 滴，不断搅拌，然后将滤液加热煮沸，并在不断搅拌下滴加 2 mol·L^{-1}NaOH 溶液，逐渐有大量白色 Zn(OH)$_2$沉淀生成（注意安全，防止暴沸、溅射）。加水约 100 mL，充分搅匀，在不断搅拌下，用 2 mol·L^{-1}NaOH 溶液调节溶液的 pH=8 为止，减压抽滤。用蒸馏水洗涤沉淀，直至滤液中不含 Cl$^-$为止（如何检验？）。

4. Zn(OH)$_2$的溶解及除铁

将沉淀转移至烧杯中，另取 2 mol·L^{-1}H$_2$SO$_4$溶液滴加到沉淀中，不断搅拌，当有溶液出现时，小火加热，并继续滴加 2 mol·L^{-1}H$_2$SO$_4$溶液，控制溶液的 pH=4[注意：后期加酸要缓慢，当溶液的 pH=4 时，即使还有少量白色沉淀未溶，也无需加酸。加热，搅拌，Zn(OH)$_2$沉淀自会溶解]。将溶液加热至沸，促使 Fe^{3+}水解完全，生成 FeO(OH)沉淀，趁热过滤，弃去沉淀。

5. 蒸发、结晶

在除铁后的滤液中，滴加 2 mol·L^{-1}H$_2$SO$_4$溶液，使溶液 pH=2，将其转入蒸发皿中，在水浴上蒸发、浓缩至液面上出现晶膜。自然冷却后，减压抽滤，将晶体放在两层滤纸间吸干，称量并计算产率。

6. 产品检验（自行设计）

要求：产品质量检验的实验现象与实验室提供的试剂（化学纯）"标准"进行比较，根据比较结果，评定产品中 Cl$^-$、Fe^{3+}的含量是否达到化学纯试剂标准。

💡 思考题

1. 计算溶解 5 g 锌需要 2 mol·L^{-1}H$_2$SO$_4$溶液（比理论量多 25%）多少毫升？

2. 设计出产品检验的步骤。

3. 沉淀 Zn(OH)$_2$时，为什么要控制 pH=8？计算说明。

● 实验 1-26　铬配合物的离子交换树脂分离及含量分析

实验目的

1. 学习离子交换树脂分离的一般原理。

2. 掌握用离子交换树脂分离配合物离子的基本操作方法。

实验原理

离子交换树脂分离是最常用的化学分离方法之一。特别对于那些性质很相似或者含量很低的元素,离子交换树脂的应用尤为重要。

离子交换树脂是一种聚合物,它是以苯乙烯和二乙烯苯等单体聚合而成的聚合物为母体,然后引入可交换的活性基团。根据活性基团性质的不同可以分为阳离子交换树脂和阴离子交换树脂两大类,根据交换基团酸碱性强弱,又可以分为强酸型、弱酸型、强碱型、弱碱型等类型。

本实验所用的强酸型阳离子交换树脂,其结构如图 1-26-1 所示。

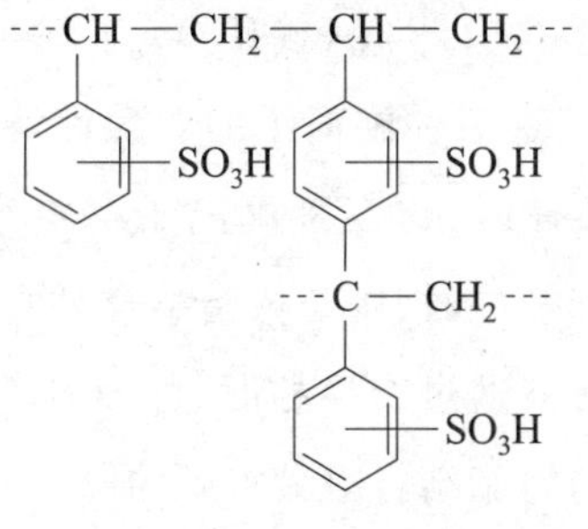

图 1-26-1　强酸型阳离子交换树脂结构

离子交换树脂的性质与它的交换性能有着密切的关系。树脂颗粒的大小,对树脂的交换能力、水通过树脂层的压力降及交换和淋洗时树脂的流失都有很大的影响。树脂颗粒小,总面积大,有利于交换,但颗粒过细,对液体通过的阻力较大,需要较高的工作压力,所以树脂颗粒大小的选择需视分离程度的要求而定。在能达到所要求分离程度的前提下,颗粒尽可能选择大些的,这样有利于操作并能提高效率。用于分离的树脂颗粒一般为 60~100 目。树脂的交联度对交换性能也有影响,交联度是表示树脂结构中交联程度的大小,是指树脂中的乙烯苯的含量。交联度大,树脂网眼就小,对交换反应的选择性好,但达到平衡的时间增加,目前生产上采用的聚苯乙烯型树脂的交联度一般是 8%~10%。树脂的交换性能和分离效果还与具体的操作条件有关,淋洗速度直接影响树脂的交换性能和分离效果。淋洗速度慢,交换反应进行的完全,分离效果好。但速度太慢,离子向其他方向扩散的机会增加,反而降低分离效果。淋洗速度主要是通过实践来确定的。离子交换柱的柱长和直径之比对分离效果也有影响。一般说,柱长和直径比越大,分离效果越好。但柱长太长,直径太小,则会增加吸附层厚度,使阻力增大,淋洗速度变慢,并增加淋洗液的消耗。实践证明,分离柱的柱长和直径之比一般为 20 左右。另外,如淋洗液的浓度、操作温度等对树脂的交换性能和分离效果也有一定影响。

若含有阳离子 M^+ 的溶液通过上述树脂 $RSO_3^-H^+$ 时,M^+ 对树脂 RSO_3^- 有一定的亲和力,并将置换 H^+,置换的程度取决于 M^+ 的性质及其浓度。可用以下的平衡式来表示:

$$RSO_3^- H^+ + M^+ \Longrightarrow RSO_3^- M^+ + H^+$$

对于任何给定的 M^+,都有一个特定的平衡常数,而平衡位置将由溶液 M^+ 和 H^+ 的相对浓度来决定,如果溶液中的 H^+ 浓度低,M^+ 就将在最大程度上与 SO_3^- 基团结合,增加 H^+ 浓度,就可将树脂中结合的 M^+ 置换出来。对于不同的阳离子 M_1^+ 和 M_2^+ 来说,与树脂亲和力较弱的阳离子 M_1^+,可在 H^+ 浓度相对较低时被置换,而为了置换与树脂亲和力较强的 M_2^+ 则要求较高的 H^+ 浓度。

本实验中要分离的配离子是 $[Cr(H_2O)_4Cl_2]^+$、$[Cr(H_2O)_5Cl]^{2+}$、$[Cr(H_2O)_6]^{3+}$,在 $CrCl_3 \cdot 6H_2O$ 的弱酸性溶液中由于始终存在着 Cr^{3+} 的水合作用,因此在溶液中会存在 $[Cr(H_2O)_4Cl_2]^+$、$[Cr(H_2O)_5Cl]^{2+}$、$[Cr(H_2O)_6]^{3+}$ 配离子。其相对数量决定于溶液的放置时间和温度。当含有这三种配离子的弱酸性溶液(2×10^{-3} mol·L^{-1} HClO$_4$ 溶液)通过 $RSO_3^- H^+$ 树脂的交换柱时,这三种配离子都将牢固地吸附在树脂上。如用 0.1 mol·L^{-1} HClO$_4$ 溶液通过交换柱时,则与树脂结合最弱的 $[Cr(H_2O)_4Cl_2]^+$ 被淋洗下来;如用 1.0 mol·L^{-1} HClO$_4$ 溶液通过交换柱时,$[Cr(H_2O)_5Cl]^{2+}$ 被淋洗下来;最后用 3.0 mol·L^{-1} HClO$_4$ 溶液可把与树脂结合得最牢固的 $[Cr(H_2O)_6]^{3+}$ 淋洗下来,这样可分离得到三种配离子。分别测定这三种配离子溶液的紫外-可见吸收光谱进行鉴定,并确定各配离子的含量。

仪器、试剂和材料

电子天平;恒温水浴锅;紫外-可见分光光度计;烧杯(100 mL);离子交换柱(1.6 cm × 30 cm,4 支);吸量管(5 mL,10 mL);容量瓶(50 mL,100 mL,250 mL)。

HCl 溶液($2 \sim 3$ mol·L^{-1});CrCl$_3 \cdot 6$H$_2$O(固体);HClO$_4$ 溶液(70%);732 型阳离子交换树脂;pH 试纸。

实验内容

1. 树脂的预处理和装柱

1)树脂的预处理。将市售的树脂用水洗涤多次,除去可溶性杂质,然后用蒸馏水浸泡 12~24 h 使其充分溶胀,再用蒸馏水洗二次,随后用 5 倍树脂体积的 $2 \sim 3$ mol·L^{-1} HCl 溶液浸泡半天,并不断搅拌,使树脂转为 $RSO_3^- H^+$ 型。最后用水洗去余下的酸,一直洗到洗涤水的 pH 约为 3,树脂才可使用。

2)装柱。将离子交换柱洗净,用小烧杯取一些已浸泡好的离子交换树脂,搅拌,带水转移到交换柱中,让树脂均匀沉降。若水太多,可打开交换柱旋钮,让水慢慢流出,直至液面略高于离子交换树脂时,关上交换柱旋钮。在以后的操作中,一定要使树脂始终浸在溶液中,勿使溶液流干,否则,气泡浸入树脂床中,将影响离子交换的进行。装好的树脂高度不少于离子交换柱的 $\frac{2}{3}$。

2. 溶液的配制

1）淋洗液的配制。量取一定量 $HClO_4$ 溶液（70%）分别配制 $0.1\ mol\cdot L^{-1}$、$1.0\ mol\cdot L^{-1}$、$3.0\ mol\cdot L^{-1}$ 的 $HClO_4$ 溶液各 100 mL。

2）三氯化铬溶液配制。称取一定量 $CrCl_3\cdot 6H_2O$，加入一定量的 $HClO_4$ 溶液，配制成为 100 mL 含铬为 $0.35\ mol\cdot L^{-1}$、含 $HClO_4$ 为 $0.002\ mol\cdot L^{-1}$ 的溶液。本溶液即为 $0.35\ mol\cdot L^{-1}$ $[Cr(H_2O)_4Cl_2]^+$ 溶液。

3. 不同电荷铬配离子溶液的制备及其紫外−可见吸收光谱测定

1）$[Cr(H_2O)_4Cl_2]^+$ 溶液。将 5 mL $0.35\ mol\cdot L^{-1}$ $[Cr(H_2O)_4Cl_2]^+$ 溶液加入离子交换柱中，然后排除多余的溶液直至和树脂高度相同。向柱内加入 $0.1\ mol\cdot L^{-1}$ $HClO_4$ 溶液淋洗 $[Cr(H_2O)_4Cl_2]^+$ 配离子，淋洗速度约为每秒 2 滴，当流出液呈现绿色时开始收集在 50 mL 容量瓶中，至流出液绿色消失为止。用 $0.1\ mol\cdot L^{-1}$ $HClO_4$ 溶液稀释到刻度，立即测定其紫外−可见吸收光谱。用 1 cm 比色皿，在 350~700 nm 波长进行测定。

2）$[Cr(H_2O)_5Cl]^{2+}$ 溶液。$[Cr(H_2O)_4Cl_2]^+$ 溶液在加热时会转化为 $[Cr(H_2O)_5Cl]^{2+}$。将 5 mL $0.35\ mol\cdot L^{-1}$ 的 $[Cr(H_2O)_4Cl_2]^+$ 溶液在 50~60 ℃ 的水浴中放置 2~3 min，立即把此溶液加入交换柱中，排除溶液直至其高度与树脂相同，用 $0.1\ mol\cdot L^{-1}$ $HClO_4$ 溶液淋洗除去可能未转化的 $[Cr(H_2O)_4Cl_2]^+$，然后用 $1.0\ mol\cdot L^{-1}$ $HClO_4$ 溶液淋洗所需的 $[Cr(H_2O)_5Cl]^{2+}$，用同样的方法收集绿色淋洗液，并测定 $[Cr(H_2O)_5Cl]^{2+}$ 的紫外−可见吸收光谱。

3）$[Cr(H_2O)_6]^{3+}$ 溶液。将 5 mL $0.35\ mol\cdot L^{-1}$ $[Cr(H_2O)_4Cl_2]^+$ 溶液煮沸 5 min，冷却到室温后加入交换柱中，排出溶液高度与树脂高度相同，先用 $1.0\ mol\cdot L^{-1}$ $HClO_4$ 溶液淋洗除去可能未转化的 $[Cr(H_2O)_4Cl_2]^+$ 或 $[Cr(H_2O)_5Cl]^{2+}$，然后用 $3.0\ mol\cdot L^{-1}$ $HClO_4$ 溶液淋洗 $[Cr(H_2O)_6]^{3+}$。用同样的方法收集蓝色淋洗液，并测定 $[Cr(H_2O)_6]^{3+}$ 的紫外−可见吸收光谱。

4. 三氯化铬溶液中不同配离子的分离和鉴定

将 10 mL 放置若干小时的 $0.35\ mol\cdot L^{-1}$ $[Cr(H_2O)_4Cl_2]^+$ 溶液加入交换柱中，当排出液高度与树脂高度相同时，先用 $0.1\ mol\cdot L^{-1}$ $HClO_4$ 溶液淋洗交换柱，接收绿色淋洗液，并立即测定其紫外−可见吸收光谱。接着用 $1.0\ mol\cdot L^{-1}$ $HClO_4$ 溶液淋洗交换柱，接收绿色淋洗液，并立即测定其紫外−可见吸收光谱。最后用 $3.0\ mol\cdot L^{-1}$ $HClO_4$ 溶液淋洗交换柱，接收蓝色淋洗液并测定其紫外−可见吸收光谱。

实验结果和处理

1. 由各配离子的紫外−可见吸收光谱,确定其特征吸收峰波长 λ 和摩尔吸收系数 κ。

$[Cr(H_2O)_4Cl_2]^+$:λ ＿＿＿＿＿＿＿＿＿＿,κ ＿＿＿＿＿＿＿＿＿＿;

$[Cr(H_2O)_5Cl]^{2+}$:λ ＿＿＿＿＿＿＿＿＿＿,κ ＿＿＿＿＿＿＿＿＿＿;

$[Cr(H_2O)_6]^{3+}$:λ ＿＿＿＿＿＿＿＿＿＿,κ ＿＿＿＿＿＿＿＿＿＿。

2. 由三氯化铬溶液的离子交换淋洗液的紫外–可见吸收光谱确定其配离子种类及其相对含量。

💡 思考题

1. 为什么用高氯酸而不是用盐酸来淋洗交换柱中的 Cr(Ⅲ)配离子？

2. 试从配离子可见光谱中吸收峰位置的变化说明 Cl^- 和 H_2O 的相对配体场强度。

● 实验 1-27　顺、反式二水·二（草酸根）合铬（Ⅲ）酸钾的合成、结构式确定及异构化速率常数的测定

实验目的

1. 掌握合成顺、反式二水·二（草酸根）合铬（Ⅲ）酸钾的方法。

2. 应用分光光度法测定反–顺异构化速率常数，计算活化能。

3. 了解铬（Ⅲ）的草酸根配合物顺、反异构体的化学和光谱性质。

实验原理

二水·二（草酸根）合铬（Ⅲ）酸钾是八面体配合物，可能有顺式和反式两种异构体。对于八面体的顺式和反式两种异构体，一般通过如下三种方法合成：利用已知构型的配合物取代；先合成异构体混合物，然后利用极性或溶解度的不同分离得到所需的异构体；利用特定的合成方法。

本实验利用异构体混合物分离的方法合成反式异构体，利用特定的合成方法合成顺式异构体。$K_2Cr_2O_7$ 和 $H_2C_2O_4 \cdot 2H_2O$ 发生氧化还原反应，随反应条件及 $C_2O_4^{2-}$ 浓度的不同，生成不同的配合物：$K_3[Cr(C_2O_4)_3] \cdot 3H_2O$（蓝绿色晶体）、$cis$-$K[Cr(H_2O)_2(C_2O_4)_2] \cdot 3H_2O$（黑紫色晶体）、$trans$-$K[Cr(H_2O)_2(C_2O_4)_2] \cdot 3H_2O$（玫瑰紫色晶体）。

$K_3[Cr(C_2O_4)_3] \cdot 3H_2O$ 水溶液能和 $BaCl_2$ 溶液发生沉淀反应。顺式和反式二水·二（草酸根）合铬（Ⅲ）酸钾的水溶液都不能和 $BaCl_2$ 溶液发生沉淀反应，但可与稀氨水反应，分别生成深绿色、可溶于水的 cis-$[Cr(OH)(H_2O)(C_2O_4)_2]^{2-}$ 和浅棕色、不溶于水的 $trans$-$[Cr(OH)(H_2O)(C_2O_4)_2]^{2-}$，可以据此检验两种异构体的纯度。在水溶液中，顺式和反式两种异构体共存并达到平衡，温度升高有利于生成顺式异构体，在温度较低时且溶液不太浓的情况下结晶首先析出溶解度相对小的反式异构体。

此配合物的反式异构体在水溶液中将发生反–顺异构化作用，且顺式和反式异构体有不同的吸收光谱，因此，可利用分光光度法测定反–顺异构化速率常数。

根据朗伯–比尔定律，溶液中同时存在反式异构体 M 和顺式异构体 N 两种吸光物

质,则在时间 t 时的吸光度(为便于与指前因子 A 相区分,本实验用 D 表示吸光度)由下式给出:

$$D_t = b\{\kappa_M[M]_t + \kappa_N[N]_t\} \tag{1-27-1}$$

式中:κ_M 为反式异构体的摩尔吸收系数;κ_N 为顺式异构体的摩尔吸收系数。

设 M 和 N 分别是一级反应的反应物和产物,则速率表达式为

$$M(反式) \Longleftrightarrow N(顺式)$$

$$v = -\frac{d[M]}{dt} = k[M] \tag{1-27-2}$$

积分得

$$[M]_t = [M]_0 e^{-kt} \tag{1-27-3}$$

式中:$[M]_t$ 为在时间 t 时 M 的浓度;$[M]_0$ 为 M 的初始浓度;t 为反应时间;k 为反应速率常数。

设完全异构化后的反式异构体溶液的吸收光谱与顺式异构体溶液的吸收光谱相同。

当 $t = 0$ 时,$D_0 = \kappa_M b[M]_0$　　　　　　　　　　　　　　　　　(1-27-4)

当 $t = \infty$ 时,$D_\infty = \kappa_N b[N]_\infty = \kappa_N b[M]_0$　　　　　　　　　(1-27-5)

于 t 时刻,$D_t = \kappa_M b[M]_t + \kappa_N b[N]_t = \kappa_M b[M]_t + \kappa_N b\{[M]_0 - [M]_t\}$　(1-27-6)

式中:$[N]_t$ 为 t 时刻反式异构体的浓度。

分别联立式(1-27-4)和式(1-27-5)、式(1-27-5)和式(1-27-6),得

$$[M]_0 = \frac{D_\infty - D_0}{(\kappa_N - \kappa_M)b} \tag{1-27-7}$$

$$[M]_t = \frac{D_\infty - D_t}{(\kappa_N - \kappa_M)b} \tag{1-27-8}$$

将式(1-27-7)和式(1-27-8)代入式(1-27-3),得

$$D_\infty - D_t = (D_\infty - D_0)e^{-kt} \tag{1-27-9}$$

对式(1-27-9)两边同时取对数,得

$$\lg(D_\infty - D_t) = -\frac{kt}{2.303} + \lg(D_\infty - D_0) \tag{1-27-10}$$

以 $\lg(D_\infty - D_t)$ 对 t 作图若为一直线,则证明反应是一级反应。据该图可求出反应速率常数 k。

对于简单反应,反应速率常数与温度的关系符合阿伦尼乌斯公式:

$$k = A e^{-\frac{E_a}{RT}}$$

如果有足够的不同温度下的反应速率常数数据,便可求出活化能 E_a 和指前因子 A。

仪器、试剂和材料

电子天平;电炉;紫外-可见分光光度计(带恒温夹套);秒表;恒温槽;蒸发皿;表面皿;布氏漏斗;抽滤瓶;真空泵;研钵;试管;玻璃棒;滤纸;冰块。

无水乙醇;HClO$_4$溶液(1×10^{-4} mol·L^{-1});H$_2$C$_2$O$_4$·2H$_2$O(固体);K$_2$Cr$_2$O$_7$(固体)。

实验内容

1. 二水·二(草酸根)合铬(Ⅲ)酸钾反式和顺式异构体的制备

1) 反式异构体 *trans*-K[Cr(H$_2$O)$_2$(C$_2$O$_4$)$_2$]·3H$_2$O 的制备。在 200 mL 烧杯中,加入 4.5 g H$_2$C$_2$O$_4$·2H$_2$O 和 15 mL 蒸馏水,适当加热、搅拌,使其溶解,趁热缓慢加入 1.5 g 研细的 K$_2$Cr$_2$O$_7$ 粉末,这时反应剧烈,应注意安全。蒸发浓缩溶液至原体积的一半左右,冷却至室温,析出玫瑰紫色晶体。减压过滤,先用少量冷却的蒸馏水洗涤 3 次,再用无水乙醇洗涤 3 次,每次用 5 mL。减压抽滤,使无水乙醇挥发干净,称量,计算产率。

2) 顺式异构体 *cis*-K[Cr(H$_2$O)$_2$(C$_2$O$_4$)$_2$]·3H$_2$O 的制备。称取 1 g K$_2$Cr$_2$O$_7$ 和 3 g H$_2$C$_2$O$_4$·2H$_2$O,分别在研钵中研细成粉末,再把两者搅拌均匀,加入干燥、洁净的蒸发皿中,堆成圆锥状,用玻璃棒从锥顶往下捅一个小坑,往小坑内滴入一滴蒸馏水,再用表面皿盖住蒸发皿,开始反应较慢,很快反应会变得很剧烈。等反应结束后,向蒸发皿的紫色黏性物中加入 5~10 mL 无水乙醇,充分搅拌混合物直到产物呈暗紫色松散的粉末(必要时可倾析掉乙醇再加新的无水乙醇搅拌),减压抽滤,用无水乙醇洗涤滤饼 3 次,每次用 5 mL,抽干,称量,计算产率。

2. 产品检验

1) 用 BaCl$_2$ 溶液和稀氨水分别验证两种配合物的化学性质和产品纯度。

2) 测定顺式和反式异构体的吸收光谱。准确称取 0.07 g 反式异构体产品,溶于少量冰冷的 1×10^{-4} mol·L^{-1} HClO$_4$ 溶液中,完全移入 50 mL 容量瓶中,用冰冷的 1×10^{-4} mol·L^{-1} HClO$_4$ 溶液稀释至刻度。马上以 1×10^{-4} mol·L^{-1} HClO$_4$ 溶液为参比,在分光光度计上 390~650 nm 内进行扫描,波长间隔控制在 2~5 nm(D 变化剧烈时,λ 间隔要小,D 变化不剧烈时,λ 间隔可大)。

同理,准确称取同样质量的顺式异构体产品,配制相同浓度的溶液,测定其吸收光谱曲线。比较两种异构体吸收峰的位置和强度。

3) 反-顺异构化速率常数的测定。准确称取 0.07 g 反式异构体产品,迅速用教师指定温度的 1×10^{-4} mol·L^{-1} HClO$_4$ 溶液溶解产品,在恒温条件下于 50 mL 容量瓶中定容。同时开始计时,迅速倒入 1 cm 比色皿,在最大吸收峰波长位置以 1×10^{-4} mol·L^{-1} HClO$_4$ 溶液为参比测定吸光度 D。开始阶段每隔 2 min 测量一次 D,当反应缓慢后可以逐步延长测定的时间间隔,一般情况下约需 2 h 转化完全,当确定构型完全转化后得到数据 D_∞。以 $\lg(D_\infty-D_t)$ 对 t 作图,验证反-顺异构化反应是否为一级反应,求出相应温度下的反应速率常数 k。

💡 **思考题**

1. 配制 cis-$K[Cr(H_2O)_2(C_2O_4)_2]\cdot 3H_2O$ 时为什么要尽量避免水溶液生成？

2. 配制 $trans$-$K[Cr(H_2O)_2(C_2O_4)_2]\cdot 3H_2O$ 时为什么不能使溶液过度蒸发浓缩？

3. 配制 $trans$-$K[Cr(H_2O)_2(C_2O_4)_2]\cdot 3H_2O$ 溶液时为什么要用冰冷的 $HClO_4$ 水溶液？

4. 本实验是如何从实验方案上尽量避免 $K_3[Cr(C_2O_4)_3]\cdot 3H_2O$ 杂质生成的？

5. 讨论影响顺式和反式异构体制备纯度的因素。

● **实验 1-28　钴(Ⅲ)的氨配合物的合成及表征**

实验目的

1. 掌握制备金属配合物最常用的方法，并掌握水溶液中的取代和氧化还原反应。

2. 掌握配合物组成结构分析的一般方法。

实验原理

本实验合成两种 Co(Ⅲ)的配合物，$[Co(NH_3)_6]Cl_3$ 和 $[Co(NH_3)_5Cl]Cl_2$。制备过程均以 Co(Ⅱ)化合物为原料，采用以配体来取代水合配离子中的水分子制备相应的 Co(Ⅱ)配合物，然后利用氧化还原反应在配体存在下使其氧化得到目标配合物。之所以采用 Co(Ⅱ)氧化是因为 Co(Ⅱ)的配合物对取代反应具有较强的反应活性，而 Co(Ⅲ)配合物的取代反应活性较小，不易发生配位。将 Co(Ⅱ)氧化为 Co(Ⅲ)实验室一般采用氧气氧化或氧化剂(如 H_2O_2)氧化，氧化反应过程中以活性炭为催化剂。

三氯化六氨合钴(Ⅲ)分子式 $[Co(NH_3)_6]Cl_3$，为橙黄色晶体，中心原子 Co 与六个氨分子配位，形成六配位的配合物。反应方程式如下：

$$2CoCl_2+2NH_4Cl+10NH_3+H_2O_2 \Longrightarrow 2[Co(NH_3)_6]Cl_3+2H_2O$$

二氯化一氯五氨合钴(Ⅲ)——$[Co(NH_3)_5Cl]Cl_2$ 与 $[Co(NH_3)_6]Cl_3$ 均为 Co(Ⅲ)的氯氨配合物，但结构上略有差异。$[Co(NH_3)_5Cl]Cl_2$ 中心原子 Co 与 5 个氨和 1 个氯配位，同样形成六配位的配合物。$[Co(NH_3)_5Cl]Cl_2$ 为紫红色晶体，制备方法与 $[Co(NH_3)_6]Cl_3$ 类似。同样以 Co(Ⅱ)盐为原料经过配位氧化得到 $[Co(NH_3)_5H_2O]Cl_3$(砖红色晶体)，然后再向热溶液中加入浓盐酸，将原来配位的 H_2O 分子置换为 Cl^-，从而得到产物。

$$2CoCl_2+2NH_4Cl+8NH_3+H_2O_2 \Longrightarrow 2[Co(NH_3)_5H_2O]Cl_3$$

$$[Co(NH_3)_5H_2O]Cl_3 \xrightarrow{浓盐酸} [Co(NH_3)_5Cl]Cl_2+H_2O$$

对配合物结构分析可用电导率法,通过测定配合物溶液的摩尔电导率来确定配合物的电离类型,从而对配合物结构进行测定。溶液的摩尔电导率(Λ_m)是指把含有 1 mol 的电解质溶液置于相距为 1 m 的两个电极之间的电导。若以 c 表示溶液的物质的量浓度,则含有 1 mol 电解质溶液的体积为 $c^{-1} \times 10^{-3} m^3$,则溶液的摩尔电导率为

$$\Lambda_m = \frac{\sigma \times 10^{-3}}{c}(单位:S \cdot m^2 \cdot mol^{-1})$$

式中:σ 表示溶液电导率。在一定温度下,测得配合物稀溶液的电导率 σ 后,即可求得溶液的摩尔电导率。然后将其与已知电解质溶液的摩尔电导率加以对照,即可确定该配合物的电离类型。25 ℃时,在不同溶剂中 Λ_m(单位:S · m² · mol⁻¹)的一般范围如表 1-28-1 所示。

表 1-28-1　25 ℃时,在不同溶剂中 Λ_m 的一般范围

单位:S·m²·mol⁻¹

溶剂	1:1	1:2	1:3	1:4
水	118~131	235~273	408~435	~560
乙醇	35~45	70~90	~120	~160
甲醇	80~115	160~220	290~350	~450
丙酮	100~140	160~200	~270	~360

仪器、试剂和材料

电子天平;锥形瓶(100 mL);恒温水浴锅;抽滤瓶;布氏漏斗;水泵;玻璃漏斗;漏斗架;烘箱;离心机;离心管;电导率仪;容量瓶(100 mL)。

NH_4Cl(固体);$CoCl_2 \cdot 6H_2O$(固体);活性炭;浓氨水;H_2O_2 溶液(30%);HCl 溶液(6 mol · L⁻¹,浓);乙醇;丙酮;$AgNO_3$ 溶液(1 mol · L⁻¹);H_2SO_4 溶液(2 mol · L⁻¹);$SnCl_2$ 溶液(0.5 mol · L⁻¹);KSCN(固体);冰块。

实验内容

1. $[Co(NH_3)_6]Cl_3$ 的制备

在 100 mL 锥形瓶中加入 4.0 g NH_4Cl 和 7 mL 蒸馏水。加热煮沸,分批加入 6.0 g 研细的 $CoCl_2 \cdot 6H_2O$,溶解后加入 0.3 g 活性炭。冷却,加入 14 mL 浓氨水(有刺激性,请勿靠近鼻子闻),继续冷却至 10 ℃以下,缓慢滴加 5 mL 30% H_2O_2 溶液,搅拌均匀。50~60 ℃水浴加热并恒温约 20 min,取出,先用自来水冷却,后用冰水冷却。抽滤,将沉淀溶解于含有 2 mL 浓 HCl 溶液的 40 mL 沸水中,趁热过滤。向滤液中慢慢加入 8 mL 浓 HCl 溶液,冰水冷却,即有晶体析出。抽滤,晶体用冷的 6 mol · L⁻¹ HCl 溶液洗涤 2 次,抽干。产品在烘箱中于 100~110 ℃下干燥 1 h。

2. $[Co(NH_3)_5Cl]Cl_2$ 的制备

向 3 mL 浓氨水中加入 0.8 g NH_4Cl 搅拌使其溶解。在不断搅拌下,分次加入1.5 g 研细的 $CoCl_2 \cdot 6H_2O$,得黄红色沉淀 $[Co(NH_3)_6]Cl_2$。在不断搅拌下慢慢滴加 1.5 mL 30% H_2O_2 溶液,生成砖红色溶液。慢慢注入 6 mL 浓 HCl 溶液,有紫红色晶体析出。将此混合物在水浴上加热 15 min,冷却至室温,离心分离,用 3 mL 冰水将沉淀洗涤 2 次,然后用 3 mL $6mol \cdot L^{-1}$ 冰盐酸洗涤 2 次,少量乙醇洗涤 1 次,最后用丙酮洗涤 1 次,每次洗涤后均需离心分离。产品在烘箱中于 100~110 ℃ 干燥 1 h。

3. 组成分析鉴定

分别取 0.4 g $[Co(NH_3)_6]Cl_3$ 和 $[Co(NH_3)_5Cl]Cl_2$,分别配成 10 mL 溶液,进行组成分析。

1) Cl^- 的检验。分别取 $[Co(NH_3)_6]Cl_3$ 和 $[Co(NH_3)_5Cl]Cl_2$ 溶液各 1 mL 置于两支试管,向每支试管中滴加 $1 mol \cdot L^{-1}$ $AgNO_3$ 溶液,比较两支试管的实验现象,并解释原因。

2) Co^{3+} 的检验。分别向两种溶液中加入几滴 $2 mol \cdot L^{-1}$ H_2SO_4 溶液,再加入几滴 $0.5 mol \cdot L^{-1}$ $SnCl_2$ 溶液。观察样品中的变化。再加入适量 KSCN 固体,振荡后加入戊醇并观察有机层颜色变化。

4. 电导率的测量

用 100 mL 容量瓶分别配制浓度为 0.001 $mol \cdot L^{-1}$ 的 $[Co(NH_3)_6]Cl_3$ 和 $[Co(NH_3)_5Cl]Cl_2$ 水溶液,测定其电导率。根据测量数据,计算出各配合物的摩尔电导率,并进一步推断配合物的离子类型。

💡 注意事项

本实验在使用浓盐酸时应避免溅落在皮肤上,更应防止溅入眼睛里。含 Ag^+ 废液应倒入指定的重金属离子废液回收桶中。含丙酮废液应倒入指定的有机废液回收桶中。

💡 思考题

1. 两种钴(Ⅲ)配合物合成方法的差异有哪些?

2. 如果采用空气氧化法,在实验装置和操作上应如何实现?

● 实验 1-29　三（乙二胺）合钴（Ⅲ）配合物光学异构体的制备与拆分

实验目的

1. 掌握八面体配合物光学异构体的拆分和旋光度的测定。

2. 掌握 WZZ 型自动指示旋光仪的使用方法。

实验原理

两种构造相同,但构型不同,彼此互为镜像而不能重叠的化合物称为光学异构体(或对映异构体)。虽然光学异构体分子内部的键角和键长都相同,它们与非光学活性试剂所发生的反应也相同,但由于分子中原子的空间排列方式不同,它们使偏振光振动平面旋转的方向不同,这是光学异构体在性质上最具特征的差别。

光学活性化合物的构型用符号 Δ 和 Δ' 表示;而化合物的旋光方向是用旋光仪测出来的,(+)表示右旋,(−)表示左旋。左旋和右旋异构体的等物质的量混合物不显光学活性,即不能使偏振光平面旋转,称为外消旋混合物。

用普通合成法不能直接制得光学异构体,而总是得到它们的外消旋混合物。经过一定的手续把外消旋混合物分开成右旋体和左旋体的过程称为外消旋体拆分。通常使此混合物的外消旋离子与另一种带相反电荷的光学活性化合物(如右旋构型)作用,得到右旋-左旋式与右旋-右旋式两种盐类,这些盐类是非对映异构体。利用它们溶解度的差异,可选择适当的溶剂用分步结晶的方法把它们分开。得到某一种纯粹的非对映异构体盐后,再用光学不活泼性物质处理,可以使一对光学活性盐恢复原来的组成。

仪器、试剂和材料

抽滤瓶;布氏漏斗;水泵;蒸发皿;烘箱;蒸汽浴锅;量筒;烧杯;容量瓶;玻璃棒;滴管;电子天平;WZZ 型自动指示旋光仪。

$BaCO_3$(固体);$CoSO_4 \cdot 7H_2O$(固体);乙二胺溶液(en,24%);(+)-酒石酸 [(+)-$H_2C_4H_4O_6$](固体);浓盐酸;NaI;活性炭;浓氨水;H_2O_2溶液(30%);无水乙醇;丙酮;冰块。

实验内容

1. (+)-酒石酸钡的制备

将 5.01 g(+)-酒石酸溶于 25 mL 水中,一边搅拌一边缓慢加入 7 g $BaCO_3$,加入过程中有大量气泡放出;加热并不断搅拌所得悬浮液 30 min,使反应完全,滤出白色沉淀,以冷水冲洗多次,将滤出的沉淀放在蒸发皿中,在 110 ℃下干燥。

2. 三(乙二胺)合钴(Ⅲ)配合物的制备

在 H_2O_2 的氧化条件下,该配合物可用 $CoSO_4 \cdot 7H_2O$、乙二胺和盐酸制备。

$$4CoSO_4 + 12en + 4HCl + O_2 =\!=\!= 4[Co(en)_3]ClSO_4 + 2H_2O$$

向一只 125 mL 的锥形瓶内加入 18.5 mL 乙二胺溶液(24%),再依次加入浓盐酸 2.5 mL 和 $CoSO_4$ 水溶液(用 7 g $CoSO_4 \cdot 7H_2O$ 溶于 12.5 mL 水制得),活性炭 1 g(作催化剂用),用滴管慢慢滴加 2.5 mL 30% H_2O_2 溶液,使溶液由酒红色变为橙红色,这时可知钴(Ⅱ)全部氧化为钴(Ⅲ)。氧化完成后 pH 为 7.0~7.5,然后将得到的混合物微加热 15 min(温度不能太高,不然会碳化失去活性,混入杂质),使反应完全,冷却,抽滤。

3. 三(乙二胺)合钴(Ⅲ)配合物异构体的拆分

在上述溶液中加入 7 g(+)-酒石酸钡,不断地搅拌,在水浴上加热 0.5 h,趁热过滤,以少量热水洗涤所滤出的 $BaSO_4$ 沉淀。

$$[Co(en)_2]ClSO_4 + Ba(+)-C_4H_4O_6 \Longrightarrow (+)-[Co(en)_3]Cl[(+)-C_4H_4O_6] +$$
$$(-)-[Co(en)_3]Cl[(+)-C_4H_4O_6] + BaSO_4 \downarrow$$

将滤液浓缩至体积 12.5 mL,冷却静置,可用玻璃棒摩擦烧杯壁加速结晶得 $(+)-[Co(en)_3]Cl[(+)-C_4H_4O_6]$ 的橙色晶体,滤液亦保留备用。晶体用 7.5 mL 热蒸馏水溶解后重结晶,产品用无水乙醇洗涤并风干。

4. $(+)-[Co(en)_3]I_3 \cdot H_2O$ 的制备

将实验内容 3 中所得晶体产品溶于 7.5 mL 热蒸馏水中,加入 5 滴浓氨水及 NaI 溶液(9 g NaI 溶解于 4 mL 热蒸馏水中)并充分搅拌,在冰水中冷却此溶液,可得 $(+)-[Co(en)_3]I_3 \cdot H_2O$ 红橙色晶体,抽滤,以冰冷的 $w = 30\%$ 的 NaI(8.60 gNaI 溶解在 20 mL 水中)10 mL、无水乙醇及丙酮洗涤,风干。

5. $(-)-[Co(en)_3]I_3 \cdot H_2O$ 制备

在实验内容 3 所保留的滤液中加入 5 滴浓氨水,并用水浴的方法加热至 80 ℃,在不断搅拌下加固体 NaI 9.07 g,在冷水中冷却,滤出不纯的 $(-)-$异构体。以冰冷的 $w = 30\%$ 的 NaI 溶液 5 mL 及无水乙醇冲洗,并风干。为了去除产物中含有的一些外消旋酒石酸盐,将它溶解在 15 mL 50 ℃的蒸馏水中,并不断搅拌,趁热滤出不溶解的外消旋酒石酸盐。用水浴的方法使滤液的温度保持在 50 ℃并加入 2.50 g NaI,在冰水中冷却得 $(-)-[Co(en)_3]I_3 \cdot H_2O$ 晶体,以无水乙醇和丙酮洗涤并风干。

6. 测定两种异构体的比旋光度和计算产品纯度

准确称量 0.50 g 左旋和右旋异构体,分别在 50 mL 容量瓶中配成溶液,在旋光仪上用 1 dm 长的盛液管测定旋光度 α(盛液管里不要有气泡;需擦干盛液管表面的液体)。

实验数据处理

1. 按下式计算比旋光度 $[\alpha]_\lambda^t$:

$$[\alpha]_\lambda^t = \frac{\alpha}{c \cdot l} \times 100$$

式中:α 为温度 t 时用波长 λ 的光源测得的旋光度,单位为°;c 为溶液的浓度(100 mL 溶液中溶质的质量);l 为盛液管的长度,单位为 dm。

2. 由测得的比旋光度按下式求样品的纯度:

$$纯度 = \frac{实际比旋光度}{理论比旋光度} \times 100\%$$

理论比旋光度参考值　碘化物:右旋体 +90°;左旋体−89°。

ⓘ **注意事项**

含丙酮废液应倒入指定的有机废液回收桶中。

💡 **思考题**

1. 如何判断配合物的光学异构现象?

2. 什么是外消旋拆分? 如何拆分?

3. 什么是旋光度? 测定旋光度时要注意哪些因素?

● 实验 1-30　甘氨酸高钴配合物异构体的制备和鉴别

实验目的

1. 了解配合物异构体的制备和性质。

2. 了解紫外-可见吸收光谱在鉴别异构体方面的应用。

实验原理

氨基酸作为配体和金属离子形成配合物时,在不同的条件下,可以氮配位、以氧配位或以氮和氧一同配位,形成不同的键合几何异构体。例如,Co(Ⅲ)与甘氨酸可以形成多种异构体(图 1-30-1),本实验制备(a)、(c)两种键合几何异构体。

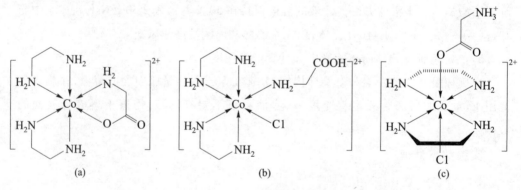

图 1-30-1　三种甘氨酸高钴配合物异构体

紫外光谱可以用来鉴别配合物所具有的不同几何构型。在 CoA_4B_2 型配合物中 $^1T_{1g}$ 态被分裂,$trans-CoA_4B_2$ 分裂后在 $300 \sim 700$ nm 出现三个 d-d 跃迁吸收峰,$cis-CoA_4B_2$ 分裂后则只有两个吸收峰。

仪器、试剂和材料

电子天平;磁力搅拌器;恒温水浴锅;蒸发皿;布氏漏斗;抽滤瓶;循环水泵;容量瓶;烧杯;紫外-可见光谱仪。

二氯化钴(固体);甘氨酸(固体);浓盐酸;$NaClO_4$;乙二胺溶液(en,>99%);乙醇溶液(95%);无水乙醇;乙醚;NaOH 溶液(1 mol·L^{-1});冰;H_2O_2 溶液(10%)。

实验内容

1. trans-$[Co(en)_2Cl_2]Cl$ 的制备

取 10.0 g $CoCl_2·6H_2O$ 溶于 25 mL 蒸馏水中,于 70 ℃热水浴条件下加入 20 mL 20%的乙二胺溶液,用磁力搅拌器搅拌 10 min。向混合溶液中缓慢滴加 16 mL 10%的 H_2O_2 溶液,搅拌 15 min 使之充分反应后,降低搅拌速率,加入 30 mL 浓盐酸至混合均匀,停止搅拌。将混合溶液水浴加热浓缩(约 30~45 min)至有暗绿色晶体结晶析出,产物用冰浴充分冷却后,抽滤,用无水乙醇洗涤至滤液无色。在空气中干燥晶体,称量。

2. $[Co(en)_2(NH_2CH_2COO-\kappa^2N,O)]Cl_2·2H_2O$[配合物(a)]的制备

称取 0.3 g 甘氨酸,溶于 5 mL 1mol·L^{-1} NaOH 溶液中,加入盛有 1 g 实验内容 1 制得配合物的蒸发皿中,搅拌得紫红色溶液。在沸水浴上加热 10 min,并不时搅拌,溶液由酒红色变成橙红色。将溶液置于冰浴中冷却,边搅拌边滴加 2.5 mL 浓盐酸,然后移去冰浴,在磁力搅拌器上边搅拌边慢慢滴加 40 mL 95%乙醇溶液。将产生的混浊物在室温下搅拌 15 min,抽滤,分别用无水乙醇、乙醚洗涤,空气中干燥,称量。

3. trans-$[Co(en)_2(NH_3^+CH_2COO-\kappa O)Cl](ClO_4)_2$[配合物(c)]的制备

取 1.5 g 实验内容 1 制得的配合物和 0.8 g 甘氨酸于 5 mL 水中,边搅拌边滴加 1 mL 1 mol·L^{-1} NaOH 溶液,溶液呈淡紫色。将溶液加入 1 g $NaClO_4$ 溶于 2 mL 水形成的溶液中,搅拌 15 min。抽滤,无水乙醇、乙醚洗涤,空气中干燥,称量。

4. 紫外可见光谱测定

将(a)、(c)两个配合物均准确配制成约 9×10^{-3} mol·L^{-1} 溶液,以蒸馏水为参比,在紫外-可见光谱仪上测定 300~700nm 的吸收光谱。

实验结果及数据处理

计算产物产率,并根据产物的紫外-可见吸收光谱计算各吸收峰的摩尔吸收系数,分析光谱数据。

💡 **注意事项**

在实验室使用乙醚时,应该在通风橱中打开排风进行操作,实验台附近严禁有明火,因为乙醚容易挥发,且易燃烧,与空气混合到一定比例时即发生爆炸。此外,乙醚还是一种麻醉剂,不要将鼻子凑近去闻,取用完毕应将试剂瓶瓶盖迅速盖上。

💡 **思考题**

1. 为什么羧基配位后,它的 C=O 的伸缩振动峰会向低波数方向移动?

2. 如何解释各配合物的吸收峰的数目、位置和摩尔吸收系数大小?

二、综合实验

● 实验 1-31　离子的分离与鉴定

实验目的

应用元素及其化合物的性质进行混合溶液中离子的分离与鉴定。

实验内容

从以下几组混合离子中各任选一组阳离子和阴离子,根据元素及其化合物的性质,设计分离和鉴定方案,进行实验,写出实验报告。

1. 阳离子混合液

1）水溶液中 Mg^{2+}、Ba^{2+}、Al^{3+}、Zn^{2+} 的分离与鉴定。

2）水溶液中 Pb^{2+}、Ag^+、Hg^{2+}、Cu^{2+} 的分离与鉴定。

3）水溶液中 Fe^{3+}、Ni^{2+}、Cr^{3+}、Zn^{2+} 的分离与鉴定。

4）水溶液中 Mn^{2+}、Fe^{3+}、Al^{3+}、Cr^{3+} 的分离与鉴定。

2. 阴离子混合液

1）水溶液中 Cl^-、Br^-、I^-、NO_3^- 的鉴定。

2）水溶液中 Cl^-、CO_3^{2-}、PO_4^{3-}、SO_4^{2-} 的鉴定。

提示:

1）常见离子鉴定方法查找相关参考文献。

2）离子的分离与鉴定流程图示例如图 1-31-1 所示。

(!) **注意事项**

取用含重金属(Pb^{2+}、Ag^+、Hg^{2+})的试剂及洗涤被重金属污染的器皿时应戴手套。实验过程中产生的含重金属的废液应倒入指定的重金属离子废液回收桶中。

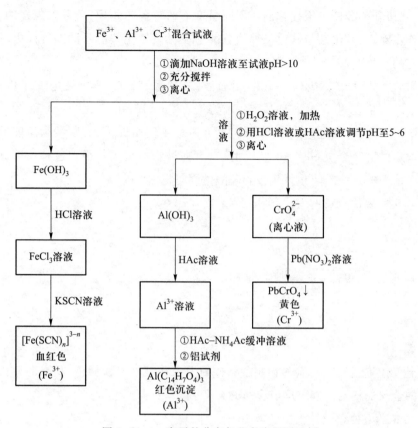

图 1-31-1 离子的分离与鉴定流程图示例

● 实验 1-32 氯化铵的制备

实验目的

应用已学过的溶解和结晶等理论知识,以食盐和硫酸铵为原料,制备氯化铵。

实验内容

1. 查阅有关资料,列出氯化铵、硫酸铵、氯化钠和硫酸钠(包括十水硫酸钠)在水中不同温度下的溶解度。

2. 设计出制备 20 g 理论量氯化铵的实验方案,进行实验。

3. 用简单方法对产品质量进行鉴定。

💡 思考题

1. 食盐中的不溶性杂质在哪一步除去?

2. 食盐与硫酸铵的反应是一个复分解反应,因此在溶液中同时存在着氯化钠、硫酸铵、氯化铵和硫酸钠。根据它们在不同温度下的溶解度差异,可采取怎样的实验条件和操作步骤,使氯化铵与其他三种盐分离? 在保证氯化铵产品的纯度前提下,如何来提高它的产量?

3. 假设有 150 mL NH$_4$Cl-Na$_2$SO$_4$混合液(质量为 185 g),其中氯化铵为 30 g,硫酸钠为 40 g。如果在 90 ℃ 左右加热,分别浓缩至 120 mL、100 mL、80 mL 和 70 mL。根据有关溶解度数据,通过近似计算,试判断在上述不同情况下,有哪些物质能够析出。如果过滤后的溶液冷至 60 ℃ 和 25 ℃ 时,又有何种物质析出? 根据这种计算,应如何控制蒸发浓缩的条件来防止氯化铵和硫酸钠同时析出?

4. 本实验要注意哪些安全操作问题?

● 实验 1-33　碱式碳酸铜的制备

实验目的

1. 让学生通过对碱式碳酸铜制备条件的探求和对生成物颜色、状态的分析,研究反应物的合理配料比并确定反应合适的温度。

2. 培养学生独立设计实验的能力。

实验原理

$$2CuSO_4+2Na_2CO_3+H_2O \Longrightarrow Cu_2(OH)_2CO_3\downarrow +CO_2\uparrow +2Na_2SO_4$$

碱式碳酸铜为天然孔雀石的主要成分,成暗绿色或者淡蓝绿色,加热至 200 ℃ 即分解。难溶于冷水,在沸水中易分解。

制备实验都有其最佳的反应条件,可以通过多组实验来寻找最佳反应物配料比和最佳反应温度,从而确定最佳反应条件。

实验内容

1. 学生自行列出所需仪器、药品、材料的清单。

2. 设计合理的实验方案。

3. 根据方案确定最佳反应条件(反应物配料比、反应温度)。

4. 制备碱式碳酸铜 6 g。

● 实验 1-34　通过富镁矿样制备高纯氧化镁

实验目的

1. 熟悉工业上无机离子分离的基本手段。

2. 学习控制 pH 法除杂实验的设计。

3. 学习通过合理的实验设计,比较不同沉淀剂沉淀镁的优劣。

4. 综合运用所学分析方法,选择合适的检测手段,准确地评价目标产物。

实验原理

镁化合物产品在国民经济当中有着重要的作用和地位。在众多的镁化合物产品中,氧化镁产量最大,用途最广。我国镁资源十分丰富,雄厚的资源优势使得我国理所当然地成为镁生产大国。但由于资金、技术等方面的制约,目前,我国还不是镁生产的强国,这主要体现在专用化、功能化的氧化镁精细产品的生产能力上的不足。实现氧化镁产品的高纯度、高特性化、高功能化是未来氧化镁工业发展的基本方向。本实验通过模拟工业上生产高纯氧化镁的部分工艺过程,让学生有机会将已学的无机及分析化学知识进行综合运用。

我们所选的富镁矿样中各物质的含量如下:MgO 32% ~ 42%、SiO_2 30% ~ 39%、CaO 0.2% ~ 0.5%、NiO 0.2% ~ 0.4%、Cr_2O_3 0.2% ~ 0.4%、Al_2O_3 0.3%、MnO 0.1%、Fe_2O_3 6.32%、FeO 1.78%,除此外还含有微量的 K、Cl、Co、Cu、Zn 等元素。矿样经稀硫酸溶解后,除镁外,还伴生其他离子,主要有铁(Ⅱ、Ⅲ)、铝(Ⅲ)、镍(Ⅱ)和钙(Ⅱ)。因此,工业上后续的生产工艺主要有:(1) 粗镁矿样溶液初步净化成主要含镁的溶液;(2) 选择合适的沉淀剂及合适的实验条件得到高产率、高纯度和利于下一步转化的氢氧化镁;(3) 合适的煅烧条件,生成高纯氧化镁。

由于工艺(1)和(2)的实验条件决定了氧化镁纯度及转化率的高低,因此本实验进行这两个工艺步骤的条件优化。

仪器、试剂和材料

电子天平;原子吸收光谱仪;电感耦合等离子体发射光谱仪;激光纳米粒度分析仪;紫外-可见分光光度计。

H_2O_2 溶液(6%);$K_3[Fe(CN)_6]$ 溶液(0.1 mol·L^{-1});三乙醇胺($HOCH_2CH_2)_3N$;酒石酸钾钠溶液(10%);三乙醇胺水溶液(1∶2);氨水-氯化铵缓冲溶液(pH = 10);K-B指示剂;标准 EDTA 溶液(0.02 mol·L^{-1});KSCN 溶液(25%);铝试剂;HAc 溶液(6 mol·L^{-1});氨水(6 mol·L^{-1},浓);氢氧化钠(固体和 6 mol·L^{-1} 溶液);硫酸(2 mol·

L⁻¹,3 mol·L⁻¹,浓);pH 试纸。

粗硫酸镁溶液:1 mol·L⁻¹ H_2SO_4溶液中,含 1.2 mol·L⁻¹Mg^{2+}、0.15 mol·L⁻¹Fe^{3+}、0.12 mol·L⁻¹Al^{3+}、0.04 mol·L⁻¹Fe^{2+}、0.01 mol·L⁻¹Ni^{2+}、0.01 mol·L⁻¹Ca^{2+}。

实验内容

1. 粗镁矿样的纯化

设计实验方案,查找通过氢氧化钠去除粗镁矿样溶液中杂质离子的最佳 pH 范围。在此 pH 范围内,应不损害溶液中镁含量,但杂质必须去除得最干净。查找文献,结合实际情况选择合适的实验方法(滴定或分光光度法),测定已纯化粗镁矿样溶液中镁及杂质的含量。

2. 氨水沉淀镁

对于已纯化的粗镁矿样溶液,进一步查找文献,找到应用氨水沉淀其中镁的实验方法,根据此方法,找出沉淀镁的主要影响因素。设计实验,通过单因素法获得氨水沉淀镁的最优实验条件。评价指标:氢氧化镁转化率。

3. 氢氧化钠沉淀镁

对于已纯化的粗镁矿样溶液,进一步查找文献,找到应用氢氧化钠沉淀其中镁的实验方法,根据此方法,找出沉淀镁的主要影响因素。设计实验,通过单因素法获得氢氧化钠沉淀镁的最优实验条件。评价指标:氢氧化镁转化率。

4. 比较氨水和氢氧化钠沉淀镁的优劣

1)比较两种沉淀法得到的氢氧化镁的纯度(原子吸收光谱仪及电感耦合等离子体发射光谱仪检测杂质含量)。

2)比较两种沉淀法得到的氢氧化镁的粒径。

3)从成本核算及环境保护的角度考量两种沉淀镁方法的优劣。

● **实验 1-35　葡萄糖酸锌的合成及组成测定**

实验目的

1. 了解葡萄糖酸锌的制备和组成测定方法。

2. 了解离子交换法纯化葡萄糖酸的原理与操作方法。

实验原理

锌是人体必需的微量元素之一,它与人体遗传和生命活动有密切关系,被誉为"生命的火花",缺锌可引起多种疾病的发生和功能的减退。葡萄糖酸锌是目前最常用的补锌剂,具有显效快、生物利用率高、副作用小、使用方便等特点。葡萄糖酸锌为白色或接近白色的结晶性粉末,无臭略有不适味,溶于水,易溶于沸水,不溶于无水乙醇、氯仿和乙醚。本实验以葡萄糖酸钙为原料,经阳离子交换柱制得高纯度的葡萄糖酸溶液,再与氧化锌反应制得葡萄糖酸锌。这是一种间接合成葡萄糖酸锌的方法,它具有工艺条件容易控制、产品纯度较高等优点。

首先,葡萄糖酸钙溶液与硫酸溶液反应生成葡萄糖酸溶液与硫酸钙沉淀:

$$Ca[CH_2OH(CHOH)_4COO]_2 + H_2SO_4 \Longrightarrow 2CH_2OH(CHOH)_4COOH + CaSO_4\downarrow$$

过滤除去硫酸钙沉淀后,葡萄糖酸溶液中残留的少量葡萄糖酸钙杂质,可用阳离子交换树脂填充的离子交换柱去除。732 型阳离子交换树脂（Na^+ 型）是带有磺酸根基团的苯乙烯-二乙烯苯的共聚物颗粒,它可与氢离子发生交换生成阳离子交换树脂（H^+ 型）,其反应方程式如下:

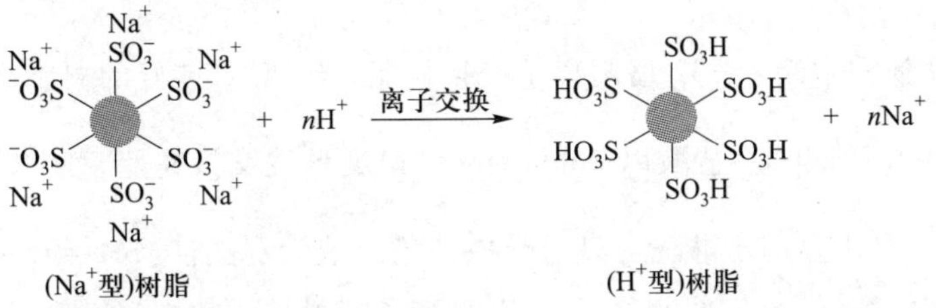

H^+ 型阳离子交换树脂可与葡萄糖酸溶液中存在的少量葡萄糖酸钙杂质发生如下离子交换反应,使钙离子吸附在树脂上,从而获得高纯葡萄糖酸溶液。

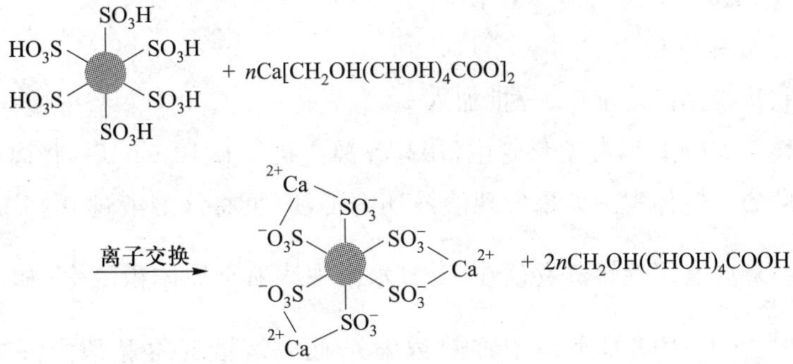

经离子交换柱提纯得到的葡萄糖酸溶液与氧化锌固体粉末反应,得到葡萄糖酸锌溶液:

$$2CH_2OH(CHOH)_4COOH + ZnO \Longrightarrow Zn[CH_2OH(CHOH)_4COO]_2 + H_2O$$

葡萄糖酸锌溶液经浓缩、结晶后得到葡萄糖酸锌固体粉末。

仪器、试剂和材料

电子天平;电炉;离子交换柱（1.6 cm × 30 cm）;高速离心机;旋转蒸发仪;滴定管;显微熔点测定仪或提勒管;红外灯;红外光谱仪。

葡萄糖酸钙;氧化锌;硫酸（4 mol·L⁻¹）;732 型阳离子交换树脂（Na^+ 型）;盐酸（2 mol·L⁻¹）;乙醇溶液（95%）;醋酸;醋酸钠;EDTA 标准溶液（0.02 mol·L⁻¹）;二甲酚

橙指示剂(0.2% 水溶液);0.45μm 滤膜;广范 pH 试纸。

实验内容

1. 葡萄糖酸的制备

在 100 mL 烧杯中加入 48 mL 蒸馏水,电炉上加热至沸后,将烧杯从电炉上转移下来,然后加入 9g 葡萄糖酸钙(相对分子质量 430,0.0209 mol),边搅拌边在电炉上小火加热(防止暴沸),使葡萄糖酸钙固体快速溶解(加热温度过高或时间过长可能会使少量葡萄糖酸钙分解),再将烧杯转移至 90 ℃ 水浴中保温。准确量取 5 mL 硫酸溶液(浓度 4 mol·L^{-1},共 0.02 mol)滴加至 90 ℃ 的葡萄糖酸钙溶液中,搅拌至大量 CaSO$_4$ 沉淀生成,在 90 ℃ 水浴中继续搅拌反应 20 min,趁热过滤除去生成的 CaSO$_4$。用少量热蒸馏水洗涤烧杯和沉淀,并使滤液体积控制在 50~60 mL,待滤液冷却后过离子交换柱。

在离子交换柱中装入 732 型阳离子交换树脂(Na$^+$型),装好的树脂高度约为柱高的 $\frac{2}{3}$。用 20 mL 2 mol·L^{-1} 盐酸以 2 mL/min 的速度淋洗交换树脂,使 Na$^+$ 型交换树脂转变为 H$^+$ 型。再用蒸馏水淋洗至离子交换柱流出液为弱酸性(pH = 5~6)。将上述葡萄糖酸滤液以 2 mL/min 的速度通过 H$^+$ 型离子交换柱,同时监测流出液 pH,当流出液 pH = 2~3 时,将流出液收集于另一洁净的烧杯中。当葡萄糖酸滤液液面下降到略高于树脂最高面时,加入适量蒸馏水洗涤树脂,继续收集流出液直至流出液的 pH 高于 3 时,停止收集流出液。

2. 葡萄糖酸锌的制备

在上述收集得到的溶液中,分批加入 1.6 g 氧化锌,在 60 ℃ 水浴中搅拌反应1.5 h。将反应液转移至 50 mL 离心塑料管中,用高速离心机离心 10 min 后,将离心管中的上清液倒入洁净的小烧杯中。如果发现溶液还有浑浊,可将该溶液过 0.45 μm 滤膜,得到清亮滤液。将滤液用旋转蒸发仪在 70 ℃ 水浴中浓缩至原体积的 $\frac{1}{4}$(如果没有旋转蒸发仪,也可直接在 100 ℃ 水浴中加热浓缩),此时溶液变得黏稠。将黏稠液转入 50 mL 烧杯中,加入 95% 的乙醇 10 mL,充分搅拌并置于冰浴中冷却,黏稠液将晶化而得到白色粉末状的葡萄糖酸锌,减压抽滤除去溶剂,并用 95% 的乙醇淋洗产物,待产物抽干后,红外灯下烤干,称量。

3. 葡萄糖酸锌的组成分析

1)用显微熔点仪或提勒管测定合成产物的熔点。

2)葡萄糖酸锌中锌含量的测定。准确称取制得的产物 0.25 g 左右,加入 25 mL 醋酸-醋酸钠缓冲溶液①(pH =5.5)使其溶解,加水稀释至 100 mL。滴加 2 滴二甲酚橙

---

① 醋酸-醋酸钠缓冲溶液的配制方法:称取 200 g 醋酸钠(含三个结晶水)溶于少量水中,加入 20 mL 冰醋酸,并以冰醋酸调节 pH 为 5.5,以水稀释定容至 1000 mL,摇匀。

指示剂,用 0.02 mol·L^{-1} EDTA 标准溶液滴定至溶液由紫红色变为纯黄色即为终点。计算该化合物中所含锌的质量分数,由此算出产物中葡萄糖酸锌的含量。

3) 葡萄糖酸锌的红外吸收光谱分析。将制得的产物与 KBr 一起研磨,压片制样进行红外光谱检测。主要吸收峰有:—OH 伸缩振动峰 3200 ~ 3500 cm^{-1},—COO— 伸缩振动峰 1589 cm^{-1}、1447 cm^{-1}、1400 cm^{-1}。

💡 思考题

1. 通过本方法制得的葡萄糖酸锌产品中可能还含有哪些杂质? 如何检验?

2. 除去 CaSO$_4$ 后的滤液,通过 732 型阳离子交换树脂的作用是什么? 如何才能达到目的?

3. 如果最后的分析结果表明,该产物中葡萄糖酸锌的含量大于 100%,这一结果应如何解释?

• 实验 1-36　不同粒径的纳米金颗粒的制备及表征

实验目的

1. 了解几种合成纳米材料的方法,掌握水相还原法制备纳米金颗粒的方法。

2. 初步掌握几种表征纳米材料的现代测试技术。

3. 掌握光谱法表征纳米金颗粒粒径的原理和方法。

实验原理

纳米材料是指在三维空间中至少有一维处于纳米尺寸(0.1~100 nm)或由它们作为基本单元构成的材料。纳米材料的尺寸处在原子团簇和宏观物体交界的过渡区域,从通常的关于微观和宏观的观点看,这样的系统既非典型的微观系统亦非典型的宏观系统,而是一种典型的介观系统。正是由于基本组成单位尺度小,纳米材料具有很多其他普通尺度的材料所不具备的效应,包括表面效应、小尺寸效应、宏观量子隧道效应等,并产生特有的电学、磁学、光学、化学等特性,在国防、电子、化工、冶金、航空、轻工、医药、生物、核技术等领域均有重要的应用价值。

合成纳米材料的方法有气相法、液相法和固相法。气相法又可以分为化学气相沉积法、气相凝聚法、溅射法等。液相法有沉淀法、水热法和胶体-凝胶法。固相法一般多采用机械研磨法。目前,金属纳米颗粒的液相合成由于具有操作简便、成本低、产量高、制备的颗粒单分散性好等优点,备受人们的青睐。

纳米金颗粒以其良好的稳定性、小尺寸效应、表面效应、光学效应及独特的生物亲和性,在免疫分析、生物传感器、DNA 的识别与检测、基因治疗等领域极具应用前景。

纳米金颗粒在水溶液中以胶体的形态存在,水相还原法是制备胶体金的经典方法,该方法大多是通过还原氯金酸($HAuCl_4$)而制得胶体金:开始金原子被还原剂还原出来;然后金原子不断聚集形成微晶,微晶颗粒粒径增大至氯金酸被全部还原。根据不同的目的和要求,实验室条件下可以方便地制备颗粒粒径介于 2~50 nm 的胶体金。胶体金在 510~550 nm 可见光谱范围有一吸收峰,吸收波长随金颗粒粒径增大而增加。当粒径从小到大,表观颜色依次从淡橙黄色(<5 nm)、葡萄酒红色(5~20 nm)、深红色(20~40 nm)到蓝紫色(> 60 nm)变化。若金颗粒聚集,则吸收峰变宽。胶体金的性质主要取决于金颗粒的粒径及其表面特性,这是其应用于生物体系分析检测的重要基础。

不同的还原剂种类及其不同的浓度决定了金颗粒的粒径大小,常用的还原剂有柠檬酸钠、硼氢化钠、抗坏血酸等。此外,由于金纳米粒子比表面积大、物化活性高、易氧化、易团聚,在制备过程中人们常常引入保护剂来达到形貌控制、稳定或分散纳米颗粒的效果,如聚乙烯吡咯烷酮(PVP)、阳离子型表面活性剂三甲基十六烷基溴化铵(CTAB)、柠檬酸钠。在水相还原法制备胶体金的过程中,柠檬酸钠既可充当保护剂,又可充当还原剂,使得制备过程简单易行、成本低廉。本实验采用水相还原法制备纳米金颗粒,同时探讨还原剂种类(柠檬酸钠或 $NaBH_4$)和用量、保护剂种类(柠檬酸钠或 PVP)和用量、反应温度等因素对纳米金颗粒的稳定性、粒径、形貌及光学性质的影响。

纳米材料的表征手段很多,例如,利用电子显微技术可方便地在纳米尺度上观察材料的大小、形貌和结构特征,如图 1-36-1 所示;利用激光粒度分析法可以测定纳米颗粒的粒径大小及分布情况;利用 X 射线粉末衍射仪可以分析纳米材料的晶体结构等。

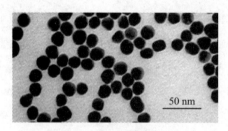

图 1-36-1   透射电子显微镜下观察纳米金颗粒

仪器、试剂和材料

电子天平;温控磁力搅拌器;高速离心机;扫描电子显微镜;X 射线粉末衍射仪;激光纳米粒度分析仪;紫外-可见分光光度计;超声波清洗仪。

$HAuCl_4$;$NaBH_4$;柠檬酸钠;PVP。

实验内容

1. 以柠檬酸钠为保护剂制备纳米金颗粒

配制 3×10^{-4} mol·L^{-1} HAuCl$_4$、0.1 mol·L^{-1} NaBH$_4$、0.04 mol·L^{-1} 柠檬酸钠（Na$_3$C$_6$H$_5$O$_7$）的水溶液。

取 25 mL HAuCl$_4$ 溶液和一定体积的保护剂柠檬酸钠溶液（0 mL、0.5 mL、1.0 mL、2.0 mL），分别置于四个 100 mL 烧杯中，室温下搅拌均匀后，加入 0.9 mL 的 NaBH$_4$ 溶液，即可得到纳米金胶体。

2. 以 PVP 为保护剂制备纳米金颗粒

配制 3×10^{-3} mol·L^{-1} HAuCl$_4$、0.04 mol·L^{-1} 柠檬酸钠、1.00×10^{-4} mol·L^{-1} PVP 的水溶液。

在烧杯中加入 10 mL HAuCl$_4$ 溶液，10 mL PVP 保护剂溶液或不加，80 mL 蒸馏水，将烧杯置于温控磁力搅拌器上，边加热边搅拌，搅拌的转速设置为 600 转/min，加热至 75 ℃，恒温 2 min，用移液管移取一定体积（0.5 mL、1.0 mL、2.0 mL 和 3.0 mL）的柠檬酸钠溶液作为还原剂，迅速一次加入上述混合液，开始计时，使液体颜色恒定并持续加热一段时间（约 10 min），停止加热，继续搅拌 5 min，停止搅拌，冷却至室温，所得液体为纳米金胶体。

3. 不同温度下柠檬酸钠还原制备纳米金颗粒

配制 3×10^{-3} mol·L^{-1} HAuCl$_4$、0.04 mol·L^{-1} 柠檬酸钠、1.00×10^{-4} mol·L^{-1} PVP 的水溶液。

在烧杯中加入 10 mL HAuCl$_4$ 溶液，10 mL PVP 保护剂溶液，80 mL 蒸馏水，将烧杯置于温控磁力搅拌器上，边加热边搅拌，搅拌的转速设置为 600 转/min，加热至 100 ℃，恒温 2 min，用移液管移取 1.0 mL 柠檬酸钠溶液作为还原剂，迅速一次加入上述混合液，开始计时，使液体颜色恒定并持续加热一段时间（约 10 min），停止加热，继续搅拌 5 min，停止搅拌，冷却至室温，所得液体为纳米金胶体。

4. 纳米金颗粒的表征

经高速离心分离得到的纳米金颗粒用丙酮、无水乙醇及蒸馏水分别洗涤 2 遍后，利用超声波将其分散于适量的蒸馏水或者无水乙醇中形成分散液。

1）采用扫描电子显微镜（SEM）对纳米金颗粒的形貌和尺寸进行表征。将纳米金颗粒的无水乙醇分散液滴加至铜网上，干燥后在 SEM 下观察。通过选取 SEM 结果中至少 200 个颗粒对纳米金颗粒的尺寸以及粒径分布进行统计。

2）采用 X-射线粉末衍射仪对纳米金颗粒的晶型进行分析。仪器测试参数如下：射线源为 Cu 靶 Kα 射线，仪器工作电压 40 kV，扫描角度设置为 10°～90°。将纳米金的无水乙醇分散液逐滴滴加到 1 cm×1 cm 的方形玻璃片上，室温条件下自然风干形成测试所需厚度的纳米金薄膜。

3）纳米金的水合粒径分布采用激光纳米粒度分析仪进行测试。样品制备及检测方法如下：将制备的纳米金胶体溶液置于 1 cm 光程的比色皿中，根据测试样品的溶剂和溶质分别设置仪器中分散介质和分散相的折射率，待动态光源和静态光源稳定后进行分析检测。纳米金颗粒的粒径分布结果用平均尺寸的百分比分布及累积百分比来表示。

4）纳米金颗粒的紫外-可见吸收光谱测试。采用紫外-可见分光光度计仪器,在波长 200 ~ 800 nm 范围内,测定纳米金胶体的吸收光谱。紫外-可见吸收光谱测试样品制备如下:将制备好的纳米金胶体溶液按照浓度进行适当稀释,使其紫外-可见吸收光谱测试值落在仪器测定范围内,采用蒸馏水作空白对照。

实验结果与讨论

根据实验结果总结:

1. 保护剂浓度影响纳米金颗粒粒径的规律。
2. 还原剂浓度影响纳米金颗粒粒径的规律。
3. 反应温度影响纳米金颗粒粒径的规律。
4. 纳米金颗粒粒径影响其紫外-可见吸收峰位置的规律。

💡 **思考题**

1. 纳米金颗粒吸收可见光的原理是什么?其粒径影响可见光吸收峰位置的原因是什么?
2. 反应温度升高是如何影响纳米金颗粒粒径的?

● 实验 1-37　无机纳米稀土发光材料的制备及其发光性能检测

实验目的

1. 学习水热法制备无机纳米稀土发光材料 $(Y_{0.95}Ln_{0.05})VO_4$（Ln = Eu、Dy、Sm）。
2. 了解 $(Y_{0.95}Ln_{0.05})VO_4$（Ln = Eu、Dy、Sm）纳米晶的发光性能。

实验原理

稀土元素是指镧系元素加上同属ⅢB族的21号元素钪（Sc）、39号元素钇（Y），共17个元素,镧系元素包括原子序数从57~71的镧（La）、铈（Ce）、镨（Pr）、钕（Nd）、钷（Pm）、钐（Sm）、铕（Eu）、钆（Gd）、铽（Tb）、镝（Dy）、钬（Ho）、铒（Er）、铥（Tm）、镱（Yb）和镥（Lu）。镧系元素的电子组态为

$$1s^2 2s^2 2p^6 3s^2 3p^6 3d^{10} 4s^2 4p^6 4d^{10} 4f^n 5s^2 5p^6 5d^m 6s^2 （其中 n = 0 ~ 14, m = 0 ~ 1）$$

它们的共同特点是都有未填满的 4f 轨道,且 4f 轨道位于已填满的 5s 和 5p 轨道以内。4f 电子受 $5s^2 5p^6$ 的屏蔽,能级受外界的影响较小,但由于自旋耦合常数较大,能引起能级分裂;不同稀土离子中 4f 电子的最低激发态能级和基态能级之间的能量差不同,致使它们在发光性质上有一定的差别。一般来讲,La^{3+}（$4f^0$）和 Lu^{3+}（$4f^{14}$）因无 4f

电子或 4f 轨道已填满,因而没有 f-f 能级跃迁;Gd^{3+} 的 4f 电子为半充满的稳定结构,f-f 跃迁的激发能级太高,这些离子都属于在可见区不发光的稀土离子。$Pr^{3+}(4f^2)$、$Nd^{3+}(4f^3)$、$Ho^{3+}(4f^{10})$、$Er^{3+}(4f^{11})$、$Tm^{3+}(4f^{12})$ 和 $Yb^{3+}(4f^{13})$ 则是发光很弱的稀土离子,这些离子的最低激发态和基态间的能量差别较小,能级稠密,非辐射跃迁概率大,因此只能观察到极弱的发光现象。$Sm^{3+}(4f^5)$、$Eu^{3+}(4f^6)$、$Tb^{3+}(4f^8)$、$Dy^{3+}(4f^9)$ 是发光较强的稀土离子,它们的最低激发态和基态间的 f-f 跃迁能量频率落在可见光区,f-f 电子跃迁的能量适中,一般可观察到较强的发光现象。同时,在这些稀土离子中,n 个 4f 电子能够在 7 个简并轨道间不同排布,导致这些稀土元素的 4f 电子能级多种多样,4f 电子在不同能级之间的跃迁,产生了从红外区直至紫外区的吸收和发射,使得稀土离子十分适合作为激光和发光材料的激活剂离子。

以稀土离子(元素)为激活剂、共激活剂、敏化剂或掺杂剂的稀土发光材料表现出如下的优点:

1)稀土化合物具有丰富的荧光特性。大部分稀土元素的 4f 电子可在 7 个 4f 轨道之间任意分布,从而产生丰富的电子能级,可吸收或发射从紫外光、可见光到近红外光各种波长的光。

2)稀土元素 4f 电子处于内层轨道,受外层 s 和 p 轨道的有效屏蔽,受到外部环境的干扰小,f-f 跃迁呈现尖锐的线状光谱,发光的色纯度高。

3)荧光寿命从纳秒到毫秒跨越 6 个数量级。长寿命激发态是稀土元素的重要特性之一,这主要是由于 4f 电子能级之间的自发跃迁概率小造成的。

4)通过改变稀土发光离子或基质,很容易实现多色发光。

5)物理化学性质稳定,可承受大功率的电子束、高能辐射和强紫外光。

因此,稀土发光材料在彩色电视荧光粉、三基色灯用荧光粉、医用影像荧光粉、计算机显示器、核物理、辐射场和军事等方面得到了广泛的应用。

与块状材料相比,纳米稀土发光材料具有更优良的性能,目前已成为发光材料研究的一个热点。水热法在制备不同形貌的低维纳米稀土化合物(如稀土氟化物、磷酸盐、钒酸盐、钼酸盐、硼酸盐及其氧化物等)的研究中得到了极其广泛的应用。本实验先将稀土阳离子与一定量的表面活性剂聚乙烯吡咯烷酮混合,加入钒酸盐,再进行水热处理,获得 5% 掺杂的稀土钒酸盐 $(Y_{0.95}Ln_{0.05})VO_4$(Ln = Eu、Dy、Sm)纳米晶。

仪器、试剂和材料

电子天平;聚四氟乙烯反应釜(20 mL);温控磁力搅拌器;恒温烘箱;高速离心机;X 射线粉末衍射仪;傅里叶变换红外光谱仪;扫描电子显微镜;荧光分光光度计;紫外灯。

聚乙烯吡咯烷酮(PVP,55 kDa,5% 水溶液);Na_3VO_4 溶液($0.095\ mol \cdot L^{-1}$);YCl_3 溶液($0.1\ mol \cdot L^{-1}$);$DyCl_3$ 溶液($0.1\ mol \cdot L^{-1}$);$SmCl_3$ 溶液($0.1\ mol \cdot L^{-1}$);$EuCl_3$ 溶液($0.1\ mol \cdot L^{-1}$)。备注:配制 $0.1\ mol \cdot L^{-1}\ LnCl_3$(Ln = Y、Sm、Dy、Eu)时,可将对应的稀土

氧化物溶解在 0.1 mol·L^{-1}盐酸中,然后蒸干溶液以除去氯离子,再用蒸馏水定容至所需体积。

实验内容

1.（$Y_{0.95}Eu_{0.05}$）VO_4纳米晶的制备

将 11.4 mL 0.1 mol·L^{-1}YCl$_3$溶液、0.6 mL 0.1 mol·L^{-1}EuCl$_3$溶液和 6 mL 5% PVP 溶液混合,置于磁力搅拌器在 60 ℃搅拌均匀,慢慢滴加 12 mL 0.095 mol·L^{-1} Na$_3$VO$_4$溶液。滴加完毕后继续搅拌 10 min,然后将溶液转移至 50 mL 聚四氟乙烯反应釜中,在恒温烘箱中 180 ℃反应 2 h(反应釜压力约 2 MPa)。离心收集所得纳米颗粒,然后用乙醇和蒸馏水分别洗涤数次,再将洗涤好的产物在 50 ℃下干燥 24 h,制得 5% Eu^{3+}掺杂的 YVO$_4$纳米晶。

2.（$Y_{0.95}Dy_{0.05}$）VO_4纳米晶的制备

将 5.7 mL 0.1 mol·L^{-1}YCl$_3$溶液、0.3 mL 0.1 mol·L^{-1}DyCl$_3$溶液和 3 mL 5% PVP 溶液混合,后续步骤同实验内容1,制得 5% Dy^{3+}掺杂的 YVO$_4$纳米晶。

3.（$Y_{0.95}Sm_{0.05}$）VO_4纳米晶的制备

将 11.4 mL 0.1 mol·L^{-1}YCl$_3$溶液、0.6 mL 0.1 mol·L^{-1}SmCl$_3$溶液和 6 mL 5% PVP 溶液混合,后续步骤同实验内容1,制得 5% Sm^{3+}掺杂的 YVO$_4$纳米晶。

4.（$Y_{0.95}Ln_{0.05}$）VO_4（Ln = Eu、Dy、Sm）纳米晶的表征

1）采用 X-射线粉末衍射仪对三种稀土掺杂 YVO$_4$纳米晶进行结构分析。仪器测试参数如下:射线源为 Cu 靶 Kα 射线,仪器工作电压 40 kV,扫描角度设置为 10°~90°。将样品的水分散液逐滴滴加到 1 cm×1 cm 的方形玻璃片上,室温条件下自然风干形成测试所需厚度的薄膜。

2）采用傅里叶变换红外光谱仪(FT-IR)测定三种稀土掺杂 YVO$_4$纳米晶的红外吸收:将干燥成固体的样品与 KBr 一起研磨,压片制样进行红外光谱检测。

3）采用扫描电子显微镜观察三种稀土掺杂 YVO$_4$纳米晶的形貌和大小。

5.（$Y_{0.95}Ln_{0.05}$）VO_4（Ln = Eu、Dy、Sm）纳米晶的发光性能检测

1）粉末样品超声分散在蒸馏水中,采用荧光分光光度计对三种稀土掺杂 YVO$_4$纳米晶的激发光谱和发射光谱进行测试,测量范围为 200~800 nm。

2）在 254 nm 的紫外灯下观察三种稀土掺杂 YVO$_4$纳米晶发出的荧光颜色并拍照。

⚠ 注意事项

本实验在使用恒温烘箱和反应釜时是高温高压操作,请谨慎操作,注意防止烫伤或爆炸。

💡 思考题

1. 稀土离子为什么能够发光?

2. 影响稀土掺杂 YVO₄ 纳米晶发光性能的因素有哪些？请设计实验进行验证。

● 实验 1-38　纳米硒的制备及其模拟氧化酶活性测定

实验目的

1. 掌握纳米硒的制备及表征方法。

2. 了解纳米酶的概念及影响其活性的因素。

实验原理

硒(selenium,Se)在元素周期表中位于第四周期ⅥA族,是一种非金属元素,广泛应用于电子、玻璃、冶金、化工、医疗保健、农业等领域。值得一提的是,硒是人体必需的一种微量元素,其摄入体内后主要通过硒蛋白参与机体的抗氧化防御、细胞信号转导、激素调节、免疫调节等生命过程,在人体健康与疾病防治中发挥重要作用。

单质硒常以灰色六方晶态和无定形的非晶态固体形式存在。近些年来,随着纳米科技的进步,单质纳米硒(selenium nanoparticles, SeNPs)逐渐进入了人们的视线之中。由于 SeNPs 独特的物理、化学性质,在生物医学、化学传感、污水处理等领域均有潜在应用,从而受到研究者们的广泛关注。SeNPs 的合成一般可以采用物理、化学、生物技术三类不同的方法,其中化学还原法制备 SeNPs 因方法简单、经济而被研究者们广泛采用。利用化学还原法制备 SeNPs,一般是以水为反应溶剂,以谷胱甘肽或维生素 C 为还原剂,还原无机硒前驱体(最常用的是亚硒酸钠、亚硒酸),而获得红色无定形纳米单质硒。为了增加 SeNPs 的稳定性并对其表面改性,通常还在反应体系中加入不同的表面修饰剂(也称为保护剂或分散剂),如牛血清白蛋白、壳聚糖、海藻酸钠、氨基酸、葡萄糖等。表面修饰剂吸附及结合在 SeNPs 的表面,不仅调控 SeNPs 的尺寸和稳定性,还影响其表面性质(包括表面电荷、表面结构、表面基团等),进而对 SeNPs 的物理性质、化学性质、生物活性和毒性等产生影响。

酶是一种由活细胞产生、对其底物具有高度特异性和高效催化活性的生物分子,主要由蛋白质组成。然而,由于天然酶存在成本昂贵、稳定性差、储存困难等问题,生物化学家一直在寻求通过全化学合成或半化学合成方法制备人工模拟酶。自 2007 年发现四氧化三铁纳米材料具有类似辣根过氧化物酶的催化特性以来,"纳米酶"研究领域迅速崛起。纳米酶是一类既有纳米材料的独特性能,又有催化功能的模拟酶。由于纳米酶具有催化效率高、稳定、经济和规模化制备的特点,它在生物传感、免疫分析、癌症诊断及治疗、污染物去除等诸多方面得到了广泛的应用。迄今为止报道的纳米材料已经涉及了对 50 多种天然酶的模拟,包括过氧化物酶、过氧化氢酶、氧化酶、超氧化物歧化酶等。例如,文献报道纳米 CeO_2 具有模拟氧化酶的活性,可以催化溶解在水中的氧气氧化底物 3,3′,5,5′-四甲基联苯胺(TMB),生成蓝色产物(氧化的 TMB,简写为 ox-TMB),其在 652nm 有最大吸收(图 1-38-1)。

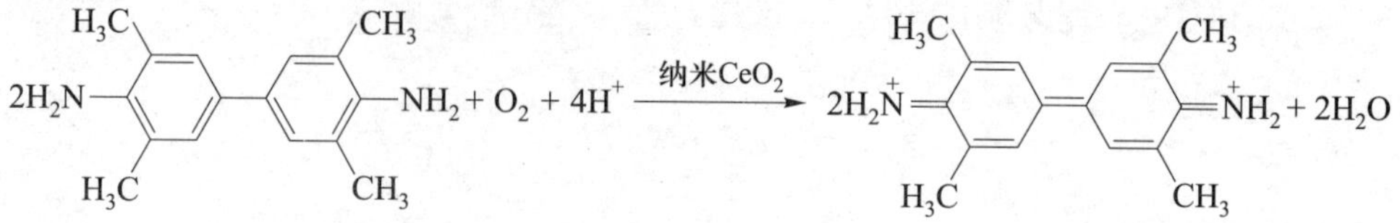

图 1-38-1　纳米 CeO_2 催化氧化 TMB 生成 ox-TMB

本实验分别以壳聚糖(chitosan,CS)和海藻酸钠(sodium alginate, SA)(图 1-38-2)两种不同的多糖作为表面修饰剂,以 Na_2SeO_3 为前驱体、维生素 C 为还原剂,采用化学还原法制备得到两种不同表面修饰的 SeNPs:CS-SeNPs 和 SA-SeNPs。此外,还在没有表面修饰剂的情况下制备裸露的 SeNPs,以证明表面修饰剂有维持纳米颗粒稳定性的重要作用。然后对三种 SeNPs 的形貌、尺寸、电位等进行表征。最后,基于氧气氧化 TMB 体系,检测所制备的三种 SeNPs 是否具有模拟氧化酶活性,并初步探讨影响 SeNPs 氧化酶活性的关键因素。

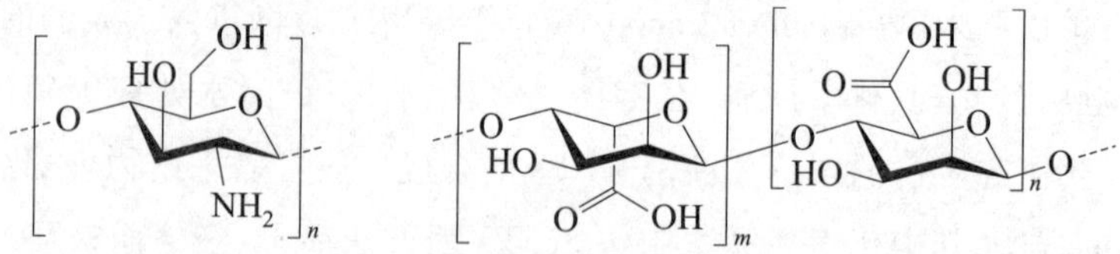

图 1-38-2　壳聚糖(左)和海藻酸钠(右)的结构

仪器、试剂和材料

电子天平;温控磁力搅拌器;高速离心机;扫描电子显微镜;X 射线粉末衍射仪;纳米粒度电位分析仪;紫外-可见分光光度计;超声波清洗仪;恒温水浴锅。

壳聚糖;海藻酸钠;醋酸(1%);Na_2SeO_3 溶液(50 mmol·L^{-1});维生素 C 溶液(100 mmol·L^{-1});NaAc 缓冲液(0.2 mol·L^{-1},pH = 3.0、3.5、4.0、4.5、5.0);TMB 水溶液(4 g·L^{-1},加少量盐酸促进溶解);0.22 μm 滤膜;截流相对分子质量为 3500 的透析袋。

实验内容

1. SeNPs 的制备

1)CS-SeNPs 的制备。准确称取 1.0 g 壳聚糖粉末,将其溶解于 1%醋酸溶液中,用 0.22 μm 滤膜过滤后得到 10 mg·mL^{-1} 壳聚糖储备液。移取 1 mL 50 mmol·L^{-1} Na_2SeO_3 溶液和 0.08 mL 壳聚糖储备液于 25 mL 烧杯中,并用蒸馏水稀释至 8 mL。然后在恒温磁力搅拌下缓慢滴加 2 mL 100 mmol·L^{-1} 维生素 C 溶液,当溶液从无色变成橙红色时停止反应(反应时间约 1 h)。将所得胶体溶液装入截流相对分子质量为

3500 的透析袋中,置于装有蒸馏水的 1 L 烧杯中,在磁力搅拌下透析 24 h(每 6 h 换一次蒸馏水)。最后将胶体高速离心(8000 r·min^{-1}, 10 min)以去除液体,将红色沉淀悬重于 10 mL 蒸馏水中,即得到浓度约为 5 mmol·L^{-1} 的 CS-SeNPs,4 ℃保存。

2)SA-SeNPs 的制备。准确称取 0.02 g 海藻酸钠粉末于 25 mL 烧杯中,加入 7 mL 蒸馏水和 1 mL 50 mmol·L^{-1} Na$_2$SeO$_3$ 溶液,搅拌溶解,随后将 2 mL 100 mmol·L^{-1} 维生素 C 溶液缓慢地加入烧杯中,待溶液颜色由无色变为橙红色时停止反应(反应时间约 1 h)。将所得胶体溶液装入截流相对分子质量为 3500 的透析袋中,置于装有蒸馏水的 1 L 烧杯中,在磁力搅拌下透析 24 h(每 6 h 换一次蒸馏水)。最后将胶体高速离心(8000 r·min^{-1}, 10 min)以去除液体,将红色沉淀悬重于 10 mL 蒸馏水中,即得到浓度约为 5 mmol·L^{-1} 的 SA-SeNPs,4 ℃保存。

3)裸露 SeNPs 的制备。在不加保护剂的情况下,向 25 mL 烧杯中加入 7 mL 蒸馏水和 1 mL 50 mmol·L^{-1} Na$_2$SeO$_3$ 溶液,搅拌均匀,随后将 2 mL 100 mmol·L^{-1} 维生素 C 溶液缓慢地加入烧杯中,待溶液颜色由无色变为红色时停止反应。后续操作同实验内容 1 中 1)和 2)。

2. SeNPs 的表征

1)采用扫描电子显微镜观察纳米颗粒的尺寸大小与形貌。向覆有碳膜的铜网上滴加 SeNPs,在红外灯的照射下干燥后进行观察,加速电压为 200 kV。

2)采用 X 射线粉末衍射仪观察纳米颗粒的晶形。将样品滴加到 1 cm×1 cm 干净的玻璃片上,放置至红外灯下干燥,并重复上述步骤使玻璃片上形成一层红色薄膜;X 射线粉末衍射仪工作电压为 40 kV,扫描角度为 10°~80°。

3)采用纳米粒度电位分析仪检测纳米颗粒的粒径及 Zeta 电位。用蒸馏水直接稀释 SeNPs,所得溶液盛放至电位池中观察。

4)采用紫外-可见分光光度计观察 SeNPs 对光的吸收情况。用蒸馏水直接稀释 SeNPs,所得溶液转移至 1 cm 石英比色皿中,光谱扫描波长范围为 800~300 nm,以蒸馏水作为空白对照。

3. SeNPs 模拟氧化酶活性测试

在 10 mL 玻璃瓶中加入 3.7 mL NaAc 缓冲液(0.2 mol·L^{-1},pH = 4.0),随后将 200 μL CS-SeNPs、SA-SeNPs 或者裸露 SeNPs(5 mmol·L^{-1})分散液加入至缓冲溶液中,最后加入 100 μL 底物 TMB 水溶液(4 g·L^{-1})。该反应体系于室温下(25 ℃)反应 60 min,每 10 min 检测反应体系在 652 nm 处的吸光度。空白对照组反应体系为 NaAc 缓冲液和底物 TMB,并用 200 μL 蒸馏水代替 SeNPs 分散液加入。以吸光度为纵坐标、时间为横坐标作图,比较裸露的 SeNPs、CS-SeNPs 和 SA-SeNPs 催化水中溶解的氧气氧化 TMB 能力的强弱。

4. SeNPs 模拟氧化酶活性的影响因素实验

1)CS-SeNPs 模拟酶活性的最适 pH 实验。在 10 mL 玻璃瓶中分别加入 3.7 mL

pH = 3.0、3.5、4.0、4.5、5.0 的 NaAc 缓冲液（0.2 mol·L^{-1}），随后将 200 μL CS-SeNPs（5 mmol·L^{-1}）分散液加入至缓冲溶液中，最后加入 100 μL 底物 TMB 水溶液（4 g·L^{-1}）。该反应体系于室温下（25 ℃）反应 30 min，检测反应体系在 652 nm 处的吸光度。以吸光度为纵坐标、pH 为横坐标作图，确定 CS-SeNPs 发挥催化活性的最适 pH。

2）CS-SeNPs 模拟酶活性的最适温度实验。在 10 mL 玻璃瓶中加入 3.7 mL 的 NaAc 缓冲液（0.2 mol·L^{-1}，pH = 3.5），随后将 200 μL CS-SeNPs（5 mmol·L^{-1}）分散液加入至缓冲溶液中，最后加入 100 μL 底物 TMB 水溶液（4 g·L^{-1}）。将该反应体系置于不同温度水浴锅中（20 ℃、30 ℃、40 ℃ 和 50 ℃）反应 30 min，检测反应体系在 652 nm 处的吸光度。以吸光度为纵坐标、温度为横坐标作图，确定 CS-SeNPs 发挥催化活性的最适温度。

💡 思考题

1. 在纳米硒的制备过程中，影响纳米硒粒径大小的因素有哪些？简述原因。

2. 影响纳米酶催化活性的因素有哪些？简述原因。

• 实验 1-39　铜配合物的合成、表征及其氧化断裂 DNA 性质

实验目的

1. 熟悉化学核酸酶的概念和活性研究方法。

2. 掌握铜配合物的制备方法、表征其结构和性质的方法。

3. 掌握水平式琼脂糖凝胶电泳的操作技术。

实验原理

生理条件下借助于氧化或光活化产生活性氧中间产物导致核酸骨架断裂，即显示出与天然核酸酶相同或类似生物活性的过渡金属配合物及其载体衍生物，称为化学核酸酶。化学核酸酶既有限制性内切酶的高度专一性，又能在人们预先设计的任何位点断裂 DNA，而且克服了传统的限制性内切酶识别位点仅为 4~8 个核苷酸的限制，还具有分子小、结构简单、易于提纯、成本低等优点。可用于基因分离、染色体图谱分析、大片段基因的序列分析及 DNA 定位诱变、肿瘤基因治疗与新的化学疗法等领域。多种金属配合物具有化学核酸酶性质，能够使 DNA 发生断裂。本实验采用 Cu(ClO$_4$)$_2$·6H$_2$O 和 1,10-邻菲咯啉（phen）制备 [Cu(phen)$_2$(H$_2$O)](ClO$_4$)$_2$，其结构式如图 1-39-1 所示，并将其作用于质粒 pBR322 DNA，再通过琼脂糖凝胶电泳检测 DNA 的氧化断裂。

DNA 断裂有三种途径：水解断裂 DNA，仅影响磷酸二酯键，不造成碱基和核糖环损伤；氧化断裂 DNA，以氧化作用攻击 DNA 的核糖环及碱基，产生各种氧化物，可以

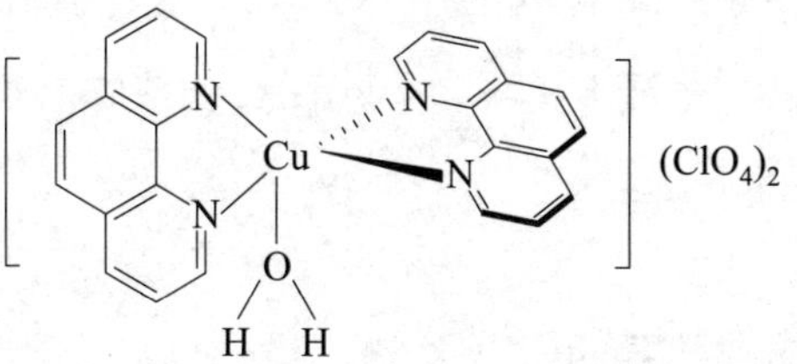

图 1-39-1　$[Cu(phen)_2(H_2O)](ClO_4)_2$ 的结构式

直接引起 DNA 的单链或双链发生断裂;光断裂 DNA,化合物通过光反应产生多种氧化性的自由基,如超氧阴离子($O_2^-\cdot$)、过氧自由基($\cdot OOH$)或羟基自由基($\cdot OH$)等,这些自由基都能够氧化 DNA 的鸟嘌呤碱基,从而使 DNA 发生断裂。

绝大部分化学核酸酶的断裂系统是通过氧化还原机理起作用的。氧化断裂中常用的氧化还原剂有 3-巯基丙酸(3-MPA)、二硫苏糖醇(DTT)、2-巯基乙醇、抗坏血酸、H_2O_2、谷胱甘肽、抗坏血酸钠、抗坏血酸/H_2O_2 等。DNA 氧化断裂的 Fenton 反应和 Haber-Weiss 反应机理都属于由金属离子催化及 H_2O_2 引发的氧化断裂,$\cdot OH$ 是可能的活性中间体。Cu^{2+} 与 DNA 碱基上氮原子有配位作用,用自旋捕获技术检测到 $\cdot OH$ 作为中间产物确实存在,表明正是 Cu(Ⅱ)配合物产生的 $\cdot OH$ 导致了 DNA 的断裂。除了 $\cdot OH$ 自由基外,其他的自由基如 $O_2^-\cdot$、$ROO\cdot$、$RO\cdot$ 等也能断裂 DNA。

Fenton 反应:$H_2O_2 + M^{(n-1)+} \xrightarrow{\qquad} \cdot OH + OH^- + M^{n+}$

Haber-Weiss 反应:$O_2^-\cdot + H_2O_2 \xrightarrow{M^{n+}} \cdot OH + OH^- + O_2$

以琼脂糖凝胶为支持电解质的电泳技术,为 DNA 分子及其片段的分子量测定和 DNA 分子构象提供了一个重要手段。琼脂糖是从海藻中提取的长链状多聚物,其熔点为 90 ℃左右,凝固点为 40~45 ℃。因此,将含适量固体琼脂糖的溶液加热至沸,即可使琼脂糖完全溶解得清亮透明溶液,把它浇在模板上冷却后固化就可形成凝胶。DNA 在琼脂糖凝胶中泳动时有电荷效应和分子筛效应。核酸为两性分子,在 pH=3.5 时,整个分子带正电荷;pH=8 左右时,碱基几乎不解离,整个分子带负电荷,在电场的作用下,DNA 分子向正极移动。而且,DNA 线形分子在电场中的迁移速率与其相对分子质量的对数值成反比关系,相对分子质量越小,迁移率越大,可以近似用于估算 DNA 分子的大小。对于不同构型的 DNA 分子,即使相对分子质量相同,在电泳中迁移率也是不同的。常见的质粒 DNA 存在三种构型:共价闭环形(Form Ⅰ)、开环缺刻形(Form Ⅱ)和线形(Form Ⅲ)。共价闭环形的超螺旋 Form Ⅰ 的结构最为紧密,迁移速率最快,电泳时跑在最前面。线形的 Form Ⅲ 其次。开环缺刻形的 Form Ⅱ 由于结构松散,跑在最后。因此,可以通过在小分子化合物与 DNA 作用后,观察 DNA 迁移位置的变化,来了解小分子化合物与 DNA 作用的特点。

在凝胶电泳过程中,经常使用核酸染料对 DNA 进行染色,如溴化乙啶(EB)、NA-Red 等。核酸染料能插入 DNA 分子碱基对之间,与 DNA 结合,在适当紫外线激发下呈现红色荧光。由于 EB 毒性较大,可采用 NA-Red 等其他替代染料。NA-Red 染料优点:染色操作简便、快速,室温下 15~20 min,不会使核酸断裂,安全性好,灵敏度高,10 ng 或更少的 DNA 即可检出。

仪器、试剂和材料

电子天平;恒温电磁搅拌器;恒温水浴锅;紫外-可见分光光度计;红外光谱仪;微量移液器;水平电泳槽;电泳仪;紫外凝胶成像系统;布氏漏斗;抽滤瓶;循环水泵;pH计;真空干燥机;容量瓶;烧杯;塑料离心管(1.5 mL)。

$Cu(ClO_4)_2 \cdot 6H_2O$;1,10-邻菲咯啉;甲醇;质粒 pBR322 DNA(共价闭环形);Tris;氯化钠;盐酸;NA-Red 核酸染料;琼脂糖;甘油;溴酚蓝;EDTA;冰醋酸;N,N-二甲基甲酰胺;抗坏血酸。

实验内容

1. $[Cu(phen)_2(H_2O)](ClO_4)_2$ 的制备

将 $Cu(ClO_4)_2 \cdot 6H_2O$(0.37 g,1.0 mmol)和 1,10-邻菲咯啉(phen)(0.36g,2.0 mmol)加入 15 mL 甲醇中,25 ℃下电磁搅拌 30 min,产生的绿色沉淀经减压抽滤并用少量的冷甲醇淋洗后,再用真空干燥机干燥。

2. 配合物的结构表征

1)配合物的紫外-可见光谱。以水为溶剂测定铜配合物及配体的紫外可见光谱。浓度:$5.0 \times 10^{-4} mol \cdot L^{-1}$;波长扫描范围:190~700 nm。

2)配合物的红外光谱。用纯度较高的样品做成 KBr 压片,记录配体和配合物在 $4000 \sim 400 \ cm^{-1}$ 区域内的红外光谱,并归属其中的几条特征吸收峰,指出配体在配位前后吸收峰的变化。

3. 铜配合物氧化断裂 DNA

1)配制 Tris 缓冲液 1000 mL。称取 Tris 6.057 g($50 \ mmol \cdot L^{-1}$),NaCl 1.052 g($18 \ mmol \cdot L^{-1}$),溶于适量蒸馏水中,再用盐酸调节 pH=7.2,定容至 1000 mL。

2)用 Tris 缓冲液配制 $[Cu(phen)_2(H_2O)](ClO_4)_2$ 溶液($200 \ \mu mol \cdot L^{-1}$,为使样品溶解,可加入不超过总体积 10% 的 N,N-二甲基甲酰胺)和抗坏血酸溶液($0.1 \ mmol \cdot L^{-1}$)。

3)在排列固定好的样品管里,用微量移液器依次加入 1 μL 稀释 5 倍的 pBR322 DNA 原液、5 μL $[Cu(phen)_2(H_2O)](ClO_4)_2$ 溶液和 1 μL 抗坏血酸,再用 Tris 缓冲液把样品都补到 10 μL(另外要有一个不含 DNA 的空白管)。37 ℃下温育 1 h。

4. 水平式琼脂糖凝胶电泳法检测 DNA 氧化断裂

1)选择合适的水平式电泳槽,调节电泳槽平面至水平。检查稳压电源与正负极的线路。选择孔径大小合适的点样梳子,垂直架在电泳胶模的一端,使点样梳子底部离电泳胶模底部的距离为 1.0 mm。

2)配制电泳缓冲液。$40 \ mmol \cdot L^{-1}$ Tris-乙酸,$1 \ mmol \cdot L^{-1}$ EDTA。配制方法:24.2 g

Tris 碱,5.71 mL 冰醋酸,10 mL 0.5 mol·L^{-1} EDTA,定容至 5000 mL,pH=8.0。

3）制备1%琼脂糖凝胶（配制方法:称取琼脂糖 0.5 g,加入 50 mL 电泳缓冲液）,100 ℃水浴加热至琼脂糖融化均匀。用吸管取少量琼脂糖凝胶溶液将电泳胶模四周密封好,防止浇灌琼脂糖凝胶板时发生渗透。待琼脂糖凝胶冷却至 60 ℃左右时,加入适量 NA-Red 核酸染料,摇匀,轻轻倒入电泳胶模中,控制琼脂糖凝胶的厚度在 3~5 mm。倒胶时要避免产生气泡,若有气泡可用吸管小心吸去。琼脂糖凝胶凝固后,在室温放置 20 min,小心拔掉点样梳子和电泳胶模两端的挡板,保持点样孔的完好。

4）将电泳胶模放入电泳槽中,加入电泳缓冲液,使电泳缓冲液面高出琼脂糖凝胶表面 1~2 mm。如点样孔内有气泡,用吸管小心吸出,以免影响加样。

5）配制溴酚蓝指示剂点样缓冲液。含甘油 5 mL、Tris 缓冲溶液 5 mL、溴酚蓝0.0251 g、EDTA 0.186 g,4 ℃保存。

6）将反应液样品与 $\frac{1}{5}$ 体积的溴酚蓝指示剂点样缓冲液混合。点样缓冲液不仅可以提高样品的密度,使样品均匀沉到样品孔内,还可以使样品带颜色,便于点样、估计电泳时间及判断电泳的位置。

7）用微量移液器将样品小心加入加样孔内,记录样品点样顺序。

8）盖上电泳槽,开启电源开关,最高电压不超过5V·cm^{-1}（100~150V 恒压电泳）,使 DNA 从负极向正极移动。

9）电泳时间随实验的具体要求而异。电泳一般需 1~3 h。电泳完毕后关闭电源,戴手套取出凝胶,尽可能将所有的电泳缓冲液淋干,使用凝胶成像系统在透射紫外灯下观察拍照。

实验结果及数据处理

计算产物产率,根据光谱表征结果讨论配合物的结构,根据凝胶电泳拍照结果讨论产物的性质。

💡 **思考题**

1. 抗坏血酸在实验中起什么作用？类似的还有哪些化合物？

2. NA-Red 在 DNA 琼脂糖电泳中起什么作用？具有类似效果的染料还有哪些？

3. DNA 断裂除了氧化断裂途径外,其他途径还有哪些？

4. 除了水平式琼脂糖凝胶电泳外,还可以采用什么方法研究铜配合物与 DNA 的相互作用？

第二篇

分析化学实验

一、基础实验

1. 酸碱滴定法

• **实验 2-1　酸碱标准溶液的配制和浓度比较**

实验目的

1. 掌握滴定管与移液管的正确使用与滴定操作。

2. 掌握确定滴定终点方法。

3. 了解用间接法配制标准溶液的方法。

实验原理

滴定分析是用一种已知准确浓度的滴定剂加到被测组分的溶液中,直到滴定剂的物质的量与被测物的物质的量,正好符合化学反应式表示的化学计量关系时,由所用去滴定剂溶液的体积和浓度算出被测组分的含量。因此,进行滴定分析时,必须掌握好滴定管的使用和滴定终点的判断。

酸碱滴定中常用盐酸和氢氧化钠溶液作为标准溶液。但由于浓盐酸易挥发,氢氧化钠易吸收空气中的水分和二氧化碳,因此只能用间接法配制盐酸和氢氧化钠标准溶液:即先配制近似浓度的溶液,然后用基准物质标定其准确浓度。也可用已知准确浓度的标准溶液标定另一溶液,然后根据它们的体积比求得后者的准确浓度。

强碱氢氧化钠与强酸盐酸的滴定反应,突跃范围与被滴定物质及标准溶液的浓度有关,当二者浓度约为 $0.1\ mol\cdot L^{-1}$ 时,突跃范围 pH 为 4.3 ~ 9.7,在这一范围可采用甲基橙(变色范围 pH 为 3.1~4.4)、甲基红(变色范围 pH 为 4.4~6.2)、酚酞(变色范围 pH 为 8.0~9.6)、百里酚蓝 – 甲酚红混合指示剂(变色点 pH = 8.3)等指示剂来指示终点。

仪器、试剂和材料

酸式滴定管(50 mL)、碱式滴定管(50 mL);锥形瓶(250 mL);移液管(20 mL);量筒(10 mL)。

NaOH(固体);盐酸(6 mol·L^{-1});酚酞(0.2%的乙醇溶液);甲基橙(0.1%的水溶液);百里酚蓝 – 甲酚红混合指示剂 (0.1%的百里酚蓝水溶液三份与 0.1%的甲酚红水溶液三份混合而成)。

实验内容

1. 0.1 mol·L^{-1} HCl 溶液的配制

用洁净量筒量取 6 mol·L^{-1} HCl 溶液 8 mL,倾入洁净的烧杯中,用蒸馏水稀释至 500 mL, 搅拌均匀后转移到试剂瓶中,盖上瓶塞,摇匀,贴上标签。

2. 0.1 mol·L^{-1} NaOH 溶液的配制

用小烧杯在分析天平上称取 2 g 固体 NaOH,加蒸馏水约 100 mL,待 NaOH 全部溶解,将溶液沿玻璃棒倾入洁净的试剂瓶中,用蒸馏水稀释到 500 mL,以橡胶塞塞住瓶口充分摇匀,贴上标签。

3. 酸碱标准溶液浓度的比较

1) 滴定管的准备。将两支滴定管(一支酸式滴定管,一支碱式滴定管)洗涤干净。用少量 HCl 标准溶液润洗酸式滴定管三次;同理,用 NaOH 标准溶液润洗碱式滴定管三次。每次用溶液 5~10 mL,以除去沾在管壁及旋塞上的水分,润洗后的溶液从管嘴放出弃去。将 HCl 和 NaOH 标准溶液分别直接装入酸式滴定管及碱式滴定管。驱除旋塞及乳胶管下端的空气泡,将管内液体放出使弧形液面的下缘在刻度"0.00"处或在"0.00"的下面,静置 1 min 后准确读取两管内与液面弧形相切的刻度。记取读数至小数点后第二位,立即将数据记录在记录本上。

2) 酸碱标准溶液浓度的比较。将碱式滴定管中的 NaOH 溶液放出约 20~30 mL 置于 250 mL 的清洁锥形瓶内,放出液体时不要太快以防溅失。锥形瓶中滴入甲基橙指示剂 1~2 滴,瓶下衬以白纸,然后从酸式滴定管将酸溶液渐渐滴入锥形瓶中,同时不断摇动锥形瓶使溶液混合。待滴定近终点时可用少量水淋洗瓶壁,使溅起而附于瓶壁上的溶液流下,继续逐滴或半滴滴定直到溶液恰由黄色转变为橙黄色为止。再将锥形瓶移至装碱溶液的滴定管下慢慢滴入碱液,使之再现黄色,然后再以酸溶液滴定至橙黄色。如此反复进行直至能较为熟练地判断滴定终点为止。仔细读取两滴定管的读数,记录在记录本上。

再次装满两支滴定管,另取一锥形瓶,如上操作重复滴定两次。根据滴定结果计算每 1 mL NaOH 溶液相当于多少 mLHCl 溶液,即 $\dfrac{V(\text{HCl})}{V(\text{NaOH})}$ 的比值。各次滴定结果与平均值的相对偏差不得大于±0.3%,否则应重做。

3）以酚酞为指示剂进行碱滴定酸的实验。用移液管移取 20.00 mL 0.1 mol·L⁻¹ HCl 溶液于 250 mL 的锥形瓶中,加 2~3 滴酚酞指示剂,用 0.1 mol·L⁻¹NaOH 溶液滴定溶液呈微红色,此红色保持 30 s 内不褪色即为终点。如此平行测定三次,要求三次之间所消耗 NaOH 溶液的体积的最大差值不超过±0.04 mL。将所得结果与甲基橙为指示剂的结果进行比较,并加以讨论。

4）同实验内容 3 中的 3）操作,改变指示剂,选用百里酚蓝–甲酚红混合指示剂。平行测定三份,所消耗的 NaOH 溶液的体积的最大差值不超过±0.04 mL。

实验结果

1. 列表表示实验的原始数据及结果。

2. 计算每次实验结果与平均值的相对偏差。

💡 **思考题**

1. 本次实验配制酸碱标准溶液时,试剂用量筒量取或用分析天平称取,这样做是否太马虎?为什么?

2. 如何检验滴定管已洁净?洁净的滴定管为什么装入标准溶液前需以该溶液润洗三次?滴定用的锥形瓶是否也需要用所装入的溶液润洗三次或烘干?为什么?

3. 滴定两份相同的试液时,若第一份用去标准溶液约 20 mL,在滴定第一份试液时,是继续使用余下的溶液还是添加标准溶液至滴定管的刻度“0.00”附近后再滴定?哪一种操作正确?

4. 半滴如何操作?什么情况下需操作半滴?

5. 滴定时加入指示剂的量为什么不能太多?试说明原因。

6. 滴定管、移液管、容量瓶是滴定分析中量取溶液体积的三种准确量器,记录时应记录几位有效数字?

注:

1. 溶液在使用前必须充分摇匀,否则内部不匀使每次取出的溶液浓度不同,影响分析结果。

2. 固体 NaOH 极易吸收空气中的 CO_2 和水分,因此称量时必须迅速。通常是把已知质量的容器和称量所需砝码分别先放在分析天平盘上,然后将 NaOH 逐粒加入容器内,直到分析天平平衡。

3. 装 NaOH 溶液的瓶中不可用玻璃塞,否则易被腐蚀而黏住。

4. 指示剂加入量要适当,否则会影响终点观察。

实验 2-2 有机酸试剂纯度的测定

实验目的

1. 学习 NaOH 标准溶液的标定方法。

2. 进一步训练滴定操作。

实验原理

大部分有机酸都是固体弱酸,这类化工产品(试剂级或工业级)纯度即主体含量的测定很多都采用酸碱滴定法。如果有机酸能溶于水,并且 $K_a \geqslant 10^{-7}$,可称取一定量的试样,溶于水后用 NaOH 标准溶液进行滴定。滴定产物是弱碱,一般选用酚酞为指示剂,滴定至呈现浅红色为终点。根据 NaOH 标准溶液的浓度、消耗的体积及被滴定有机酸的摩尔质量,便可计算试样的纯度。

NaOH 试剂易吸收空气中的 H_2O 和 CO_2,如果 NaOH 标准溶液中含有少量的 Na_2CO_3,对观察终点颜色变化和滴定结果都会有影响。为了避免引入 CO_3^{2-},通常先配制饱和的 NaOH 溶液,其含量约为 50%(在 20℃时约为 19 mol·L^{-1})。这种溶液具有不溶解 Na_2CO_3 的性质,经过离心或放置一段时间后,取一定量上清液,用刚煮沸过并已冷却的纯水稀释至一定体积再进行标定,便可得到不含 Na_2CO_3 的 NaOH 标准溶液。

饱和 NaOH 溶液和 NaOH 标准溶液在存放和使用过程中要密封,因此,常安装虹吸管和钠石灰管防止其吸收空气中的 CO_2。

碱溶液浓度标定所用的基准物质有多种,本实验选用一种常用的酸性基准物质邻苯二甲酸氢钾($KHC_8H_4O_4$,KHP)来标定 NaOH 溶液浓度,标定时反应式为

$$KHC_8H_4O_4 + NaOH \Longrightarrow KNaC_8H_4O_4 + H_2O$$

NaOH 溶液浓度可由下式来计算求得

$$c(NaOH) = \frac{m(KHP)}{V(NaOH) \cdot M(KHP)} \times 1000$$

式中:$m(KHP)$ 为所称取的邻苯二甲酸氢钾的质量;$V(NaOH)$ 为所消耗的 NaOH 的体积,单位为 mL;$M(KHP)$ 为邻苯二甲酸氢钾的摩尔质量。

仪器、试剂和材料

碱式滴定管(50 mL);锥形瓶(250 mL);烧杯;容量瓶(100 mL);移液管(20 mL);量筒(10 mL);分析天平。

饱和 NaOH 溶液;酚酞指示剂;邻苯二甲酸氢钾;有机酸样品。

实验内容

1. 配制 0.1 mol·L⁻¹ 的 NaOH 溶液 500 mL。

2. 标定 NaOH 溶液

用差减法准确称取 $KHC_8H_4O_4$ 三份,每份应消耗 0.1 mol·L⁻¹ NaOH 的体积约 17~24 mL。分别放入 250 mL 锥形瓶中,加 20~30 mL 蒸馏水溶解,完全溶解后,加入 2 滴酚酞指示剂,用 NaOH 标准溶液滴至溶液呈粉红色 30 s 内不褪,即为终点,计算 NaOH 标准溶液的浓度。要求三份测定结果的相对平均偏差小于 0.2%,否则重新标定。

3. 样品的测定

领取一份有机酸样品,倒入称量瓶中,根据样品中有机酸大致含量计算所需称取的质量。在分析天平上准确称取其质量,用煮沸并冷却的蒸馏水溶解后定容于 100 mL,摇匀。用 20 mL 移液管取出三份试液于锥形瓶中,以酚酞为指示剂,分别滴定至终点。由消耗 NaOH 标准溶液的平均体积及该有机酸的摩尔质量计算试样的纯度,即质量分数(w)。

💡 **思考题**

1. 已标定好的 NaOH 溶液,在存放过程中若吸收了 CO_2,用它来测定 HCl 溶液的浓度,若以酚酞为指示剂对测定结果有何影响? 如果以甲基橙为指示剂又如何?

2. NaOH 溶液为什么要储存塑料瓶中? 储存时注意什么? 为什么这样保存?

3. 具备哪些条件的物质才能作基准物?

注:配制 NaOH 溶液时,要用较干燥的 10 mL 量筒量取饱和 NaOH 溶液,并立即倒入水中,随即盖紧,防止吸收 CO_2,此溶液只在短时间内用,不必安装虹吸管和钠石灰管。

● **实验 2-3 混合碱的测定**

实验目的

1. 掌握多元酸盐在滴定过程中溶液 pH 变化的规律。

2. 熟悉酸碱滴定中指示剂的选择原则。

3. 进一步熟练掌握滴定管和移液管的正确使用方法。

实验原理

混合碱的分析主要涉及对 NaOH、Na_2CO_3 和 $NaHCO_3$ 的测定。常用双指示剂法和 $BaCl_2$ 法。

1. 双指示剂法

用 HCl 标准溶液滴定,以酚酞作指示剂指示第一化学计量点,此时消耗的盐酸体

积为 V_1，Na_2CO_3 滴至 $NaHCO_3$，$NaOH$ 完全被滴定。在同一份溶液中，继续用 HCl 标准溶液滴定，以甲基橙作指示剂指示第二化学计量点，消耗盐酸的体积为 V_2，此时 $NaHCO_3$ 滴至 H_2CO_3。根据所消耗 HCl 溶液的体积与浓度，可判断混合碱的组成，计算各自含量。

所涉及的化学反应如下：

$$NaOH + HCl = NaCl + H_2O$$
$$Na_2CO_3 + 2HCl = 2NaCl + CO_2\uparrow + H_2O$$
$$NaHCO_3 + HCl = NaCl + H_2O + CO_2\uparrow$$

2. $BaCl_2$ 法

先取一份混合碱样品，加入一定量标准 $NaOH(V_1)$，使 $NaHCO_3$ 转化为 Na_2CO_3，再加入 $BaCl_2$ 溶液使之生成 $BaCO_3$ 沉淀。再以酚酞指示剂，用 HCl 标准溶液返滴定过量的 NaOH，所消耗的 HCl 标准溶液的体积为 (V_2)。

另取一份混合碱样品，以甲基橙作指示剂，用 HCl 标准溶液滴定，所测得的是碱的总量，所消耗的盐酸体积为 V_3，根据 HCl 标准溶液与 NaOH 溶液的体积与浓度，可判断混合碱的组成，计算各组分含量。

仪器、试剂和材料

酸式滴定管(50 mL)；锥形瓶(250 mL)；烧杯；容量瓶(100 mL)；移液管(20 mL)；量筒(10 mL)；分析天平。

Na_2CO_3 基准物质；酚酞指示剂；甲基橙指示剂；$BaCl_2$ 溶液(1%)；甲酚红-百里酚酞混合指示剂；NaOH 溶液($0.1\ mol \cdot L^{-1}$)；HCl 溶液($0.1\ mol \cdot L^{-1}$)。

实验内容

1. $0.1\ mol \cdot L^{-1}$ HCl 的配制与标定

1) 配制 $0.1\ mol \cdot L^{-1}$ HCl 溶液 300 mL。

2) 准确称取一定量 Na_2CO_3 基准物质三份于锥形瓶中，加入 20~30 mL 蒸馏水，加入 0.2% 甲基橙 1~2 滴，用待标定的 HCl 滴定至由黄色变为橙色为终点。计算 HCl 溶液的浓度。

2. 未知碱液的测定

1) 双指示剂法。移取 20.00 mL 样品于 250 mL 锥形瓶中，加入酚酞指示剂 1~3 滴。用 HCl 标准溶液滴定由红变为无色，消耗 HCl 溶液体积 V_1。在同一份溶液中，继续加入甲基橙指示剂 2~3 滴，继续滴定由黄色变为橙色，又消耗 HCl 溶液体积为 V_2。

根据 V_1 与 V_2 大小，可判断未知液的组成，并定量计算其含量多少。

2) $BaCl_2$ 法。移取 20.00 mL 样品于 250 mL 锥形瓶中，加入已知浓度的标准 NaOH 溶液 V_1，若混合溶液为 NaOH 与 Na_2CO_3 则可省略此步骤(NaOH 的量是否足够，可在沉淀后加酚酞观察，若显红色，表明 NaOH 的量足够，无色，则 NaOH 的量不足)。

再加入 1%BaCl$_2$ 溶液至略过量,使 Na$_2$CO$_3$ 完全沉淀为 BaCO$_3$,加入 2~3 滴酚酞指示剂,用 HCl 标准溶液滴定由红色变无色,消耗 HCl 溶液体积为 V_2。

另取一份样品 20.00 mL,以甲基橙为指示剂(1~2 滴)用 HCl 标准溶液滴定由黄变橙,消耗 HCl 溶液体积为 V_3,根据 HCl 溶液与 NaOH 溶液的体积与浓度,可判断混合碱的组成,计算各自含量。

💡 **思考题**

1. 用 0.1 mol·L^{-1}HCl 溶液滴定 Na$_2$CO$_3$,以甲基橙为指示剂时有时会出现较大的终点误差,为什么?可采取什么措施减小误差?

2. 请说明使用 Na$_2$CO$_3$ 基准物质时的注意事项。

3. 比较两种测定混合碱方法的优缺点。

● **实验 2-4　水杨酸钠的测定**

实验目的

1. 掌握非水滴定法测定有机酸碱的原理及操作。

2. 掌握高氯酸标准溶液的配制及标定方法。

3. 掌握结晶紫指示剂滴定终点的判定。

实验原理

水杨酸钠在水溶液中碱性较弱,不能直接进行酸碱滴定。但可选择适当的非水溶剂,使其碱性增强,再用高氯酸标准溶液进行滴定。本实验选用醋酐–冰醋酸混合溶剂(1:4)以增强水杨酸钠的碱性,用结晶紫为指示剂,以高氯酸标准溶液滴定至蓝绿色为终点。其滴定反应为

$$C_7H_5O_3Na + HAc \Longrightarrow C_7H_5O_3H + Ac^- + Na^+$$

$$HClO_4 + HAc \Longrightarrow H_2Ac^+ + ClO_4^-$$

$$H_2Ac^+ + Ac^- \Longrightarrow 2HAc$$

总反应:$HClO_4 + C_7H_5O_3Na \Longrightarrow C_7H_5O_3H + ClO_4^- + Na^+$

高氯酸标准溶液采用邻苯二甲酸氢钾进行标定。滴定反应为

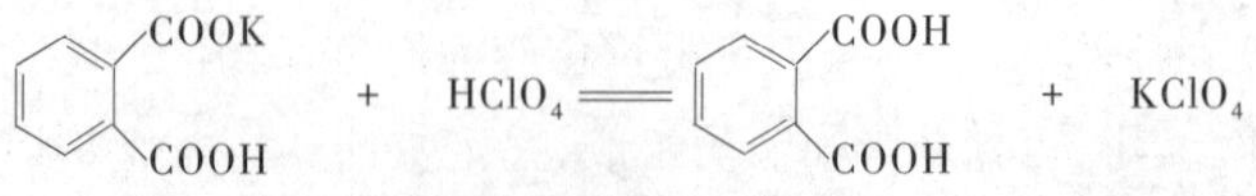

生成的 KClO$_4$ 不溶于冰醋酸,故有沉淀产生。

在非水滴定中,水的存在影响滴定突跃,使指示剂变色不敏锐,因此所用试剂必须除水。高氯酸、冰醋酸均含有少量水分。需加入计算量的醋酐,以除去其中的水分。

$$(CH_3CO)_2O + H_2O \xrightarrow{\hspace{1cm}} 2CH_3COOH$$

仪器、试剂和材料

酸式滴定管(50 mL);锥形瓶;烧杯;量筒;滴管;分析天平。

高氯酸(分析纯);无水冰醋酸(分析纯);醋酐(分析纯);结晶紫指示剂 (0.5%冰醋酸溶液);邻苯二甲酸氢钾(KHP,基准试剂);水杨酸钠样品。

实验内容

1. $0.1\ mol \cdot L^{-1}$ 高氯酸标准溶液的配制与标定

1) 高氯酸标准溶液的配制。取无水冰醋酸 750 mL,加入高氯酸(70% ~ 72%) 8.5 mL,摇匀,在室温下缓慢滴加酸酐 24 mL,边加边摇,加完后再振摇均匀,放冷。加无水冰醋酸适量至 1000 mL,摇匀,放置24h。

2) 标定。取在 105℃下干燥至质量恒定的基准邻苯二甲酸氢钾质量约 0.16 g,精密称量,置于锥形瓶中,加无水冰醋酸 20 mL 使之溶解,加结晶紫指示剂 1 滴,用高氯酸标准溶液缓慢滴至蓝色所消耗体系为 $V(HClO_4)_{样}$,并将滴定的结果用空白试验校正,空白试验所消耗的高氯酸标准溶液的体积为 $V(HClO_4)_{空白}$。按下式计算高氯酸标准溶液的浓度 $c(HClO_4)$($M(KHP) = 204.2$)。

$$c(HClO_4) = \frac{m(KHP) \times 1000}{[V(HClO_4)_{样} - V(HClO_4)_{空白}] \times M(KHP)}$$

2. 水杨酸钠的测定

精密称取在 105℃ 干燥至质量恒定的水杨酸钠约 0.13 g,置干燥的锥形瓶中,加醋酐-冰醋酸混合液 10 mL 使水杨酸钠溶解,加结晶紫指示剂 1 滴。用高氯酸标准溶液滴定,至溶液由紫红色变为蓝紫色为终点所消耗体系为 $V_{样}$,空白试验所消耗的高氯酸标准溶液的体积为 $V_{空白}$。按下式计算样品中水杨酸钠的质量分数($M_{水杨酸钠} = 160.1$)。

$$w(水杨酸钠) = \frac{c(HClO_4) \times (V_{样} - V_{空白}) \times M(水杨酸钠)}{m(水杨酸钠) \times 1000} \times 100\%$$

⚠ 注意事项

1. 高氯酸与有机物接触或遇热极易引起爆炸,和酸酐混合时发生剧烈反应而放出大量热。因此,配制高氯酸冰醋酸溶液时,不能将醋酐直接加入高氯酸中,应先用冰醋酸将高氯酸稀释后,再在不断搅拌下缓缓加入适量醋酐,以免剧烈氧化而引起爆炸。另外,高氯酸、冰醋酸均能腐蚀皮肤、刺激黏膜,应注意防护。

2. 使用的仪器应预先洗净干燥,操作中应防止空气中水和氨的影响。

3. 非水滴定一般使用微量滴定管(10 mL),应正确使用和读数。如进行样品质量估算时,一般可按 8 mL 计算,读数可读至小数点后第 3 位。

4. 冰醋酸有挥发性,故标准溶液应放置棕色瓶中密闭保存。标准溶液装入滴定管后,其上端宜用干燥小烧杯盖上。

5. 结晶紫指示剂终点颜色变化为:紫—蓝紫—纯蓝—蓝绿。应正确观察终点的颜色,如必要可采用空白对照或电位法对照。

6. 冰醋酸的体积膨胀系数较大(是水的 5 倍),使高氯酸标准溶液的体积随时间的变化而变化。因此在标定时及样品测定时均应注意室内温度。如果测定时与标定时的温差超过 10 ℃,则应重新标定;如未超过 10 ℃,则可根据下式将高氯酸的浓度加以校正。

$$c_1 = \frac{c_0}{1+0.0011(t_1-t_0)}$$

式中:c_1 为校正后高氯酸标准溶液的浓度;c_0 为标定时高氯酸溶液的浓度;0.0011 为冰醋酸的膨胀系数;t_0 为标定滴定液时的温度;t_1 为滴定样品时的温度。

7. 冰醋酸在低于 16 ℃时会结冰而影响使用,对不易乙酰化的样品可采用醋酸-醋酐(9∶1)的混合溶剂配制高氯酸溶液,它不仅可防止结冰,且吸湿性小,浓度改变也很小。有时,也可在冰醋酸中加入 10% ~ 15%丙酸以防冻。

8. 若所测样品易乙酰化,则需用水分测定法测定本标准溶液的含水量,再用水和醋酐调节其含水量为 0.01% ~ 0.02%。

💡 **思考题**

1. 加入高氯酸-冰醋酸溶液中的醋酐量应如何计算?

2. 为什么邻苯二甲酸氢钾既可标定碱(NaOH)又可标定酸(HClO₄)?

3. 空白试验的目的是什么? 如何进行空白试验?

● **实验 2-5   消毒剂中戊二醛含量的测定**

实验目的

1. 掌握消毒剂中戊二醛含量的测定方法。

2. 熟悉酸度计的使用。

实验原理

戊二醛消毒剂属高效消毒剂和灭菌剂,广泛应用于临床不耐热医疗器械及其他用品的消毒与灭菌。戊二醛是一种饱和五碳双醛化合物,易溶于水和醇,多以液体制剂使用,主要通过其两个活泼的醛基来杀灭微生物。增加戊二醛浓度,杀菌剂的杀菌作用增强。延长作用时间,杀菌效果一般也会增加,但质量分数低于 2%的戊二醛溶剂,无论怎样延长杀菌时间,都不能取得良好的杀菌效果。因此,戊二醛溶液的有效含量是日常卫生监督监测的重点对象之一。

目前,国内外测定消毒剂中戊二醛的含量大多采用酸碱滴定法、酸度计法或电位滴定法。我国采用酸碱滴定法测定消毒剂中的戊二醛含量,其原理为戊二醛与盐酸羟胺脱水缩合成肟、盐酸和水,三乙醇胺中和生成的盐酸,多余的三乙醇胺用硫酸标准溶液滴定。

$$OHC(CH_2)_3CHO + 2H_2NOH \cdot HCl \Longrightarrow HON = CH(CH_2)_3CH = NOH + 2HCl + 2H_2O$$

$$(HOCH_2CH_2)_3N + HCl \Longrightarrow (HOCH_2CH_2)_3NHCl$$

$$2(HOCH_2CH_2)_3N + H_2SO_4 \Longrightarrow [(HOCH_2CH_2)_3NH]_2SO_4$$

仪器、试剂和材料

酸式滴定管(50 mL);碘量瓶(250 mL);烧杯;移液管(20 mL);量筒;分析天平;酸度计。

三乙醇胺(6.5%);盐酸(1%);氢氧化钠溶液(10 g·L^{-1});溴酚蓝乙醇溶液(0.4 g·L^{-1});硫酸标准溶液(0.25 mol·L^{-1});戊二醛消毒液。

甲基红-溴甲酚绿混合指示液:1 g·L^{-1}甲基红乙醇溶液 20 mL 与 2 g·L^{-1}溴甲酚绿乙醇溶液 30 mL 混匀。

盐酸羟胺中性溶液:17.5 g 盐酸羟胺加蒸馏水 75 mL 溶解,并加异丙醇稀释至 500 mL,摇匀。加 0.4 g·L^{-1}溴酚蓝乙醇溶液 15 mL,用 6.5%三乙醇胺溶液滴定至溶液显蓝绿色。

实验内容

1. H$_2$SO$_4$标准溶液的配制与标定

1)配制 0.25 mol·L^{-1}硫酸标准溶液。取硫酸 15 mL,沿盛有蒸馏水的烧杯壁缓缓注入水中。待溶液温度降至室温,再加蒸馏水稀释至 1000 mL,摇匀。

2)标定 H$_2$SO$_4$标准溶液浓度。称取经 270~300 ℃烘干至恒定质量的基准无水碳酸钠 0.800 0 g(精确至 0.000 1 g),置于 250 mL 碘量瓶中,加蒸馏水 50 mL 使之溶解。加甲基红-溴甲酚绿混合指示液 10 滴,用配制的硫酸滴定液滴定。待溶液由绿色转变为紫红色时,煮沸 2 min。冷却至室温后,继续滴定至溶液由绿色变为暗紫色,记录用去的硫酸标准溶液的体积,计算硫酸标准溶液的浓度。

2. 样品处理

精确吸取戊二醛消毒液样品适量,使其相当于戊二醛约 0.2 g,置于 250 mL 碘量瓶中,精确加 6.5%三乙醇胺溶液 20.00 mL 与盐酸羟胺中性溶液 25 mL,摇匀。静置反应 1 h。

3. 测定

用 0.25 mol·L^{-1} H$_2$SO$_4$标准溶液滴定上述处理后的样品。待溶液显蓝绿色,记录硫酸滴定液用量。同时,以不含戊二醛的三乙醇胺、盐酸羟胺中性溶液重复上述操作(空白对照)。平行测定 3 次,取 3 次的平均值进行计算。

对于碱性或酸性戊二醛样品,应先用 1%盐酸或 10g·L^{-1}氢氧化钠溶液调 pH 至

7.0,再用上法进行含量测定。

💡 **思考题**

1. 盐酸羟胺中性溶液为什么要加入三乙醇胺至溶液 pH 显示溴酚蓝的蓝绿色？
2. 本实验为什么要进行空白试验？

2. 配位滴定法

● 实验 2-6　自来水总硬度的测定

实验目的

1. 掌握 EDTA 的特性及其在配位滴定中的应用。
2. 掌握金属离子指示剂的作用原理,适宜 pH 范围及指示剂的选择。
3. 了解缓冲溶液在配位滴定中的重要性及其配制方法。
4. 学习自来水硬度的测定方法。

实验原理

EDTA 能与多种金属离子形成稳定配位物,因此可用 EDTA 标准溶液对大多数金属离子进行滴定分析。

EDTA 一般不直接配制成标准溶液,而是先配制成浓度大致相近的溶液,再进行标定。标定 EDTA 的基准物质有纯的锌、铋、铜、ZnO、$CaCO_3$、$MgSO_4 \cdot 7H_2O$ 等。通常标定条件尽可能与测定条件一致,以免引起系统误差。

水的硬度是比较古老的概念,最初是指水沉淀肥皂的能力。使肥皂沉淀的主要原因是水中存在钙、镁离子。总硬度是指水中钙、镁离子的总浓度,其中包括碳酸盐硬度,亦称暂时硬度(即通过加热能以碳酸盐形式沉淀下来的钙、镁离子)和非碳酸盐硬度,亦称永久硬度(即加热后不能沉淀下来的钙、镁离子)。

硬度对工业用水影响很大,尤其是锅炉用水,硬度较高的水都要经过软化处理并经过滴定分析达到一定标准后才能输入锅炉。其他很多工业用水对水的硬度也有一定的要求。生活饮用水中硬度过高会影响肠胃的消化功能,我国生活饮用水卫生标准中规定硬度不得超过 $450 \ mg \cdot L^{-1}$(以 $CaCO_3$ 计)。

硬度的表示方法,国际、国内都尚未统一,除了上述饮用水方面的表示方法外,我国目前使用较多的表示方法还有 $mmol \cdot L^{-1}$。

总硬度的测定方法:国际标准、我国国家标准及有关部门的行业标准中所指定的方法都是以铬黑 T 为指示剂的配位滴定法。这一方法适用于测定生活饮用水、工业锅炉用水、冷却水、地下水及没有严重污染的地表水的总硬度。

在 pH=6.3~11.3 的水溶液中,铬黑 T 本身呈蓝色,它与 Ca^{2+}、Mg^{2+} 形成的配位物呈紫红色,滴定至由紫红色变蓝色为终点。铬黑 T 与 Mg^{2+} 的配位物较与 Ca^{2+} 的配位物稳定,如果水样中没有或极少有 Mg^{2+},则终点变色不够敏锐,这时应加入少许 $MgNa_2Y$ 溶液,或者改用酸性铬蓝 K 为指示剂。

根据滴定第一份水样所消耗的 EDTA 溶液的体积,在滴定第二份和第三份水样时,应预置 95% 左右的 EDTA 标准溶液,然后再加入缓冲溶液(升高 pH)进行滴定,这样可以降低水或试剂中 CO_3^{2-} 对 Ca^{2+} 的干扰,使终点变色比较敏锐。

仪器、试剂和材料

酸式滴定管(50 mL);锥形瓶(250 mL);烧杯;移液管(20 mL,100 mL);量筒;分析天平。

乙二胺四乙酸二钠($Na_2H_2Y \cdot 2H_2O$ 或 EDTA);$CaCO_3$(优级纯);HCl 溶液(1:1);三乙醇胺溶液(1:3);铬黑 T。

氨性缓冲溶液(pH=10):将 67 g NH_4Cl 溶于 300 mL 二次水中,加入 570 mL 氨水,稀释至 1L,混匀。

EDTA-Mg 溶液:称取 5.0 g $MgNa_2Y \cdot 4H_2O$ 或 $MgK_2Y \cdot 2H_2O$,溶解于 1L 蒸馏水中;如无此试剂,可按下述方法配制:将 2.44 g $MgCl_2 \cdot 6H_2O$ 及 4.44 g $Na_2H_2Y \cdot 2H_2O$ 溶于 200 mL 蒸馏水中,加入 20 mL 氨性缓冲溶液及适量铬黑 T,应显紫红色(如是蓝色,应再加入少量 $MgCl_2 \cdot 6H_2O$ 至显紫红色)。在搅拌下滴加 0.02 $mol \cdot L^{-1}$ 的 EDTA 溶液至刚刚变为蓝色,然后加蒸馏水稀释到 1L。

实验内容

1. EDTA 标准溶液的配制

称取一定量的 EDTA,溶解在蒸馏水中,配制成 0.02 $mol \cdot L^{-1}$ 的 EDTA 标准溶液 400 mL。

2. 配制钙标准溶液(0.02 $mol \cdot L^{-1}$)

准确称取约 0.5 g $CaCO_3$ 置于 100 mL 烧杯中,加几滴蒸馏水润湿,盖上表面皿,缓缓滴加 HCl 溶液至 $CaCO_3$ 溶解完全,加 20 mL 蒸馏水,小火煮沸 2 min,冷却后定量转移至 250 mL 容量瓶中,加蒸馏水稀释至标线,摇匀。计算此标准溶液的浓度。

3. 标定 EDTA 溶液

移取 20.00 mL 钙标准溶液于锥形瓶中,加 50 mL 蒸馏水及 2 mL Mg-EDTA 溶液,预加 15 mL EDTA 溶液,再加 5 mL 氨性缓冲溶液及适量的铬黑 T,立即用 EDTA 溶液滴定至由紫红色变成蓝色,即为终点。平行滴定三次(从滴定第二份开始,应将预加 EDTA 溶液的量调整为 95%),其体积极差应小于 0.05 mL,以其平均体积计算 EDTA 标准溶液的浓度。

4. 自来水总硬度的测定

用 100 mL 移液管量取自来水样置于锥形瓶中,加 5 mL 氨性缓冲溶液及少量铬黑 T,立即用 EDTA 标准溶液滴定。要用力摇动,近终点时应慢滴多摇,由紫红色变成蓝色为终点。平行滴定三份,所消耗 EDTA 标准溶液体积极差应不大于 0.10 mL。计算水的总硬度,以 $CaCO_3$ 的浓度,单位为 $mg \cdot L^{-1}$ 表示。

从滴定第二份开始,应先预加 95% 的 EDTA 标准溶液,然后再加其他试剂。

⚠️ **注意事项**

1. 如果水样中 HCO_3^-、H_2CO_3 含量较高,终点变色不敏锐,可经酸化并煮沸再滴定或采用返滴定法。

2. 水样中若含有 Fe^{3+}、Al^{3+}、Cu^{2+}、Pb^{2+} 等,会干扰 Ca^{2+}、Mg^{2+} 的测定,可加入三乙醇胺、KCN、Na_2S 等进行掩蔽,本实验只提供三乙醇胺溶液。所测水样是否需要加三乙醇胺及 Mg-EDTA 溶液,应由实验决定。

💡 **思考题**

1. 在 pH = 10、以铬黑 T 为指示剂时,为什么滴定的是 Ca^{2+}、Mg^{2+} 的总量?

2. 用钙标准溶液标定 EDTA 及测定水硬度时为何要在加入缓冲溶液后立即滴定?量取三份水样时,若在滴定前同时加入氨性缓冲溶液,这样做有何不妥?用钙标定 EDTA 溶液时,为什么在加入氨性缓冲溶液前,先预加一部分 EDTA 溶液?

3. 配制 Mg-EDTA 溶液时,为什么二者的比例一定要恰好 1∶1?

● 实验 2-7 Bi^{3+}、Pb^{2+}、Mg^{2+} 混合溶液中各组分含量的测定

实验目的

1. 掌握配位滴定中混合阳离子测定的基本方法。

2. 掌握金属指示剂的合理选用。

3. 熟悉沉淀掩蔽法在混合离子测定中的应用。

实验原理

通过控制溶液的酸度,可用 EDTA 连续测定稳定常数相差较大的多种金属离子。Bi^{3+}、Pb^{2+}、Mg^{2+} 均能与 EDTA 形成稳定的 1∶1 配合物,$\lg K_{稳}$ 分别为 27.94、18.04 和 8.67,其稳定性差异较大,因此可利用酸效应,控制不同酸度,以二甲酚橙为指示剂,用 EDTA 连续进行 Bi^{3+}、Pb^{2+},Mg^{2+} 不干扰滴定;以铜试剂溶液掩蔽 Bi^{3+}、Pb^{2+},在 pH = 10 的氨性溶液中,以 K-B 为指示剂,用 EDTA 可准确测定 Mg^{2+}。

仪器、试剂和材料

酸式滴定管(50 mL);锥形瓶(250 mL);烧杯;移液管(20 mL)。

Bi^{3+}、Pb^{2+}、Mg^{2+}混合溶液;二甲酚橙指示剂;K-B 指示剂;NaOH 溶液(20%);铜试剂溶液(5%);EDTA 标准溶液;六次甲基四胺溶液(20%);pH = 10 的氨性缓冲溶液;氨水(1:1);硝酸(1:1)。

实验内容

1. Bi^{3+}测定

移取 Bi^{3+}、Pb^{2+}、Mg^{2+}混合溶液 20.00 mL 于 250 mL 的锥形瓶中,加适量蒸馏水,用 1:1 硝酸调节 pH = 1,加 2~3 滴二甲酚橙指示剂于锥形瓶中,溶液呈红色,用 EDTA 标准溶液将溶液由红色滴至黄色即为 Bi^{3+}终点。

2. Pb^{2+}测定

在同一份溶液中用六次甲基四胺溶液调至溶液呈稳定的红色,并过量 5 mL,再用 EDTA 标准溶液滴至黄色即为 Pb^{2+}终点。

3. Mg^{2+}测定

另取一份溶液,加入 5 mL 5%铜试剂溶液,出现黄色沉淀,再以 NaOH 溶液或 1:1氨水调至溶液酸度 pH = 10,加入 10 mL pH = 10 的氨性缓冲溶液,加入 K-B 指示剂,以 EDTA 标准溶液滴定溶液由红色变为蓝色即为 Mg^{2+}终点。

4. 数据处理

平行测定 3 份,计算 Bi^{3+}、Pb^{2+}、Mg^{2+}混合溶液中各离子的含量,以 $mg \cdot mL^{-1}$表示。

思考题

1. 配位滴定时为什么要用缓冲溶液,如何选择适宜的 pH 条件?

2. 本实验能否先在 pH = 5~6 的溶液中测定 Pb^{2+}、Bi^{3+}的含量,然后再调整溶液 pH = 1 测定 Bi^{3+}的含量?

3. 为什么滴定 Pb^{2+}、Bi^{3+}都可用二甲酚橙指示剂?

4. 用 EDTA 标准溶液连续滴定 Pb^{2+}、Bi^{3+}时,假设 Pb^{2+}、Bi^{3+}的浓度均为0.01 $mol \cdot L^{-1}$,试计算滴定 Pb^{2+}、Bi^{3+}的适宜酸度范围。

● **实验 2-8　胃舒平药片中铝和镁含量的测定**

实验目的

1. 掌握配位滴定测定铝的方法。

2. 熟练掌握沉淀分离的操作方法。

实验原理

胃病患者常服用的胃舒平药片主要成分为氢氧化铝,三硅酸镁及少量中药颠茄流浸膏,在制成片剂时还加入了大量糊精等以便药片成形。药片中铝和镁的含量可用 EDTA 配位滴定法测定。为此分析测试时需要先溶解样品,分离水不溶物质,然后取试液加入过量 EDTA 溶液,调节 pH 至 4 左右,煮沸使 EDTA 与铝配位,再以二甲酚橙为指示剂,用标准锌溶液回滴过量 EDTA,测出铝含量。另取试液调 pH 将铝沉淀分离后,于 pH=10 条件下,以 K-B 指示剂,用 EDTA 溶液滴定滤液中的镁含量。

仪器、试剂和材料

酸式滴定管(50 mL);锥形瓶(250 mL);烧杯;移液管(25 mL,5 mL);量筒;分析天平。

EDTA 溶液(0.02 mol·L^{-1});锌标准溶液(0.02 mol·L^{-1});六次甲基四溶液(20%);氨水(1∶1);盐酸(1∶1);乙醇胺溶液(1∶2);氨-氯化铵缓冲溶液;二甲酚橙指示剂(0.2%);甲基红指示剂;乙醇溶液(0.2%);K-B 指示剂;氯化铵。

实验内容

1. 样品处理

称取胃舒平药片 10 片,研细后,准确称取药粉 2 g 左右,加入 1∶1 盐酸 20 mL,加蒸馏水至 100 mL,煮沸。冷却后过滤,并以蒸馏水洗涤沉淀。收集滤液及洗涤液于 250 mL 容量瓶中,稀释至刻度,摇匀。

2. 铝的测定

准确吸取上述试液 5.00 mL,加蒸馏水至 25 mL 左右,滴加 1∶1 氨水至刚出现浑浊,再加 1∶1 盐酸至沉淀恰好溶解。准确加入 0.02 mol·L^{-1}EDTA 溶液 25 mL 左右,再加入 20% 六次甲基四铵溶液 10 mL,煮沸 1 min 并冷却后,加入二甲酚橙指示剂 2~3 滴,以标准锌溶液滴定至溶液由黄色转变为红色。根据 EDTA 加入量与锌标准溶液滴定体积,计算每片药片中 Al(OH)$_3$的含量。

3. 镁的测定

吸取试液 25.00 mL,滴加 1∶1 氨水至刚出现沉淀,再加入 1∶1 盐酸至沉淀恰好溶解,加入固体 NH$_4$Cl 2 g,滴加 20% 六次甲基四胺溶液至沉淀出现,并过量 15 mL,加热至 80 ℃,维持 10~15 min。冷却后过滤,以少量蒸馏水洗涤沉淀数次。收集滤液与洗涤液于 250 mL 锥形瓶中,加入三乙醇胺 10 mL,氨性缓冲溶液 10 mL 及甲基红指示剂 1 滴,K-B 指示剂少许。用 EDTA 溶液滴定至试液由暗红色转变为蓝绿色,计算每片药片中镁的含量(以 MgO 表示)。

⚠ 注意事项

1. 胃舒平药片样品中铝镁含量可能不均匀,为使测定结果具有代表性,本实验应取较多样品,研细后再取部分进行分析。

2. 试验结果表明,用六次甲基四胺溶液调节 pH 分离 $Al(OH)_3$,结果比用氨水好,可减少 $Al(OH)_3$ 的吸附。

3. 测定镁时,加入 1 滴甲基红能使终点更敏锐。

💡 **思考题**

1. 为什么要采用返滴定法测定铝离子含量?

2. 返滴定铝离子含量时如何确定加入 EDTA 溶液时的 pH?

● 实验 2-9　铝合金中铝含量的测定

实验目的

1. 掌握置换滴定的原理。

2. 掌握铝合金样品的溶样方法。

实验原理

铝合金中含有 Si、Mg、Cu、Mn、Fe、Zn 等元素,个别还含有 Ti、Ni 元素等。采用返滴定测定铝含量时,所有能与 EDTA 形成稳定配合物的离子都产生干扰,缺乏选择性。因此,对于复杂基质中的铝,一般采用置换滴定法。

先调节溶液 pH 为 3~4,加入过量 EDTA 标准溶液,煮沸,使 Al^{3+} 与 EDTA 配位。冷却后,再调节溶液的 pH 为 5~6,以二甲酚橙为指示剂,用锌标准溶液滴定过量的 EDTA(不计体积)。然后加入过量 NH_4F,加热至沸腾,使 AlY^- 与 F^- 之间发生置换反应,并释放出与 Al^{3+} 等物质的量的 EDTA。

$$AlY^- + 6\ F^- + 2H^+ =\!=\!= AlF_6^{3-} + H_2Y^{2-}$$

再用 Zn^{2+} 标准溶液滴定释放出来的 EDTA 至紫红色,即为终点。

铝合金中杂质元素较多,通常可用 NaOH 溶液分解法或 HNO_3、HCl 混合溶液进行溶样。

仪器、试剂和材料

酸式滴定管(50 mL);锥形瓶(250 mL);烧杯;移液管(20 mL);量筒;分析天平。

EDTA 溶液（0.02 $mol \cdot L^{-1}$）;二甲酚橙溶液（XO,2 $g \cdot L^{-1}$）;NaOH 溶液（200 $g \cdot L^{-1}$）;HCl 溶液（3 $mol \cdot L^{-1}$,6 $mol \cdot L^{-1}$）;氨水（1∶1）;六次甲基四胺溶液（200 $g \cdot L^{-1}$）;锌标准溶液（0.01 $mol \cdot L^{-1}$）;NH_4F 溶液（200 $g \cdot L^{-1}$）;铝合金样品。

实验内容

1. 样品的预处理

准确称取 0.1g 左右铝合金于 100 mL 塑料烧杯中,加入 10 mL 200 $g \cdot L^{-1}$ NaOH 溶

液,在水浴中加热溶解,待样品大部分溶解(有少许黑渣为碱不溶物),加入 6 mol·L^{-1} HCl 溶液 20 mL,少许黑渣溶解后,将上述溶液定量转至 100 mL 容量瓶中,稀释至刻度,摇匀。

2. 铝合金中铝含量的测定

移取铝合金试液 20.00 mL 于 250 mL 锥形瓶中,加入 0.02 mol·L^{-1} EDTA 溶液 20 mL,二甲酚橙指示剂 2 滴,此时溶液呈黄色,滴加 1∶1 氨水调至溶液恰好出现红色(pH=7~8),再滴加 6 mol·L^{-1} HCl 溶液至试液呈黄色,如不呈黄色,可用 3 mol·L^{-1} HCl 溶液来调节。将溶液煮沸 3 min。冷却后,加入 20 mL 六次甲基四胺溶液。此时溶液应为黄色,若呈红色,则可用 HCl 溶液调节,再补加二甲酚橙指示剂 2 滴。用 0.01 mol·L^{-1} 锌标准溶液滴定至溶液由黄色变为紫红色(不计滴定的体积),加入 20% NH$_4$F 溶液 10 mL,将溶液加热至微沸,流水冷却。再补加二甲酚橙指示剂 1 滴,用 3 mol·L^{-1} HCl 溶液调节溶液呈黄色后,再用 0.01 mol·L^{-1} 锌标准溶液滴定至溶液由黄色变为红色,即为终点。根据消耗的锌标准溶液体积,计算铝合金中铝的质量分数。

💡 思考题

用锌标准溶液滴定多余的 EDTA 为什么不计体积? 能否不用锌标准溶液而用没有准确浓度的锌溶液滴定?

3. 氧化还原滴定法

● 实验 2-10 高锰酸钾法测定过氧化氢的含量

实验目的

1. 掌握 KMnO$_4$ 溶液的配制及标定方法。

2. 掌握 KMnO$_4$ 滴定的实验条件。

实验原理

过氧化氢(H$_2$O$_2$)在工业、生物、医药等方面的应用非常广泛,例如,利用 H$_2$O$_2$ 的氧化性来漂白毛、丝等织物,在医药上将 H$_2$O$_2$ 用于消毒和杀菌,工业上利用 H$_2$O$_2$ 的还原性来去除氯气等。H$_2$O$_2$ 浓度的高低会影响其功效,因而其浓度测定十分重要。KMnO$_4$ 是一种强氧化剂,能将 H$_2$O$_2$ 定量氧化为 O$_2$,因此可利用 KMnO$_4$ 滴定 H$_2$O$_2$ 来测定 H$_2$O$_2$ 含量,其氧化还原反应如下:

$$5H_2O_2 + 2MnO_4^- + 6H^+ \Longrightarrow 2Mn^{2+} + 5O_2\uparrow + 8H_2O$$

$KMnO_4$ 溶液浓度通常采用基准试剂草酸钠进行标定,标定反应需要控制最佳酸度及滴定反应速率,以获得准确结果。

仪器、试剂和材料

酸式滴定管(50 mL);玻璃砂芯漏斗;过滤装置;烧杯;水浴锅;锥形瓶(250 mL);容量瓶(250 mL);量筒;电子天平。

$Na_2C_2O_4$(基准试剂);H_2SO_4溶液(1∶1);$KMnO_4$(分析纯);H_2O_2溶液(30%)。

实验内容

1. 0.02 mol·L^{-1} $KMnO_4$ 溶液的配制

称取 1.6 g $KMnO_4$,加入适当蒸馏水使其溶解,加热煮沸并保持微沸 1 h,静置 24 h 后,用玻璃砂芯漏斗过滤,残余溶液和沉淀弃去,将滤液倒入洗净的棕色试剂瓶中,用水稀释至约 500 mL,摇匀,塞好塞子。

2. $KMnO_4$标准溶液的标定

准确称取 0.2 g 左右预先干燥过的 $Na_2C_2O_4$基准试剂于 250 mL 锥形瓶中,加入 60 mL 蒸馏水和 20 mL 1∶1 H_2SO_4 溶液,在水浴中慢慢加热直到有蒸汽冒出(70~80 ℃)。趁热用待标定的 $KMnO_4$ 溶液进行滴定,开始滴定时,速度宜慢,待第一滴 $KMnO_4$溶液滴入紫红色褪去后再滴入第二滴。当溶液中有 Mn^{2+} 产生后,滴定速率可适当加快。边滴边摇动,直到溶液恰显微红色并保持 30 s 内不褪为终点。平行测定三份,计算 $KMnO_4$标准溶液的浓度及相对标准偏差。

3. 过氧化氢含量的测定

用吸量管移取 1.00 mL 30% 的 H_2O_2 溶液于 250.0 mL 容量瓶中,加蒸馏水稀释至刻度。然后移取 25.00 mL 该溶液于锥形瓶中,加 60 mL 蒸馏水,10 mL 1∶1 H_2SO_4溶液,用 $KMnO_4$标准溶液滴定至微红色在 30 s 内不褪为终点,平行测定三份。

根据 $KMnO_4$标准溶液的浓度和消耗的体积,计算样品中 H_2O_2 的含量,并以质量分数表示。

💡 **思考题**

1. 高锰酸钾为什么不能作基准试剂? 如何配制与存放高锰酸钾标准溶液?

2. 高锰酸钾在中性、强酸性或强碱性溶液中进行反应时,其还原产物有何不同?

3. 用高锰酸钾测定 H_2O_2 时能否用 HNO_3溶液、HCl 溶液和 HAc 溶液控制溶液酸度,为什么?

4. 用高锰酸钾滴定草酸的过程中,加酸、加热和控制滴定速率等目的是什么?

5. 配制 $KMnO_4$溶液时,过滤后的玻璃砂芯漏斗和装高锰酸钾溶液滴定管的下端均可见有红棕色沉淀物残留,这是什么物质? 应如何清洗?

实验 2-11　三氯化钛-重铬酸钾法测定铁矿石中铁的含量

实验目的

1. 掌握铁矿石中铁含量的测定原理。

2. 学习矿样的分解方法、氧化还原滴定前的预处理方法。

3. 了解试剂空白测定的目的及测试方法。

实验原理

铁矿石种类很多,用来炼铁的矿石主要有磁铁矿(Fe_3O_4)、赤铁矿(Fe_2O_3)和菱铁矿等。用经典的重铬酸钾法(即氯化亚锡-氯化汞-重铬酸钾法)测定铁矿石中铁含量,准确度高、操作简便,但所用氯化汞是剧毒物质,会造成环境污染。为此,发展无汞的重铬酸钾法测定铁矿石中铁含量方法非常必要。

本实验采用改进的重铬酸钾法,即三氯化钛-重铬酸钾法。矿样(粉碎至能通过160~200目标准筛)用浓 HCl 溶液低温加热分解,必要时加入约 0.2 g NaF 或滴加 $SnCl_2$ 助溶,待矿样分解完全后,在浓、热 HCl 溶液中先用 $SnCl_2$ 将大部分 Fe^{3+} 还原为 Fe^{2+}(样品由红棕色变为浅黄色),再以 Na_2WO_4 为指示剂,用 $TiCl_3$ 将其余的 Fe^{3+} 全部还原为 Fe^{2+},过量的 $TiCl_3$ 将 Na_2WO_4 还原为"钨蓝",然后用少量的 $K_2Cr_2O_7$ 溶液将过量的 $TiCl_3$ 氧化并使钨蓝被氧化而消失。最后在硫酸-磷酸混合液中,以二苯胺磺酸钠为指示剂,用 $K_2Cr_2O_7$ 标准溶液滴定至溶液呈现紫红色,即为终点。

当有 Cu(Ⅱ)、Mo(Ⅳ)、As(Ⅴ)等离子存在时,均可被 $SnCl_2$ 还原,滴定时会被 $K_2Cr_2O_7$ 氧化,从而干扰铁的测定。若有大量的偏硅酸存在时,由于吸附作用,Fe^{3+} 还原不完全,此时应用 $HF-H_2SO_4$ 溶液分解,以除去 Si 的干扰。此外,测定体系中不能有 NO_2^- 存在。

仪器、试剂和材料

酸式滴定管(50 mL);锥形瓶(250 mL);容量瓶(250.0 mL);烧杯(100 mL);短颈漏斗;电热板;量筒;电子天平。

铁矿石样品;$K_2Cr_2O_7$ 基准物质;HCl 溶液(浓);$KMnO_4$ 溶液(1%);二苯胺磺酸钠溶液(0.5%);$SnCl_2$ 溶液(10%);$TiCl_3$ 溶液(1∶9);Na_2WO_4 溶液(10%);硫酸-磷酸混合液(2∶3);$(NH_4)_2Fe(SO_4)_2·6H_2O$ 溶液(0.1 mol·L^{-1})。

实验内容

1. 配制 0.01667 mol·$L^{-1}K_2Cr_2O_7$ 标准溶液

用固定称样法准确称取一定质量的 $K_2Cr_2O_7$ 置于 100 mL 的烧杯中,用蒸馏水溶解后定量转移至 250.0 mL 的容量瓶中,定容后摇匀。

2. 样品的分解和滴定

准确称取 0.15 g 左右的铁矿石样品三份,分别置于 250 mL 锥形瓶中,加几滴蒸馏水,使样品润湿,放置一短颈漏斗,加入 20 mL 浓 HCl 溶液,于通风橱中低温加热分解样品,铁矿石分解后呈红棕色,这时滴加 10% $SnCl_2$ 溶液使试液呈浅黄色。大部分样品溶解完全后,缓缓煮沸 1 ~ 2 min,使样品分解完全,剩余残渣应为白色或接近白色。如溶液黄色太深,应再加少许的 10 % $SnCl_2$ 溶液使之变为浅黄色,若黄色消失而显无色,则可加少许的 $KMnO_4$ 溶液使其出现浅黄色,停止加热。

取已经分解完全的样品一份,用少量的水吹洗短颈漏斗和锥形瓶内壁,加 50 mL 蒸馏水及 8 滴 Na_2WO_4 溶液,在摇动下滴加 $TiCl_3$ 溶液至出现浅蓝色,再过量两滴。迅速用流水冷却至室温,小心滴加 $K_2Cr_2O_7$ 溶液至蓝色刚刚消失(浅绿色或接近无色),再加 50 mL 蒸馏水摇匀后,继续滴加 10 mL 硫酸-磷酸混合液及 2 滴二苯胺磺酸钠指示剂,立即用 $K_2Cr_2O_7$ 标准溶液滴定至溶液呈现稳定的紫色,即为终点。平行测定三次。

3. 空白测定

做空白实验所用试剂应取自同一瓶(不用 $SnCl_2$ 溶液),操作步骤基本相同,只是在加入硫酸-磷酸混合液之前加入 5.00 mL 硫酸亚铁铵溶液。用 $K_2Cr_2O_7$ 标准溶液滴定,所消耗的体积记为 V_A。随即再加入 5.00 mL 硫酸亚铁铵溶液。用 $K_2Cr_2O_7$ 标准溶液滴定,所消耗的体积记为 V_B。V_A-V_B 即为空白值 V_0(mL)。

4. 计算结果

从滴定样品所消耗的标准溶液的体积减去空白值 V_0,计算出铁矿石中铁的含量。

💡 思考题

1. $K_2Cr_2O_7$ 为什么能直接配制成标准溶液? 如何配制?

2. $K_2Cr_2O_7$ 测定铁时,加入磷酸的作用是什么? 为什么加入磷酸后要立即滴定?

3. 如样品中同时含有 Fe^{3+} 和 Fe^{2+} 时,设计一种分别测定 Fe^{3+} 及 Fe^{2+} 的方案。

4. 还原 Fe^{3+} 时,为什么要使用两种还原剂? 只使用其中一种有何不妥?

● 实验 2-12 碘量法测定葡萄糖注射液中葡萄糖的含量

实验目的

1. 掌握硫代硫酸钠标准溶液的配制和标定方法。

2. 掌握碘量法测定葡萄糖的原理。

3. 熟悉碘价态变化的条件。

实验原理

碘量法是无机物和有机物分析中应用都较为广泛的一种氧化还原滴定法。在本实验中，I_2 首先与 NaOH 溶液作用生成次碘酸钠（NaIO），从而将葡萄糖（$C_6H_{12}O_6$）定量氧化生成葡萄糖酸（$C_6H_{12}O_7$）；然后将溶液调到酸性，未与葡萄糖作用的次碘酸钠转变成单质碘析出；再利用硫代硫酸钠标准溶液滴定析出的碘便可得到葡萄糖的含量。其反应如下：

$$I_2 + C_6H_{12}O_6 + 2NaOH == C_6H_{12}O_7 + 2NaI + H_2O$$
$$3NaIO == NaIO_3 + 2NaI$$
$$NaIO_3 + 5NaI + 6HCl == 3I_2 + 6NaCl + 3H_2O$$
$$I_2 + 2Na_2S_2O_3 == Na_2S_4O_6 + 2NaI$$

仪器、试剂和材料

酸式滴定管（50 mL）；电子天平；碘量瓶（250 mL）；锥形瓶（250 mL）；移液管（25 mL）；容量瓶（100 mL）；量筒（10 mL）；烧杯；细口瓶。

$Na_2S_2O_3$ 标准溶液（0.05 $mol \cdot L^{-1}$）；$K_2Cr_2O_7$ 标准溶液（0.05 $mol \cdot L^{-1}$）；淀粉溶液（0.5%）；I_2（分析纯）；KI（分析纯）；NaOH 溶液（0.2 $mol \cdot L^{-1}$）；HCl 溶液（1:1）；葡萄糖样品。

实验内容

1. $Na_2S_2O_3$ 标准溶液的配制与标定

1）配制 0.05 $mol \cdot L^{-1}$ $Na_2S_2O_3$ 溶液 500 mL。称取适量 $Na_2S_2O_3 \cdot 5H_2O$ 于烧杯中，加 500 mL 蒸馏水溶解后，转入细口瓶中，摇匀。

2）标定。移取 25.00 mL 0.05 $mol \cdot L^{-1}$ $K_2Cr_2O_7$ 标准溶液于碘量瓶中，加入 1 g KI，摇动溶解后加入 3 mL 1:1 HCl 溶液，盖上盖子，并置于暗处反应 5 min，加入 100 mL 蒸馏水，立即用 $Na_2S_2O_3$ 溶液滴定由红棕色变为浅黄色，加入 2 mL 淀粉溶液，继续滴定至蓝色刚好消失为终点，平行滴定三次，计算出 $Na_2S_2O_3$ 溶液的浓度。

2. I_2 溶液的配制与标定

1）配制 0.025 $mol \cdot L^{-1}$ I_2 溶液 300 mL。称取 7 g KI 于 100 mL 烧杯中，分别加入 20 mL 蒸馏水和 2 g I_2，充分搅拌使 I_2 完全溶解，转移至棕色试剂瓶中，加蒸馏水稀释至 300 mL，摇匀。

2）标定。准确移取 25.00 mL I_2 溶液于 250 mL 锥形瓶中，加 50 mL 蒸馏水稀释，用已标定好的 $Na_2S_2O_3$ 标准溶液滴定至黄色，加入 2 mL 淀粉溶液，继续滴定至蓝色刚好消失，即为终点。平行测定三份，计算 I_2 溶液的浓度。

3. 葡萄糖含量的测定

取 2.00 mL 5% 葡萄糖注射液准确稀释 50 倍，摇匀，然后取 25.00 mL 于碘量瓶中,准确加入 25.00 mL 碘标准溶液,慢慢滴加 0.2 mol·L^{-1} NaOH 溶液,边加边摇,直到溶液呈淡黄色。将碘量瓶盖好,放置 15 min,加入 6 mL 2 mol·L^{-1}的 HCl 溶液,立即用 Na$_2$S$_2$O$_3$标准溶液滴定至浅黄色时,加入 2 mL 淀粉溶液,继续滴定至蓝色刚好消失为终点。平行滴定三次,计算出葡萄糖含量。

💡 **思考题**

1. 配制 I$_2$ 溶液时为什么要加入过量 KI?为什么先用少量蒸馏水进行溶解?

2. 氧化葡萄糖时,能否快速滴加 NaOH 溶液,为什么?

3. 计算葡萄糖含量时是否需要 I$_2$ 溶液的浓度值?

4. I$_2$ 溶液能否装在碱式滴定管中,为什么?

● 实验 2-13　碘量法测定铜合金中铜含量

实验目的

1. 熟悉间接碘量法测定铜合金中铜含量的原理及实验操作。

2. 了解铜合金样品的溶解方法。

实验原理

在弱酸性溶液中铜合金样品中的二价铜与碘化物作用发生如下反应:

$$2\ Cu^{2+} + 4\ I^- \rightleftharpoons 2\ CuI\downarrow + I_2$$

以淀粉为指示剂,用 Na$_2$S$_2$O$_3$标准溶液滴定析出的 I$_2$,由 Na$_2$S$_2$O$_3$溶液的浓度和消耗的体积可得到样品中铜的含量。

由于 Cu^{2+}与 I$^-$的反应可逆,为使滴定反应顺利进行,必须加入过量的 KI 以抑制 CuI 的溶解,增加 I$_2$ 的稳定性(形成 I$_3^-$)。溶液酸度对测定结果影响较大,该实验需控制的适宜酸度 pH 为 3.0~4.0。酸度过低,会降低反应速率,Cu^{2+} 可能部分水解;酸度过高,I$^-$易被空气中的氧氧化成 I$_2$(Cu^{2+} 催化此反应)。溶液酸度宜以 H$_2$SO$_4$溶液或 HAc 溶液调节,不采用 HCl 溶液(易形成 CuCl$_4^{2-}$ 配离子,不利于滴定反应)。

CuI 能吸附 I$_2$,故通常在接近终点前加入 NH$_4$SCN,在沉淀表面形成一层 CuSCN,从而将吸附的 I$_2$ 释放出来,以免测定结果偏低。但 NH$_4$SCN 不宜过早加入,以防其还原 I$_2$ 而导致测定结果偏低。

铜合金杂质中的高价离子(如 Fe(Ⅲ)、As(Ⅴ)、Sb(Ⅴ)等)干扰测定,应设法消除。加入 NH$_4$HF$_2$ 掩蔽 Fe^{3+}的干扰;当 pH 在 3.0~4.0 时,As(Ⅴ)及 Sb(Ⅴ)难以氧化 I$^-$,其干扰也可消除。

样品用 HCl 溶液和 H$_2$O$_2$ 溶液溶解,过量的 H$_2$O$_2$ 干扰测定,可通过煮沸溶液除去。

仪器、试剂和材料

酸式滴定管(50 mL);锥形瓶(250 mL);移液管(25 mL);量筒(10 mL);电子天平。

$Na_2S_2O_3$ 标准溶液(0.1 mol·L^{-1});淀粉溶液(0.5%);KI 溶液(20%);NH_4SCN 溶液(10%);NH_4HF_2 溶液(20%);H_2O_2 溶液(30%);HCl 溶液(1:1);HAc 溶液(1:1);氨水(1:1);铜合金样品。

实验内容

准确称取三份 0.1 g 黄铜样品,分别置于 250 mL 锥形瓶中,然后加入 10 mL 1:1 HCl 溶液及 2 mL 30% H_2O_2 溶液;加热使样品溶解完全后,再煮沸 1~2 min 赶尽过量 H_2O_2(注意不能使溶液蒸干);冷却后,加约 60 mL 蒸馏水,滴加 1:1 氨水至溶液刚刚有稳定的沉淀生成,再加 8 mL1:1 HAc 溶液。

取一份溶液,加入 10 mL 20% NH_4HF_2 溶液和 10 mL 20% KI 溶液后,立即用 $Na_2S_2O_3$ 标准溶液滴定至浅黄色;再加 2 mL 0.5% 的淀粉指示剂,继续滴定至浅灰色或浅蓝色;然后加入 10 mL 10% NH_4SCN 溶液,剧烈摇动后,继续滴定至溶液的蓝色消失,5 min 内不返蓝即为终点(终点呈灰白色或肉色),记录所消耗的 $Na_2S_2O_3$ 的体积。平行测定三次。最后计算每份样品中铜的含量,求出平均值和相对平均偏差。

⚠ 注意事项

1. 铜盐中铜含量也可用这种方法测定,样品一般用蒸馏水溶解即可。
2. 溶液 pH 应严格控制在 3.0~4.3。
3. 加入 KI 后,析出 I_2 的速率很快,故应立即滴定。
4. 滴定至浅黄色时再加入淀粉指示剂,临近终点时加入 NH_4SCN。
5. 本实验所用试剂种类较多,注意加入顺序不能错。
6. NH_4HF_2 对玻璃有腐蚀作用,测定结束后应立即把锥形瓶中溶液倒去并洗净。

💡 思考题

1. 溶液 pH 为什么应控制在 3.0~4.0?酸度太高或太低对测定结果有何影响?
2. 试液中加入 KI 后若不立即滴定对分析结果有何影响?
3. NH_4SCN 加入过早会出现什么问题?

● 实验 2-14　白酒中总醛量的测定

实验目的

1. 掌握亚硫酸氢钠的标定方法。

2. 掌握醛类化合物的定量分析方法。

实验原理

醛类化合物能与 $NaHSO_3$ 起加成反应,反应方程式为

$$RCHO + NaHSO_3 \rightleftharpoons RCH(OH)SO_3Na$$

当在含有醛类化合物的溶液中加入过量的 $NaHSO_3$,其与醛类化合物反应完全后,剩余的 $NaHSO_3$ 可与已知浓度的过量的 I_2 反应,反应方程式为

$$NaHSO_3 + I_2 + H_2O \rightleftharpoons NaHSO_4 + 2HI$$

通过 $Na_2S_2O_3$ 滴定剩余的 I_2 即可以测出溶液中的总醛量。

仪器、试剂和材料

酸式滴定管(50 mL);锥形瓶(250 mL);碘量瓶(250 mL);移液管(20 mL);吸量管(10 mL);量筒(10 mL);表面皿;电子天平。

HCl 溶液(1∶1);$Na_2S_2O_3$ 标准溶液(0.1 mol·L^{-1});I_2 标准溶液(0.05 mol·L^{-1});淀粉溶液(0.5%);$NaHSO_3$ 标准溶液(0.05 mol·L^{-1});白酒样品。

实验内容

1. $NaHSO_3$ 溶液的标定

准确移取 20.00 mL I_2 标准溶液三份,分别置于 250 mL 碘量瓶中,加入 10.00 mL $NaHSO_3$ 溶液,盖上塞子 5 min,使其充分反应,然后加入 2 mL 1∶1 HCl 溶液,立即用 0.1 mol·L^{-1} $Na_2S_2O_3$ 标准溶液滴定至浅黄色,加入 2 mL 淀粉溶液,继续用 0.1 mol·L^{-1} $Na_2S_2O_3$ 标准溶液滴定至蓝色刚好褪去为终点。根据 $Na_2S_2O_3$ 的用量和碘溶液的用量,计算 $NaHSO_3$ 溶液的浓度。

2. 白酒中总醛量的测定

准确移取 20.00 mL 白酒样品三份,分别置于锥形瓶中,加入 0.05 mol·L^{-1} $NaHSO_3$ 溶液 10.00 mL,盖上表面皿,放置 30 min,并时常摇动,然后加入 20.00 mL 0.05 mol·L^{-1} 的 I_2 标准溶液,摇匀,盖上塞子 5 min,使其充分反应。然后用 0.1 mol·L^{-1} $Na_2S_2O_3$ 标准溶液滴定至浅黄色,加 2 mL 淀粉溶液,继续用 0.1 mol·L^{-1} $Na_2S_2O_3$ 标准溶液滴定至蓝色刚好褪去为终点。根据 $Na_2S_2O_3$ 溶液的用量和 $NaHSO_3$ 溶液的用量,计算白酒中的总醛量,用每升白酒中含有乙醛的质量(mg·L^{-1})来表示。

⚠ **注意事项**

1. $NaHSO_3$ 溶液不稳定,易氧化分解。当有铜离子存在时,能催化该氧化分解反应。白酒中往往含有铜离子,因此 $NaHSO_3$ 溶液中宜加入少量 EDTA 与铜离子配位,防止铜离子的催化作用。另外在日光和激烈震荡的情况下也易氧化,因此操作中应避免日光照射和剧烈震荡。

2. 酒样中部分乙醛能与乙醇起缩合反应,生成乙缩醛,该反应在中性条件下可逆,在强酸性溶液中乙缩醛会全部解离。$NaHSO_3$ 与乙醛的加成也促使乙缩醛的解离。

如欲快速、准确测定,需将酒样加酸水解。

💡 **思考题**

1. 淀粉溶液为什么要在接近滴定终点时加入?

2. 为什么在标定 $NaHSO_3$ 溶液时,需放置 5 min,并盖上塞子?

4. 沉淀滴定法

● **实验 2-15　莫尔法测定生理盐水中氯离子含量**

实验目的

1. 掌握 $AgNO_3$ 标准溶液的配制与标定的方法。

2. 学习莫尔法的实验操作技术。

实验原理

某些可溶性氯化物的氯含量的测定常采用莫尔法。此方法是在中性或弱碱性溶液中,以 K_2CrO_4 为指示剂,$AgNO_3$ 为标准溶液进行滴定。由于 AgCl 沉淀的溶解度比 Ag_2CrO_4 的溶解度小,因此溶液中首先析出 AgCl 沉淀,当 AgCl 定量沉淀后,过量一滴 $AgNO_3$ 溶液即与 K_2CrO_4 生成砖红色的 Ag_2CrO_4 沉淀,指示终点到达。主要反应方程式如下:

$$Ag^+ + Cl^- \Longrightarrow AgCl \downarrow (白色)$$

$$2\,Ag^+ + CrO_4^{2-} \Longrightarrow Ag_2CrO_4 \downarrow (砖红色)$$

滴定最适宜的 pH 为 6.5~10.5。若溶液中若存在铵盐,则 pH 应控制在 6.5~7.2。溶液中若存在较多的 Cu^{2+}、Co^{2+}、Cr^{3+} 等有色离子,将影响终点的观察。凡是能与 Ag^+ 或 CrO_4^{2-} 发生化学反应的阴、阳离子都干扰测定。

莫尔法应用比较广泛,生活饮用水、工业用水、环境水的水质测定,以及一些化工产品、药品、食品中氯的含量测定都使用莫尔法。

仪器、试剂和材料

棕色酸式滴定管(50 mL);锥形瓶(250 mL);烧杯;移液管(20 mL);量筒;容量瓶(250 mL)。

$AgNO_3$(分析纯);NaCl(基准试剂,500 ~ 600 ℃灼烧至质量恒定);K_2CrO_4 溶液(5%);生理盐水。

实验内容

1. 0.02 mol·L⁻¹ AgNO₃标准溶液的配制

称取约 0.85g AgNO₃于 250 mL 蒸馏水中,摇匀,将溶液转入棕色试剂瓶中,置于暗处保存,防止见光分解。

2. AgNO₃溶液的标定

准确称取 0.25~0.30g NaCl 基准试剂于小烧杯中,用蒸馏水溶解后,转入 250 mL 的容量瓶中,稀释至刻度,摇匀。

用移液管移取 20.00 mLNaCl 溶液于锥形瓶中,加入 25 mL 蒸馏水,加入 1.00 mL 5%的 K₂CrO₄溶液,用 AgNO₃溶液滴定至砖红色,即为终点。平行标定 3 份。根据所消耗的 AgNO₃溶液的体积和 NaCl 的质量,计算 AgNO₃溶液的浓度。

3. 样品分析

用移液管移取 20.00 mL 生理盐水样品至 250 mL 的容量瓶中,稀释至刻度,摇匀。

用移液管移取 20.00 mL 稀释后的生理盐水于锥形瓶中,加入 25 mL 蒸馏水及 1 mL 5%的 K₂CrO₄溶液,用 AgNO₃溶液滴定至砖红色,即为终点。平行测定 3 份。根据所消耗的 AgNO₃溶液的体积,计算 NaCl 的含量,测定结果以 g·(100 mL)⁻¹表示。

实验完毕后,将装 AgNO₃溶液的滴定管先用蒸馏水冲洗 2~3 次,再用自来水洗净,以免 AgCl 残留于管内。

⚠️ 注意事项

1. 沉淀滴定中为减少沉淀对被测离子的吸附,一般滴定体积大些为好,故须加水稀释试液。

2. 银为贵金属,含银的废液应回收处理。

💡 思考题

1. 莫尔法测定氯,为什么溶液的 pH 须控制在 6.5~10.5?

2. 以 K₂CrO₄为指示剂时,指示剂的浓度过大与过小对测定结果有何影响?

● **实验 2-16　法扬司法测定鸡精中的氯化钠含量**

实验目的

1. 熟悉法扬司法确定滴定终点的方法。

2. 学习法扬司法测定鸡精中氯化钠含量的方法。

实验原理

AgNO₃见光易分解,且硝酸银试剂中常含有杂质,因此,其标准溶液一般采用间接法配制。标定 $AgNO_3$ 溶液最常用的基准物质是 $NaCl$,以有机酸荧光黄($HFIn$)为指示剂的方法称为法扬司法。

滴定应在中性或弱碱性溶液中进行,适宜 pH 为 7~10。

滴定开始至化学计量点前,溶液中 Cl^- 过量,$AgCl$ 胶粒表面吸附 Cl^- 形成带负电荷的 $AgCl \cdot Cl^-$,荧光黄阴离子 FIn^- 不被胶粒吸附,故溶液呈 FIn^- 的黄绿色。滴定至化学计量点时,稍过量的 $AgNO_3$ 使 $AgCl$ 胶粒表面吸附 Ag^+ 而形成带正电荷 $AgCl \cdot Ag^+$,带正电荷的胶粒强烈吸附 FIn^-,溶液由黄绿色变为粉红色,指示滴定终点到达。其反应方程式如下:

$$HFIn \Longrightarrow H^+ + FIn^-(黄绿色)$$

化学计量点前:$\qquad Ag^+ + Cl^- \Longrightarrow AgCl\downarrow(白色)$

$$AgCl + Cl^- \Longrightarrow AgCl \cdot Cl^-(Cl^- 过量)$$

化学计量点后至终点:$AgCl + Ag^+ \Longrightarrow AgCl \cdot Ag^+(Ag^+ 过量)$

$$AgCl \cdot Ag^+ + FIn^- \Longrightarrow AgCl \cdot Ag \cdot FIn$$

$\qquad$ 黄绿色 $\qquad\qquad\qquad\qquad$ 粉红色

滴定时加入糊精溶液,以保护胶状 $AgCl$ 沉淀不凝聚。

鸡精中含有适量的氯化钠,通过测定氯离子含量可得到氯化钠的含量。

仪器、试剂和材料

棕色酸式滴定管(50 mL);锥形瓶(250 mL);烧杯;移液管(20 mL);容量瓶(100 mL);分析天平。

$AgNO_3$(分析纯);$NaCl$(基准试剂,500 ~ 600 ℃灼烧至质量恒定);1% 糊精溶液:称取糊精 1 g,用蒸馏水调成糊状。另取 100 mL 蒸馏水于 250 mL 烧杯中,加热至沸,在搅拌下注入已调好的糊精,煮沸,冷却,贮存于试剂瓶中;0.02% 荧光黄指示剂(将 0.02 g 荧光黄溶于 100 mL 70%的乙醇溶液中)。

实验内容

1. $0.02 \ mol \cdot L^{-1} \ AgNO_3$ 溶液的配制

称取约 0.85g $AgNO_3$ 于 250 mL 纯水中,摇匀,将溶液转入棕色试剂瓶中,置于暗处保存,以防止见光分解。

2. $AgNO_3$ 溶液的标定(法扬司法)

准确称取 0.25 ~0.3 g 基准试剂 $NaCl$(精确至 0.000 1 g),于 100 mL 小烧杯中,加蒸馏水溶解,再定量转移至 250 mL 容量瓶中,用纯水稀释至刻度,摇匀。

准确移取 20.00 mL $NaCl$ 标准溶液于 250 mL 锥形瓶中,加 30 mL 蒸馏水,再加糊精 5 mL,加荧光黄指示剂 6 滴,用 $AgNO_3$ 溶液滴定至混浊由黄绿色变为微红色即为终点,记录 $AgNO_3$ 溶液的用量。平行测定 3 份,计算 $AgNO_3$ 的浓度。

3. 鸡精中氯化钠含量的测定

准确称取 0.25 ~ 0.30 g 鸡精样品,置于小烧杯中,用蒸馏水溶解后,过滤,除去少许不溶物,将滤液定量转入 100 mL 容量瓶中。用少量蒸馏水将小烧杯润洗 2~3 次,用润洗液淋洗滤纸一并转入容量瓶中,再加蒸馏水稀释至刻度,摇匀备用。

准确移取 20.00 mL 样品溶液注入 250 mL 锥形瓶中,加入 30 mL 蒸馏水,再加糊精 5 mL,加荧光黄指示剂 6 滴,用 $AgNO_3$ 溶液滴定至混浊由黄绿色变为微红色即为终点,记录 $AgNO_3$ 溶液的用量。

重复上述操作,平行测量 3 次。根据所消耗的 $AgNO_3$ 溶液的体积,计算鸡精中氯化钠的含量。

⚠ 注意事项

1. $AgNO_3$ 与有机物接触易发生还原反应,且见光易分解,所以 $AgNO_3$ 溶液应密封保存在棕色瓶试剂中,放置于暗处。

2. $AgNO_3$ 溶液及 $AgCl$ 沉淀若洒在实验台上或溅到水池边上,应立即擦掉,以免着色。含银废液应倒入回收瓶中。

3. $AgNO_3$ 试剂及其溶液具有腐蚀性,破坏皮肤组织,注意勿接触皮肤及衣服。

4. 实验结束后,盛放过 $AgNO_3$ 溶液的容器应先用稀氨水或蒸馏水清洗。

💡 思考题

1. 法扬司法测定 Cl^- 时,溶液的 pH 应怎样控制?

2. 加入糊精的作用是什么?

3. 比较莫尔法和法扬司法的优缺点。

● 实验 2-17　佛尔哈德法测定银精矿中的银含量

实验目的

1. 掌握 NH_4SCN 标准溶液的配制与标定的方法。

2. 熟悉佛尔哈德法确定滴定终点的方法。

3. 学习佛尔哈德法测定银含量的方法。

实验原理

佛尔哈德法以硫氰酸铵为滴定剂、铁铵矾为指示剂,在酸性条件下可直接测定银。滴定时,硫氰酸铵首先与银离子反应。当滴定至化学计量点时,过量的硫氰酸铵与指示剂铁铵矾反应产生红色的配离子。

终点前　　$Ag^+ + SCN^- \Longrightarrow AgSCN\downarrow$(白色)

终点前　　$Fe^{3+} + SCN^- \Longrightarrow [Fe(SCN)]^{2+}$(红色)

银精矿经 800 ℃ 灼烧脱硫后,用 HNO_3 溶液进行溶样,采用佛尔哈德法测定其银含量。

仪器、试剂和材料

棕色酸式滴定管(50 mL);瓷坩埚(20 mL);移液管(20 mL);锥形瓶(250 mL);烧杯;移液管(20 mL);容量瓶(100 mL);分析天平。

$AgNO_3$ 标准溶液($0.02\ mol\cdot L^{-1}$);NH_4SCN(分析纯);8%铁铵矾溶液(指示剂);HNO_3 溶液($6\ mol\cdot L^{-1}$)。

实验内容

1. $0.02\ mol\cdot L^{-1} NH_4SCN$ 标准溶液的配制

称取约 0.8g NH_4SCN 于烧杯中,加蒸馏水 100 mL 溶解。将溶液转入试剂瓶中,用水稀释至 500 mL,摇匀。

2. NH_4SCN 溶液的标定

准确移取 20.00 mL $0.02\ mol\cdot L^{-1} AgNO_3$ 标准溶液于 250 mL 锥形瓶中,加 20 mL 蒸馏水、2 mL HNO_3 溶液、2 mL 铁铵矾指示剂,用 NH_4SCN 标准溶液滴定至溶液呈淡棕红色,剧烈振摇后仍不褪色即为终点。平行测定 3 份,计算 NH_4SCN 的浓度。

3. 样品测定

准确称取 1 g 银精矿于 20 mL 瓷坩埚中,放入 800 ℃ 马弗炉中灼烧 30 min,冷却后转入 250 mL 锥形瓶中,用 HNO_3 溶液洗涤坩埚并转入锥形瓶中,在室温下溶解至溶液透明为止。加入铁铵矾指示剂 2 mL,用 NH_4SCN 标准溶液滴定至溶液呈淡棕红色,记录消耗的标准溶液体积。平行测定 3 次,计算银的含量。

⚠ **注意事项**

由于 AgSCN 对 Ag^+ 存在强烈的吸附作用,必须充分振摇才能使沉淀表面被吸附的 Ag^+ 释放出来,防止终点提前。

💡 **思考题**

1. 佛尔哈德法滴定的酸度与莫尔法有何不同?

2. 可否用佛尔哈德法测定 Cl^-?如何测定?

● 实验 2-18 可溶性钡盐中钡含量的测定

实验目的

1. 学习结晶形沉淀的制备方法及重量分析法的基本操作。

2. 建立质量恒定的概念;熟悉质量恒定的操作条件。

实验原理

重量分析法不需要基准物质,通过直接沉淀和称量而测得物质的含量,其测定结果的准确度很高。尽管重量分析法的操作过程较长,但由于它有不可替代的特点,目前在常量的 S、Ni、P、Si 等元素或其化合物的定量分析或某些仲裁分析中还经常使用。

含 Ba^{2+} 试液用 HCl 溶液酸化,加热至近沸,在不断搅动下缓慢滴加热的稀硫酸,形成的 $BaSO_4$ 沉淀经陈化、过滤、洗涤、灼烧后,以 $BaSO_4$ 形式称量,即可求得钡的含量。

为了获得颗粒较大、纯净的结晶形沉淀,应在酸性、较稀的热溶液中缓慢地加入沉淀剂,以降低过饱和度,沉淀完成后还需陈化。为保证沉淀完全,沉淀剂必须过量,并在自然冷却后再过滤,沉淀前试液经酸化可防止碳酸盐等钡的弱酸盐沉淀产生。选用稀硫酸为洗涤剂可减少 $BaSO_4$ 的溶解损失,稀硫酸在灼烧时可被分解除掉。

仪器、试剂和材料

瓷坩埚(25 mL);马弗炉;电炉;分析天平;漏斗;慢速定量滤纸;HCl 溶液(2 mol·L^{-1});H_2SO_4 溶液(1 mol·L^{-1});$AgNO_3$ 溶液(0.1 mol·L^{-1});$BaCl_2 \cdot 2H_2O$。

实验内容

1. 瓷坩埚的准备

洗净两个瓷坩埚,晾干或在电热干燥箱中烘干。在(800±20)℃的马弗炉中灼烧至质量恒定,第一次灼烧 40 min,第二次 20 min。灼烧也可在煤气灯上进行。每次灼烧完后,等待约 30 s 后再将坩埚夹入保干器中,不可马上盖严,要暂留一小缝隙(3 mm 左右),过 1 min 后盖严。冷却 40~50 min,前 20 min 在实验中冷却,然后放到天平室冷却(各次灼烧后的冷却时间要一致)。在分析天平上准确称量。为了防止受潮,称量速度要快。两次灼烧后所称得坩埚质量之差若不超过 0.3 mg,即已质量恒定,否则还需要再灼烧 15 min,并重复上述操作。

2. 沉淀的制备

准确称取 0.4~0.6 g $BaCl_2 \cdot 2H_2O$ 样品两份,分别置于 250 mL 烧杯中,各加 100 mL 蒸馏水溶解(若是液体样品,则移取 20.00 mL 2 份,各加 50 mL 蒸馏水稀释),各加 3 mL 2 mol·L^{-1} HCl 溶液,盖上表面皿,在水浴锅上加热至 80 ℃以上。

在两个小烧杯中各加入 4 mL 1 mol·L^{-1} H_2SO_4 溶液,并加蒸馏水稀释至 50 mL,加热至近沸,在连续搅拌下逐滴加到试液中。沉淀剂加完后,待沉淀下降溶液变清时,向上清液中加 2 滴 H_2SO_4 溶液,仔细观察是否沉淀完全。若清液变浊,应补加一些沉淀剂。盖上表面皿,在微沸的水浴上陈化 1h,其间要搅动几次。

3. 配制稀硫酸洗涤液

取 1 mL 1 mol·L^{-1} H_2SO_4 溶液,稀释至 100 mL。

4. 称量形式的获得

沉淀自然冷却后,用慢速定量滤纸以倾泻法过滤。先滤去上清液,再用稀硫酸洗涤沉淀 3 次,每次用 15 mL,然后将沉淀转移到滤纸上,再用滤纸角擦"活"黏附在玻棒和杯壁上的细微沉淀,然后反复用洗瓶冲洗杯壁和搅拌棒,直至沉淀转移完全。最后用水淋洗滤纸和沉淀数次至滤液中无 Cl^- 为止。将滤纸取出并包好,放进已质量恒定的坩埚中,经小火烘干、中火碳化、大火灰化后,再在 (800 ± 20) ℃ 的马弗炉中灼烧至质量恒定,且其灼烧及冷却的条件要与空坩埚质量恒定时相同。

计算 2 份固体样品中 $BaCl_2 \cdot 2H_2O$ 的质量分数或 2 份液体样品中 Ba^{2+} 的浓度 $(mg \cdot mL^{-1})$。

⚠ 注意事项

1. $BaCl_2 \cdot 2H_2O$ 有毒,剩余样品应倒入回收瓶中。

2. $BaSO_4$ 沉淀的灼烧温度应控制在 $800 \sim 850$ ℃,可以在自动恒温的马弗炉中灼烧(须预先用煤气灯或电炉烘干、碳化、灰化),也可以在煤气灯上大火灼烧。但要调节成分层的氧化焰才能达到 800 ℃。

3. 检查滤液中的 Cl^- 时,用小表面皿接取 10 滴滤液,加入 2 滴 $AgNO_3$ 溶液,混匀后放置 1 min。观察是否出现浑浊,并与纯水对照。

💡 思考题

1. 为什么沉淀 Ba^{2+} 时要稀释试液、加入 HCl 溶液、加热并在不断搅拌下逐滴滴入沉淀剂?

2. 沉淀完全后为什么还要在水浴上陈化?过滤前为何要自然冷却?趁热过滤或强制冷却好不好?

3. 洗涤沉淀时,为什么用洗涤液或水都要少量多次?

4. 本实验根据什么称取 $0.4 \sim 0.6$ g $BaCl_2 \cdot 2H_2O$ 样品?称样过多或过少有什么影响?某样品含硫约为 5%,用 $BaSO_4$ 重量分析法测定硫含量时应称取多少样品?

5. 测定样品的 S 或 SO_4^{2-} 时,以 $BaCl_2$ 为沉淀剂,这时应选用何种洗涤剂洗涤沉淀?为什么?

6. 为保证 $BaSO_4$ 沉淀的溶解损失不超过 0.1%,洗涤沉淀用水最多不能超过多少毫升?

● 实验 2-19 山楂片中果胶质的测定

实验目的

1. 掌握重量分析法测定果胶质含量的原理。

2. 熟悉果胶酸钙的沉淀条件。

实验原理

山楂果实中含果胶质为 3.10% ～ 3.12%。果胶质是由半乳糖醛酸、乳糖、阿拉伯糖、葡萄糖醛酸等组成的高分子聚合物,是一种亲水植物胶。果胶物质以原果胶、果胶酯酸、果胶酸三种形态存在,平均相对分子质量为 5 万～30 万。果胶质存在于果蔬类植物组织中,是构成植物细胞的主要成分之一,也可作为食品生产中的胶冻材料和增稠剂,如用于制造果冻和糖果。果胶质是影响果酱制品稠度和凝冻性的重要因素。测定果胶的方法有重量分析法、咔唑比色法、果胶酸钙滴定法等。

重量分析法是利用沉淀剂使果胶物质沉淀析出后测定质量的方法。山楂果胶质经水解后生成果胶酸,其胶囊在溶液中带负电荷,能与钙离子生成不溶于水的果胶酸钙,根据果胶酸钙的重量,乘以换算系数 0.923 5,即得果胶质含量。

仪器、试剂和材料

圆底烧瓶(250 mL);布氏漏斗;烘箱;分析天平。

$1 mol \cdot L^{-1}$ 醋酸溶液:取 58. 3 mL 冰醋酸加蒸馏水至 1L;2 mol·L^{-1} 氯化钙溶液:取 111. 2 g 无水氯化钙加蒸馏水溶解至 500 mL;0.5 mol·L^{-1} 氢氧化钠溶液:称取 4 g 氢氧化钠加蒸馏水溶解至 200 mL;0. 01% 碱性品红溶液:将 0.1%碱性品红溶液稀释 10 倍。

实验内容

准确称取样品 5～10 g 于 250 mL 圆底烧瓶中,加入 10 mL 蒸馏水,煮沸 30 min,用布氏漏斗抽滤,滤渣以少量热蒸馏水洗 3 次,合并滤液。加入 0.5 mol·L^{-1} 氢氧化钠溶液 20 mL。混匀,加热至近沸,冷却,加入 1 mol·L^{-1} 醋酸溶液 50 mL。搅匀,再加入 2 mol·L^{-1} 氯化钙溶液 50 mL,搅匀,静置 30 min,加热微沸 5 min。用 50 mL 离心管分次离心,弃去上清液,合并沉淀。并用倾泻法将沉淀反复用水洗至上清液无氯离子(用 10%硝酸银溶液检验)。将沉淀转移到已质量恒定的滤纸中,于 105 ℃再次加热至质量恒定,根据沉淀质量计算果胶质含量。

思考题

1. 样品溶液先后加入氢氧化钠和醋酸的顺序能否调换,为什么?
2. 总结果胶酸钙的沉淀条件。

● 实验 2-20 重量分析法测定低钠盐中的钾含量

实验目的

1. 掌握四苯硼酸钾重量分析法测定钾的原理和方法。

2. 熟悉四苯硼酸钾的沉淀条件。

实验原理

在微酸性溶液中，K^+ 与四苯硼酸钠样品经水溶解后，加入甲醛溶液，使存在的铵离子转变成六次甲基四胺；加入乙二胺四乙酸钠（EDTA）消除干扰阳离子。在弱碱性介质中以四苯硼酸钠溶液为沉淀剂沉淀样品溶液中的钾离子，生成白色的四苯硼酸钾沉淀，将沉淀过滤、洗涤、干燥、称量。四苯硼酸钾溶解度较大（$K_{sp} = 2.2 \times 10^{-8}$），故应选用四苯硼酸钾的饱和溶液或四苯硼酸钠稀溶液洗涤沉淀。

根据沉淀质量计算样品中的钾含量。反应为

$$K^+ + Na[B(C_6H_5)_4] \rightleftharpoons K[B(C_6H_5)_4] \downarrow + Na^+$$

试剂、仪器和材料

酸式滴定管（50 mL）；锥形瓶（250 mL）；分析天平；移液管（25 mL）；容量瓶（250 mL）；烧杯；玻璃砂芯漏斗。

氢氧化钠溶液（40%）；乙二胺四乙酸二钠（EDTA）溶液（4%）；甲醛溶液（36%）；酚酞指示剂；四苯硼酸钠溶液（15 g·L^{-1}）。

实验内容

1. 样品溶液的制备

称取样品 2~5 g（含氧化钾约 400 mg），精确至 0.000 1 g，置于 250 mL 锥形瓶中，加蒸馏水约 150 mL，加热煮沸 30 min，冷却，定量转移到 250 mL 容量瓶中，用蒸馏水稀释至刻度，混匀，过滤，弃去最初滤液 50 mL。

2. 试液处理

吸取上述滤液 25.00 mL 于 250 mL 烧杯中，加 EDTA 溶液 20 mL（含阳离子较多时可加 40 mL），加 2~3 滴酚酞指示剂，滴加氢氧化钠溶液至刚出现红色时，再过量 1 mL，盖上表面皿，在通风橱内缓慢加热煮沸 15 min，然后冷却，若红色消失，再用氢氧化钠调至红色。

3. 沉淀及过滤

在不断搅拌下，于盛有样品溶液的烧杯中逐滴加入四苯硼酸钠沉淀剂，加入量为每 1 mg 氧化钾加沉淀剂 0.5 mL，并过量 7 mL，继续搅拌 1 min，静置 15 min 以上，用倾滤法将沉淀过滤于预先在 120 ℃下质量恒定的 4 号玻璃坩埚式滤器内，用四苯硼酸钠洗涤液洗涤沉淀 5~7 次，每次用量约 5 mL，最后用蒸馏水洗涤 2 次，每次用量约 5 mL。

4. 干燥、称量及计算

将盛有沉淀的坩埚置于 120 ℃下干燥 1.5 h，然后置于干燥器中冷却至室温，称量并计算钾含量。

💡 **思考题**

1. 四苯硼酸钾是哪种类型沉淀？为什么可用微孔玻璃坩埚过滤？

2. 洗涤四苯硼酸钾沉淀时,为什么先用四苯硼酸钾饱和溶液,再用蒸馏水洗涤?

5. 分光光度法

● 实验2-21　分光光度法测定花生中蛋白质的含量

实验目的

1. 了解分光光度法测定蛋白质的原理和测定方法。
2. 学习食品中蛋白质的样品预处理方法。

实验原理

食品中蛋白质检测的常用方法是将所有氮化物转化为氨态氮,再用酸碱滴定法进行测定,但该方法的弱点是无法判断氮化物的具体种类。不法之徒往往利用此方法的弱点,用铵盐或含氮有机物假冒奶制品或其他食品中的蛋白质。利用蛋白质可与某些有机化合物形成特殊颜色复合物的特点,可以采用分光光度法实现蛋白质的选择性检测,从而排除其他含氮物质的干扰。偶氮胂 M 是一种良好的光度分析显色剂,其结构为

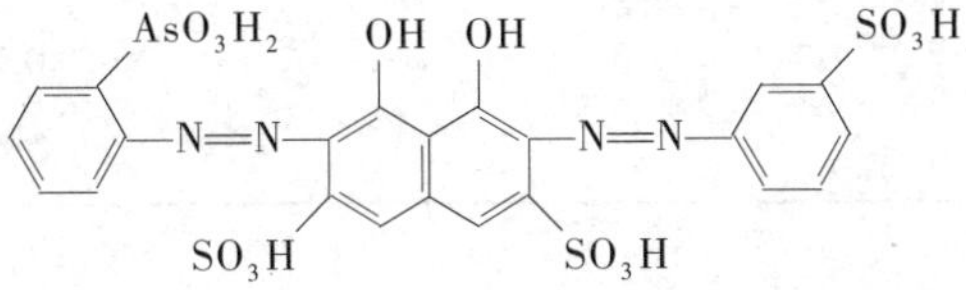

在 pH = 2.2~2.8 时,偶氮胂 M 能与蛋白质形成稳定的蓝色复合物,其最大吸收波长为 605nm,显色反应的摩尔吸收系数 $\kappa_{605} = 4.5 \times 10^5$ L·mol^{-1}·cm^{-1}。该显色反应具有良好的选择性,生物样品中常见的 K^+、Na^+、Ca^{2+}、Mg^{2+}、Cu^{2+}、Zn^{2+}、Cl^- 等及维生素、肌酐、尿酸、葡萄糖等对蛋白质的测定均无影响。

花生中含有 25%~36% 的蛋白质,其中水溶性蛋白和盐溶性蛋白比例约为 1:9。花生蛋白的等电点在 pH = 4.5 左右。花生球蛋白的相对分子质量约为 3 000,等电点为 pH = 5.0~5.2;伴花生球蛋白的相对分子质量由 2×10^4~2×10^6 的 6~7 个单体组成,等电点为 pH = 3.9~4.0。可以将花生样品进行粉碎、提取、过滤后在 pH = 2.5 与偶氮胂 M 反应,采用分光光度法测定蛋白质总量。

试剂、仪器和材料

分光光度计;高速匀浆机;离心机;容量瓶(100 mL);比色管(10 mL);吸量管(2 mL)。

蛋白质标准溶液(约 1g·L^{-1},视样品情况而定);偶氮胂 M(5.0 ×10^{-4} mol·L^{-1} 水溶

液);NaCl 溶液(1 %);KH$_2$PO$_4$溶液(5.0 ×10^{-3}mol·L^{-1});乳化剂 OP(0.05%);乳酸-乳酸钠缓冲溶液(pH = 2.5)。

实验内容

1. 样品处理

称取 25 g 干花生,用 pH ≈ 7.2 的 5 ×10^{-3}mol·L^{-1}KH$_2$PO$_4$溶液和 1 % NaCl 溶液在室温下浸泡 4~8 h(溶液加至刚好淹没全部花生,再继续加入约 20 mL)。用匀浆机匀浆,浆液于 4 ℃下静置过夜。用 3 层纱布过滤,并用 30 mL pH ≈ 7.2 的缓冲溶液分多次洗涤滤渣,以蒸馏水稀释滤液至 100 mL。取适量滤液在 1200 rmp 转速下离心 20 min,清液于 4 ℃下保存。

2. 样品测定

取 6 支比色管,按下表配制溶液,稀释至 10.0 mL,摇匀,放置 15 min,以 1 号为参比在 605 nm 处测定吸光度。以吸光度对标准溶液浓度作图,得一直线,延长此直线与横轴相交,交点的绝对值即为所测样品中蛋白质的含量。

编号	1	2	3	4	5	6	7
乳酸缓冲溶液/ mL	2.00	2.00	2.00	2.00	2.00	2.00	2.00
乳化剂 OP/ mL	1.00	1.00	1.00	1.00	1.00	1.00	1.00
偶氮胂 M/ mL	0.80	0.80	0.80	0.80	0.80	0.80	0.80
样品清液/ mL	0	0.50	0.50	0.50	0.50	0.50	0.50
蛋白质标准溶液/ mL	0	0	0	0	0.20	0.40	0.60
吸光度 A							

💡 **思考题**

1. 测定蛋白质含量的方法还有哪些?

2. 如何确定此法测定蛋白质含量的准确性?

● **实验 2-22　姜黄素分光光度法测定水样中的硼**

实验目的

掌握姜黄素分光光度法测定硼的原理。

实验原理

硼是植物生长的营养元素。植物需硼量随种类不同差异很大。一般植物硼缺乏的临界浓度是 0.50 mg·L^{-1},当灌溉用水含硼量超过 2.0 mg·L^{-1}时,对某些植物有害。

天然水含硼量较少,一般不超过 1.0 mg·L^{-1},而在盐湖水、卤水及某些矿泉水中含硼量较高。作为饮用水,硼含量要求不超过 1.0 mg·L^{-1},大量的长期摄入硼会影响中枢神经系统,引起硼中毒的临床综合症状。

测定硼的方法很多,姜黄素分光光度法是测定硼的经典方法,其灵敏度高,适用于 0.10~1.0 mg·L^{-1} 硼浓度范围的测定。

姜黄素是由植物中提取的黄色色素,以酮式和烯醇式两种形式存在,其分子结构如下:

酮式:

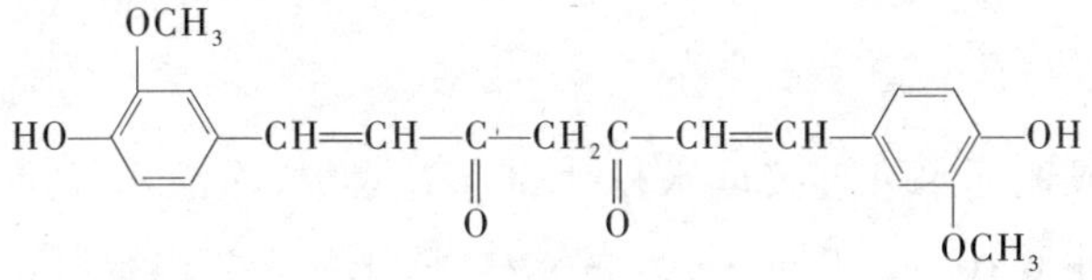

烯醇式:

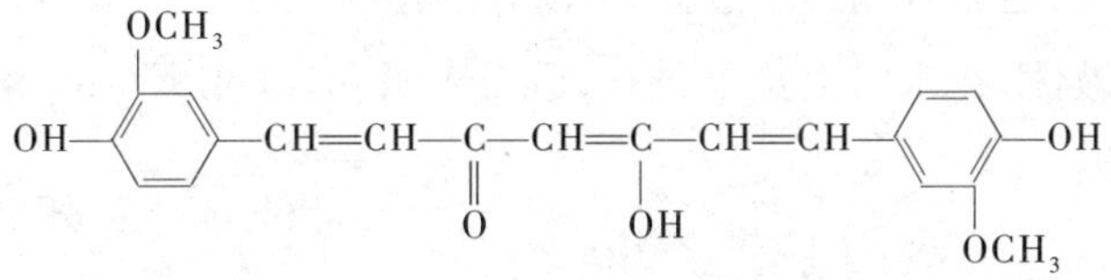

姜黄素不溶于水,但能溶于甲醇、丙酮和冰乙酸中呈黄色。在酸性介质中与硼结合形成玫瑰红色的配合物,因反应条件不同可形成两种有色配合物——玫瑰花青苷和红色姜黄素,玫瑰花青苷是两个姜黄素分子和一个硼原子结合而成,其摩尔吸收系数为 1.8 ×10^5 L·mol^{-1}·cm^{-1},最大吸收峰在 555 nm。玫瑰花青苷的分子结构如下:

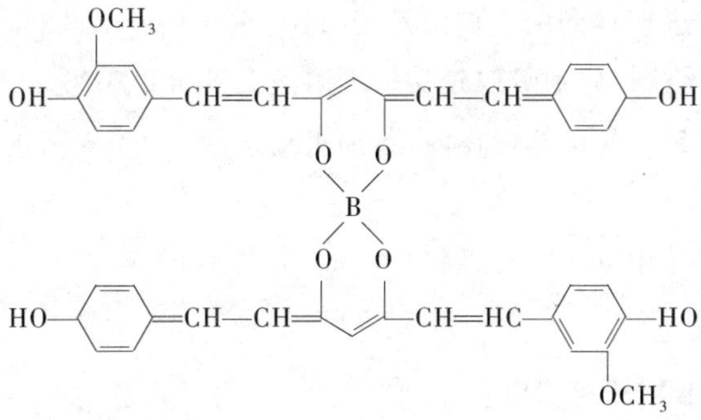

红色姜黄素为一个姜黄素分子、一个草酸分子与硼的配合物,其摩尔吸收系数为 4.0 ×10^5 L·mol^{-1}·cm^{-1},最大吸收峰在 540 nm。

玫瑰花青苷溶于乙醇后,室温下可稳定存在 1~2 h。玫瑰花青苷在 0.0014 ~ 0.06 mg·L^{-1} 符合比尔定律;红色姜黄素则在 0.005 ~ 0.2 mg·L^{-1} 符合比尔定律。

仪器、试剂和材料

分光光度计;比色皿(1 cm);恒温水浴锅;聚乙烯烧杯(50 mL,本实验所用容器均需用聚乙烯、无硼玻璃或其他无硼材料);蒸发皿。

硼标准贮备液(100.0 mg·L^{-1}):准确称取 0.57g 硼酸(H$_3$BO$_3$),溶解于去离子水中,转移至 1000 mL 容量瓶中,加去离子水稀释至刻线,硼酸应保存于密封的瓶中防止大气中水分进入,配制时直接取用。

硼标准使用液(1.00 mg·L^{-1}):取 10.00 mL 硼标准贮备液于 1000 mL 容量瓶中,用水稀释至刻度。

姜黄素-草酸溶液:称取 0.040 g 姜黄素($C_{21}H_{20}O_6$)和 5.0 g 草酸($H_2C_2O_4·H_2O$)于小烧杯中,用 95%乙醇分次溶于 100 mL 容量瓶中,加入 4.2 mL 6 mol·L^{-1}的 HCl 溶液,以 95% 乙醇定容,贮存在暗处。姜黄素容易分解,最好当天配制。

实验内容

1. 样品预处理

清洁地面水或地下水可直接取水样 1.00 mL 测定,浑浊水样可用滤纸过滤后测定。对于含硼量在 $0.10 \sim 1.0$ mg·mL^{-1}的水样,取 1.00 mL 进行测定。若水样含硼量过高,可稀释后再测定。若硼含量过低,可取较多水样置于蒸发皿中,加少许氢氧化钙饱和溶液使之呈碱性,在水浴上蒸干,加入适当体积 0.1 mol·L^{-1}HCl 溶液使之溶解,取 1.00 mL 进行测定。

2. 样品测定

1)取 1.00 mL 水样置于 50 mL 聚乙烯烧杯中,加入 4.0 mL 姜黄素溶液,轻轻摇动聚乙烯烧杯使之混匀。在(55 ± 3)℃的水浴上蒸干,水浴 15 min,取出冷却。用 95%的乙醇将固体物溶解,并用塑料棒擦洗杯壁,将溶液转移至 25 mL 的容量瓶中,用 95%的乙醇稀释至刻度。用 1cm 比色皿,在 540 nm 处测量吸光度。以去离子水代替水样,以同样操作步骤进行得到的空白溶液为参比,在 540 nm 处测量吸光度。

2)标准曲线的绘制:分别吸取硼酸标准溶液 0.00 mL、0.20 mL、0.40 mL、0.60 mL、0.80 mL、1.00 mL 于 50 mL 聚乙烯杯内,各加去离子水至 1.0 mL,按样品测定步骤进行显色和测量。

3)计算水样中含硼量,结果以硼含量(mg·L^{-1})表示。

💡 思考题

1. 本实验为何不用玻璃器皿?

2. 进行吸光度测定时,最好选用带盖的比色皿,为什么?

3. 本实验中应如何控制样品处理的相关条件以保证结果的精密度?

● **实验 2-23 双波长分光光度法测定牛奶中钙含量**

实验目的

1. 掌握双波长分光光度法的原理。

2. 学习样品预处理方法。

实验原理

牛奶的主要成分有水、脂肪、磷脂、蛋白质、乳糖、无机盐等。牛奶中的含钙量较高，而且属于容易吸收的乳钙。本实验采用干灰化法对牛奶进行预处理。将牛奶在空气中置于敞口的蒸发皿或坩埚中加热，牛奶经干式灰化后有机物经氧化分解，钙留在灰化后的残渣中，残渣经酸溶解，其中的钙含量可通过双波长分光光度法进行定量测定。

测定钙含量用铬黑 T(EBT)作为显色剂。铬黑 T 是配位滴定中常见的金属指示剂。在碱性缓冲液中，钙与铬黑 T－聚乙二醇溶液作用形成 1∶1 的配合物。因为铬黑 T 本身也有颜色，可利用双波长分光光度法消除显色剂铬黑 T 干扰。此方法适用测定钙的质量浓度范围为 $0 \sim 4.8\ \mu g \cdot mL^{-1}$。

牛奶中除了含有钙以外，还含有磷、钠、镁等无机盐成分，当采用铬黑 T 作显色剂时，镁会产生干扰，可用 8－羟基喹啉作掩蔽剂。

仪器、试剂和材料

电炉；马弗炉；分光光度计；分析天平；具塞比色管(25 mL)；容量瓶(100 mL)。

钙贮备溶液($400\ \mu g \cdot mL^{-1}$)；钙标准溶液($40\ \mu g \cdot mL^{-1}$)；EBT－聚乙二醇溶液($1 \times 10^{-3}\ mol \cdot L^{-1}$)：准确称取聚乙二醇 2000 5.00 g、铬黑 T 0.12 g，溶解后，加入少量的盐酸羟胺，防止其氧化褪色，定容至 250 mL，使用时根据需要进行稀释；氨－氯化铵缓冲溶液(pH＝10)；硼砂－氢氧化钠缓冲液(pH＝12.6)；盐酸溶液(1∶1)；8－羟基喹啉(分析纯)。

实验内容

1. 牛奶样品的预处理(干灰化法)

准确称取牛奶样品 2 g 于蒸发皿中，在电炉上炭化至无烟，置于 550 ℃马弗炉中灰化 2~3 h，冷却，将其完全转移至 100 mL 烧杯，加入 HCl 溶液(1∶1)溶解(可加热)，用硼砂－氢氧化钠缓冲液调至中性，转移至 100 mL 容量瓶中定容，混匀备用。

2. 吸收曲线的制作

于 2 支 25 mL 比色管中，加入 EBT－聚乙二醇水溶液 1.5 mL，氨－氯化铵缓冲液 5.0 mL，分别加入钙贮备溶液($400\ \mu g \cdot mL^{-1}$)0.00 mL、3.00 mL，稀释至刻度，放置 10 min，以蒸馏水为参比，分别在 450~720 nm 每 10 nm 测试两种溶液的吸光度(其中 EBT 和钙形成的配合物的溶液在 550~670 nm，每隔 5 nm 测量一次)。以波长为横坐标，吸光度为纵坐标，绘制吸收曲线，通过两条吸收曲线确定双波长分光光度法测定钙的测量波长和参比波长(选择 EBT 和钙形成的配合物的最大吸收波长为测量波长，在此波长处做垂线，与 EBT 的吸收曲线相交于一点，再过此交点做平行于横轴的直线，它与 EBT 的吸收曲线相交于另一点，该点对应的波长即可作为参比波长)。

3. 标准曲线的制作

于 25 mL 比色管中,加入 EBT-聚乙二醇溶液 3.5 mL,氨-氯化氨缓冲液 2.0 mL,分别加入 0.00 mL,1.00 mL,3.00 mL,5.00 mL,7.00 mL,9.00 mL Ca^{2+} 标准溶液(40 μg·mL^{-1}),稀释至刻度,放置 10 min,以蒸馏水为参比,测定 ΔA,以 ΔA 为纵坐标,钙的浓度为横坐标绘制标准曲线。

4. 样品中钙含量的测定

准确移取 2.00 mL(移取量可根据所用样品中钙的含量做调整)待测样品溶液于 25 mL 比色管中,按标准曲线的制作步骤配制溶液,测试吸光度。为消除 Mg^{2+} 对测定结果的影响,可加入掩蔽剂 8-羟基喹啉,测定吸光度 ΔA,由回归方程计算样品中的钙含量。

💡 思考题

1. 双波长分光光度法如何选择测量波长和参比波长?

2. 本实验中为什么需要将 pH 调至 10 进行显色?

二、综合实验

● 实验 2-24 紫外吸收光谱法测定 APC 片剂中乙酰水杨酸的含量

实验目的

1. 了解紫外-可见分光光度计的结构及使用方法。

2. 掌握紫外-可见分光光度法定量分析的基本原理和实验技术。

实验原理

APC 药片经研磨成粉末,用稀 NaOH 溶液溶解提取,其主要成分乙酰水杨酸可水解成水杨酸钠进入水溶液,该提取液在 295 nm 左右出现水杨酸的特征吸收峰。通过测定提取液中水杨酸钠的吸光度,即可从标准曲线上求出水杨酸的含量。根据两者的相对分子质量,即可求得 APC 中乙酰水杨酸的含量。溶剂和其他成分不干扰测定。

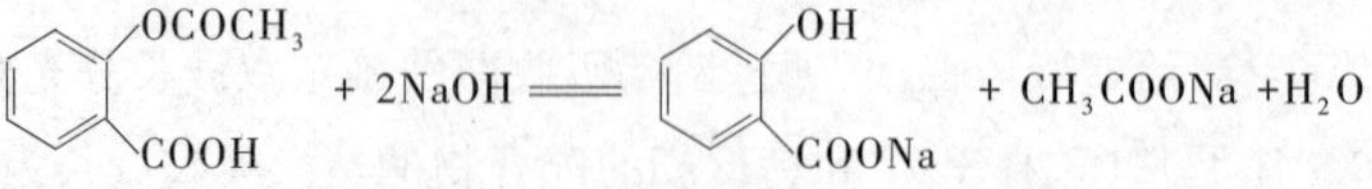

$$\text{（邻-OCOCH}_3\text{,COOH）} + 2NaOH \Longrightarrow \text{（邻-OH,COONa）} + CH_3COONa + H_2O$$

仪器、试剂和材料

紫外-可见分光光度计;3G 玻璃砂芯漏斗;抽滤瓶(250 mL);容量瓶(50 mL,

250 mL,1000 mL);移液管(20 mL);刻度吸量管(5 mL)。

水杨酸贮备液(0.500 0 mg·mL^{-1}):称取 0.500 0 g 水杨酸溶于少量 0.10 mol·L^{-1} NaOH 溶液中,然后用蒸馏水定容于 1000 mL 容量瓶中;NaOH 溶液(0.10 mol·L^{-1})。

实验内容

1. 标准溶液配制

将 6 个 50 mL 容量瓶按 0~5 依次编号。分别移取水杨酸贮备液 0.00 mL、1.00 mL、2.00 mL、3.00 mL、4.00 mL、5.00 mL 于相应编号容量瓶中,各加入 1.0 mL 0.10 mol·L^{-1} NaOH 溶液,用蒸馏水稀释至刻度,摇匀。

2. 样品溶液配制

放一片 APC 药片在清洁的 50 mL 烧杯中,加 2.0 mL 0.10 mol·L^{-1} NaOH 溶液先溶胀 10 min,再加入 10 mL 0.10 mol·L^{-1} NaOH 溶液,用玻璃棒搅拌溶解。在玻璃砂芯漏斗中先放入一张滤纸,用玻璃砂芯漏斗定量地转移烧杯中的内含物,用 10 mL 的 0.10 mol·L^{-1} NaOH 溶液淋洗烧杯和玻璃砂芯漏斗,再用 20 mL 蒸馏水淋洗漏斗 4 次(共 80 mL),并将滤液收集于 250 mL 烧杯中,于 80 ℃ 水浴加热 10 min。冷却至室温后,转移到 250 mL 容量瓶中,用蒸馏水稀释至刻度,摇匀。取 20.0 mL 溶液至一个 50 mL 容量瓶中,稀释至刻度,摇匀。

3. 吸收光谱及吸光度测定

在紫外-可见分光光度计上对标样 3 进行扫描,波长范围是 320~280 nm,找出最大吸收波长,并在该波长下由低浓度到高浓度测定标准溶液的吸光度,最后测定未知液的吸光度,并换算成乙酰水杨酸的浓度。

根据稀释关系,求出 1 片 APC 中乙酰水杨酸的含量,与制造药厂所标明的含量(25 mg)进行比较,计算误差。

⚠ **注意事项**

1. 药片需充分溶胀后再碾碎。

2. 测量前用待测液润洗比色皿,测量由低浓度到高浓度依次进行。

3. 样品经两次稀释后进行吸光度测试,因此提取和各步转移必须严格定量,制作标准曲线的标样浓度必须准确,否则测定误差比较大。

💡 **思考题**

1. 实验中为什么要加热?

2. 本实验引起误差的因素有哪些?如何减少误差?

● 实验 2-25　离子交换法分离及分光光度法测定钴和镍

实验目的

1. 初步了解离子交换分离法在定量分析中的应用。

2. 学习采用分光光度法测定微量钴和镍含量的方法。

实验原理

用强碱性阴离子交换树脂分离钴和镍离子,在 9 mol·L^{-1} 的盐酸介质中,Co^{2+} 与 Cl$^-$ 形成 CoCl$_4^{2-}$ 阴离子,被阴离子交换树脂所吸附。Ni^{2+} 不形成配离子,则不被树脂所吸附,从而与 Co^{2+} 分离。分离后再用稀盐酸(1 ~ 4mol·L^{-1})淋洗树脂,使 CoCl$_4^{2-}$ 解离,而使 Co^{2+} 被淋洗下来。分离后的 Ni^{2+} 和 Co^{2+},分别用分光光度法测定。

在有氧化剂存在的强碱性溶液中,Ni^{2+} 与丁二酮肟生成橘红色配合物,其最大吸收波长为 465 nm,试剂本身无色。在 pH = 4~9 的溶液中,Co^{2+} 与新钴试剂(5-Cl-PADAB)生成红色配合物,然后用 HCl 溶液进行酸化,使酸度达到 3~7mol·L^{-1},配合物由红色转变为紫红色,其最大吸收波长为 568nm,试剂本身呈黄色。酸化不但增大了配合物与试剂本身颜色的反差,而且使可能存在的其他金属离子的有色配合物受到破坏,消除了其他金属离子的干扰。新钴试剂是测定钴的灵敏性与选择性均高的显色剂之一。

仪器、试剂和材料

色谱柱[10×150mm(下端有玻璃砂滤片)];分光光度计(配 10 mm 吸收池)。

HCl 溶液(9 mol·L^{-1},2 mol·L^{-1});NaOH 溶液(0.50 mol·L^{-1});(NH$_4$)$_2$S$_2$O$_8$ 溶液(3%);乙酸钠溶液(1.0 mol·L^{-1});丁二酮肟溶液(1.0%乙醇溶液);新钴试剂溶液(0.05%乙醇溶液);镍标准溶液(50.0 μg·mL^{-1}):用干燥的 100 mL 烧杯准确称取 NiCl$_2$·6H$_2$O 试剂 2.025 g,加入 10 mL 浓盐酸和 50 mL 二次水,溶解后转入 500 mL 容量瓶中,再加 15 mL 浓盐酸,用二次水稀释至标线,摇匀,此为贮备液(含镍 1.00 mg·mL^{-1})。用时取 50.0 mL,注入 1L 容量瓶中,用二次水稀释至标线,摇匀;钴标准溶液(5.00 μg·mL^{-1}):用干燥的 100 mL 烧杯准确称取 0.201 9 g CoCl$_2$·6H$_2$O 试剂,加入10 mL浓盐酸和 50 mL 二次水,溶解后移入 500 mL 容量瓶中,再加入 150 mL 浓盐酸,用二次水定容后摇匀,此为贮备液(含钴 100 μg·mL^{-1})。用时取出 50.0 mL,注入 1 L容量瓶中,加二次水定容后摇匀。

阴离子交换树脂:强碱型季胺Ⅰ型阴离子交换树脂,80~100 目。新树脂用自来水漂洗后,在饱和的 NaCl 溶液中浸泡 24 h,取出浮起的树脂,用水洗净后再用 2 mol·L^{-1}

的 NaOH 溶液浸泡 2 h,然后用二次水洗至中性,浸于 $2 mol \cdot L^{-1}$ 的 HCl 溶液中备用。

实验内容

1. 色谱柱的准备

用滴管将树脂装入 2 支已洗净的色谱柱中,使树脂床高度为 3 cm。松开柱下端的螺旋夹,放出过多的稀盐酸,调节流速为 $0.5 mL \cdot min^{-1}$。待液面降至树脂床上端时,用 5 mL 9 $mol \cdot L^{-1}$ 的 HCl 溶液淋洗树脂(用滴管分 5 次加入)。

2. 样品的分离

在色谱柱下端各放一个 100 mL 容量瓶收集流出液。用吸量管各加入 1.00 mL 样品于柱中,上部的树脂吸附了钴而呈现绿色。用量筒量取 5 mL 9 $mol \cdot L^{-1}$ HCl 溶液,分 5 次滴加到柱中淋洗 Ni^{2+}。然后旋紧夹子,将盛接流出液的容量瓶移开代之以另一个容量瓶收集钴的洗脱液。各取 10 mL 2 $mol \cdot L^{-1}$ 的 HCl 溶液,分 10 次淋洗 Co^{2+},洗脱过程中树脂上部的绿色谱带不断下降以至消失,盛装洗脱液的 4 个容量瓶均用二次水定容,摇匀,分别用于测定镍和钴。

3. 镍的测定

洗净 7 支比色管,在前五支比色管中分别加入 0 mL、0.50 mL、1.00 mL、1.50 mL、2.00 mL镍标准溶液,在后两支比色管中各加入 5.00 mL 分离后的镍试液。然后各加 2.0 mL 丁二酮肟溶液,轻轻摇动混合,再各加 3.0 mL $(NH_4)_2S_2O_8$ 溶液和 5.0 mL NaOH 溶液(后两支管中各加 NaOH 溶液 10 mL),用二次水稀释至标线,摇匀。放置 20 min(冬天则在 50 ℃ 的水浴中加热 10 min,然后冷却至室温),以试剂空白溶液为参比,在 465 nm 波长处测量吸光度。绘制标准曲线,并计算原样品中镍的浓度,以 $mg \cdot mL^{-1}$ 表示。

4. 钴的测定

洗净 7 支比色管,在前 5 支管中分别加入 0 mL、0.50 mL、1.00 mL、1.50 mL、2.00 mL钴标准溶液,在后 2 支管中各加入 5.00 mL 分离后的钴试液,然后各加0.50 mL 新钴试剂和 4.0 mL 乙酸钠溶液,摇动几下,放置 10 min。再各加 10 mL 9 $mol \cdot L^{-1}$ 的 HCl 溶液,用二次水定容后摇匀。以试剂空白溶液为参比,在 570 nm 波长处测量吸光度。绘制校准曲线,并计算原试液中钴的浓度,以 $mg \cdot mL^{-1}$ 表示。

5. 树脂的再生

以 $0.5 mL \cdot min^{-1}$ 的 HCl 溶液淋洗树脂。

⚠ **注意事项**

1. 用盐酸处理树脂及样品的分离过程中,流速均应控制在 $0.5 mL \cdot min^{-1}$,过快则分离或洗脱不完全。按本实验规定的操作条件,钴和镍的回收率可分别达到 90% 和 95% 以上。

2. 每次加 HCl 溶液都要缓慢地沿柱壁加入,以防止搅动树脂。待液面降至树脂上端时再继续加 HCl 溶液,以便提高分离和洗脱效率。但任何时候都要避免溶液流干,应始终保持树脂在液面以下。

3. 试验表明,柱空白与试剂空白基本相同,故本实验不做柱空白试验。

💡 思考题

1. 淋洗树脂时,所用 HCl 溶液为什么要分几次加入?淋洗速度与分离效果有什么关系?

2. 测定镍时,为什么后 2 支比色管要多加 5 mL NaOH 溶液?

3. 测定钴时,为什么加入新钴试剂和乙酸钠显色后又加入大量的 HCl 溶液?

● 实验 2-26　萃取光度法测定天然水中的挥发性酚

实验目的

1. 了解 4-氨基安替比林萃取光度法测定水中挥发酚的原理及测定方法。

2. 熟悉萃取分离法原理和操作。

实验原理

酚类化合物由一系列酚及其衍生物构成。水中含有的酚对动植物和人类都有很大危害。酚类化合物在 pH = 10±0.2 的介质中,以铁氰化钾为氧化剂可与 4-氨基安替比林反应生成橙红色安替比林染料,用三氯甲烷萃取,在 460 nm 波长下测定其吸光度,即可从标准曲线上求出样品中酚含量。最低检出浓度为 0.002 mg·L^{-1}。

仪器、试剂和材料

分光光度计;具塞锥形分液漏斗(500 mL);蒸馏烧瓶。

无酚水:在全玻璃蒸馏器中加入蒸馏水,加 NaOH 至强碱性,滴加 KMnO$_4$ 溶液至深红,加数粒玻璃珠,加热蒸馏,除去约 200 mL 水,然后收集于硬质玻璃瓶中;NH$_4$Cl-NH$_3$·H$_2$O 缓冲溶液:称取分析纯 NH$_4$Cl 溶于分析纯 100 mL 浓氨水中,此液 pH = 9.80 的 2% 4-氨基安替比林溶液的制备,称取 2 g 提纯的 4-氨基安替比林溶于无酚水中,稀释至 100 mL,置于棕色瓶,贮于冰箱中(可保存使用 1 周);铁氰化钾溶液(8%):称取 8 g 优级纯 K$_3$[Fe(CN)$_6$]溶于 100 mL 无酚水中,置于棕色瓶,贮于冰箱中(可使用 1 周,颜色变深时应重新配制);酚标准贮备液:准确称取 0.5000 g 精制酚,溶解于无酚水中,定容至 500 mL,贮于冰箱中;酚标准溶液:准确移取 0.25 mL 酚标准贮备液于 250 mL 容量瓶中,以无酚水稀释至刻度,摇匀,此液含酚 1.0 μg·mL^{-1};三氯甲烷(分析纯)。

实验内容

1. 标准曲线的制作

在 8 只 500 mL 具塞锥形分液漏斗,分别加入 100 mL 无酚水,依次加入酚标准溶液 0.00 mL、0.50 mL、1.00 mL、3.00 mL、5.00 mL、7.00 mL、10.00 mL、15.00 mL,再分别加无酚水至 250 mL。各加入 2 mL 缓冲溶液,摇匀;再各加入 1.5 mL 4-氨基安替比林溶液,摇匀;最后各加入 1.5 mL 铁氰化钾溶液充分摇匀后,放置 10 min。

准确加入三氯甲烷 10.00 mL,剧烈振荡 2 min,静置分层。用脱脂棉擦干分液漏斗颈管内壁后塞上一小团脱脂棉,慢慢放出三氯甲烷层,弃去最初滤出的数滴后,直接放入干燥的 2 cm 比色皿中,在 460 nm 波长下,以加入 0.00 mL 酚标准溶液的三氯甲烷液为参比测其吸光度。以吸光度为纵坐标,酚含量为横坐标绘制标准曲线。

2. 水样的测定

取水样蒸馏液 250.00 mL,放入 500 mL 分液漏斗中,按制作标准曲线的步骤操作,以三氯甲烷为参比溶液,测其吸光度。在标准曲线上查出水样中酚的浓度,以苯酚 $(mol \cdot L^{-1})$ 计。

⚠ **注意事项**

1. 将收集的水样用蒸馏法将酚蒸出所测得的酚是挥发酚。这样同时可消除原水样的颜色、混浊物和其他杂质。蒸馏方法如下:量取 250 mL 水样转入全玻璃蒸馏器中,加数粒玻璃珠,加入 5 mL 硫酸铜(10%),用磷酸溶液(取 10 mL 85% H_3PO_4 溶液用无酚水稀释至 100 mL)调节至 pH=4,进行蒸馏。用 250 mL 容量瓶接受馏出液,至蒸出 225 mL 左右时停止加热,稍冷却,加入 25 mL 水,继续蒸馏使馏出液至 250.00 mL 为止。若水样含酚量高,则可取一定体积的蒸馏液以无酚水稀释至 250.00 mL 测定。

4-氨基安替比林的提纯:将 4-氨基安替比林置于干燥的烧杯中,加约 10 倍的苯(分析纯),用玻璃棒搅拌,将块压碎,在通风橱内用干燥滤纸过滤,再用少量苯洗几次馏出液为淡黄色为止。将滤纸上的沉淀摊开放在干燥的表面皿上,通风晾干,置于干燥器中避光保存。

2. 酚的精制:将分析纯苯酚置于 60~70 ℃ 的热水中溶解,转入 100 mL 蒸馏瓶中,瓶塞用包有铝箔的软木塞(其中插有 1 支 250 ℃ 水银温度计)塞紧,蒸馏瓶支管与空气冷凝管连接,在通风橱中加热蒸馏,弃去最初的馏出液,用干燥的具塞小锥形瓶收集 182~184 ℃ 的馏出液(应无色),密封,在暗处保存。

3. 水样中含酚在 1~10 $mol \cdot L^{-1}$ 时,会使鱼类中毒;水含酚大于 100 $mol \cdot L^{-1}$ 时,会使农作物枯死。

💡 **思考题**

1. 4-氨基安替比林和酚标准溶液为什么要提纯?

2. 液-液萃取的原理是什么?

● 实验 2-27　共沉淀分离萃取分光光度法测定纯铜中的铋

实验目的

1. 掌握共沉淀分离法的原理。

2. 熟悉纯铜中铋的共沉淀分离过程和操作。

实验原理

当沉淀从溶液中析出时,溶液中的某些原本可溶的组分被沉淀剂沉淀下来,共同存在于沉淀物中的现象即为共沉淀现象。共沉淀分离法就是加入某种离子与沉淀剂生成沉淀作为载体(共沉淀剂),将痕量组分定量沉淀下来,然后将沉淀分离,以达到分离和富集目的的一种分离方法,在分离富集中应用广泛。本实验采用水合二氧化锰作载体从基体铜中共沉淀分离铋。$MnO(OH)_2$ 由 $MnSO_4$ 与 $KMnO_4$ 反应而成,其反应方程式如下:

$$2MnO_4^- + 3Mn^{2+} + 7H_2O \Longrightarrow 5MnO(OH)_2\downarrow + 4H^+$$

沉淀分离之后,用 $H_2SO_4-H_2O_2$ 溶解载体 $MnO(OH)_2$

$$2MnO(OH)_2 + 8H_2O_2 + 4H^+ \Longrightarrow 2Mn^{2+} + 5O_2\uparrow + 12H_2O$$

在 $1~2\ mol\cdot L^{-1}\ H_2SO_4$ 介质中 Bi^{3+} 与 KI 及马钱子碱形成三元配位物 $BHI-BiI_3$(B 代表马钱子碱),被氯仿萃取后呈黄色进行吸光度测定。Cu^{2+}、Fe^{3+} 与 KI 作用析出碘,影响测定。加入硫脲和酒石酸可消除它们的干扰。

仪器、试剂和材料

分光光度计;分液漏斗;烧杯。

纯铜样品;硝酸(1∶1);$MnSO_4$ 溶液(5%);$KMnO_4$ 溶液(1%);酒石酸溶液(20%);H_2SO_4 溶液(1 $mol\cdot L^{-1}$);硫脲溶液(10%);KI 溶液(20%);柠檬酸溶液(25%);马钱子碱溶液(1%):1g 分析纯马钱子碱,溶于 25% 柠檬酸溶液中,并将此溶液稀释至 100 mL;$CHCl_3$;$H_2SO_4-H_2O_2$ 混合液:取浓 H_2SO_4 溶液 7 mL 慢慢加入93 mL 蒸馏水中,冷却后加入 3 mL 30% H_2O_2;无水硫酸钠(固体);铋标准溶液(5 $mg\cdot mL^{-1}$):铋盐溶于 1∶9 的 H_2SO_4 介质中。

实验内容

1. 样品的处理

纯铜中含铋量一般在 0.002% 以下,故应使样品中含铋量以 20 mg 为宜,根据此量,可在分析天平上准确称取铜合金样品 1g 左右,置于烧杯中,加 1∶1 硝酸 20 mL 加热溶解,用蒸馏水稀释至 200 mL。

2. 铋的共沉淀分离

将试液加热至沸,加入 2 mL $MnSO_4$ 溶液、3 mL $KMnO_4$ 溶液,煮沸 5min,静置澄清后,选用快速滤纸过滤,烧杯和沉淀用热蒸馏水洗涤数次,以除去滤纸和沉淀中所残留的杂质。将沉淀冲洗于原烧杯中,用 10 mL $H_2SO_4-H_2O_2$ 热溶液洗涤滤纸,溶液合并于原烧杯中,加热近沸,冷却,加酒石酸溶液 7 mL,微热溶解其残渣,备作铋的测定之用。

3. 萃取比色测定铋

将所得铋溶液用 $1\ mol \cdot L^{-1} H_2SO_4$ 溶液 15 mL 洗入分液漏斗中,加硫脲溶液 5 mL,KI 溶液 4 mL 马钱子碱溶液 4 mL,每加一种试剂均需摇匀。准确地加入 10 mL $CHCl_3$,振荡 1min 分层后将有机相分离于干烧杯中,加少许无水硫酸钠以除去水分,在 460 nm 波长测定吸光度。同时做空白试验。

4. 标准曲线的绘制

取标准铋溶液 0.00 mL、1.00 mL、2.00 mL、3.00 mL、4.00 mL、5.00 mL 分别置于 100 mL 烧杯中,蒸发至近干,加酒石酸溶液 7 mL,按照以上萃取分光光度法分析步骤,测定吸光度,并绘制出标准曲线。

5. 结果计算

根据上述测定结果,计算纯铜样品中铋的含量。

💡 **思考题**

共沉淀分离中应如何选择载体?

● 实验 2-28　多种滴定方法测定氯乙酸中各组分的含量

实验目的

1. 掌握采用多种滴定技术测定混合物中各组分含量的分析方法。

2. 比较莫尔法和佛尔哈德法测定氯离子含量的异同。

实验原理

工业生产的氯乙酸中含有少量二氯乙酸。因此对氯乙酸样品中氯乙酸、二氯乙酸含量的分别测定对其质量控制非常重要。本实验通过氧化还原滴定和沉淀滴定两种方法分别测定样品中二氯乙酸及氯乙酸和二氯乙酸的总含量,由总量减去二氯乙酸的含量即可得到氯乙酸的含量。样品中氯乙酸、二氯乙酸在适当条件下分别与氢氧化钠发生反应,两者生成的氯化钠可采用硝酸银直接滴定法(莫尔法)或硝酸银间接滴定法(佛尔哈德法)测得总氯含量。而二氯乙酸与氢氧化钠反应后生成的乙醛酸继续与氢氧化钠反应生成草酸钠,在适当条件下用高锰酸钾标准溶液滴定,测得二氯乙酸含量。由总氯含量减去二氯乙酸的含量,即为氯乙酸含量。其反应方程式为

$$ClCH_2COOH + 2NaOH = HOCH_2COONa + NaCl + H_2O$$

$$Cl_2CHCOOH + 3NaOH = O=CHCOONa + 2NaCl + 2H_2O$$

$$2O=CHCOONa + NaOH = HOCH_2COONa + Na_2C_2O_4$$

$$2MnO_4^- + 5C_2O_4^{2-} + 16H^+ = 2Mn^{2+} + 10CO_2\uparrow + 8H_2O$$

仪器、试剂和材料

直形冷凝管(400 mm);酸式滴定管(50 mL);锥形瓶(250 mL);烧杯;移液管(25 mL);分析天平;刚果红试纸。

NaOH 溶液(300 g·L^{-1});硫酸溶液(0.1 mol·L^{-1},1:4);硫酸锰混合液;KMnO$_4$ 标准溶液(0.1 mol·L^{-1});酚酞指示液(10 g·L^{-1});硝酸溶液(2:3);NaOH 溶液(0.5 mol·L^{-1});AgNO$_3$ 标准溶液(0.1 mol·L^{-1});K$_2$CrO$_4$ 指示液(5%);铁铵矾溶液(8%);NH$_4$SCN 标准溶液(0.1 mol·L^{-1});邻苯二甲酸二丁酯。

实验内容

1. 样品溶液的制备

称取 3 g 样品(精确至 0.000 1 g)于 250 mL 锥形瓶中,加 40 mL 300 g·L^{-1}氢氧化钠溶液,装上冷凝管,在电炉上煮沸并回流 10 min,冷却至室温,转移至 250 mL 容量瓶中,用蒸馏水稀释至刻度,摇匀,得样品溶液。

2. 二氯乙酸含量的测定

准确移取样品溶液 100.0 mL 于 250 mL 锥形瓶中,以刚果红试纸指示,滴加 1:4 硫酸溶液至刚果红试纸由红色变为蓝色,再过量 20 mL,加热至 40 ℃,加 10 mL 硫酸锰混合液,用高锰酸钾标准溶液滴定至溶液呈粉红色,保持 15 s 不褪色为终点,记录测得的体积 V_1。同时做空白试验,消耗高锰酸钾标准溶液的体积为 V_0。

3. 样品中总氯含量的测定(莫尔法)

准确移取样品溶液 25.00 mL 于 250 mL 锥形瓶中,加 40 mL 蒸馏水及 2 滴酚酞指示液,用硝酸溶液中和至溶液由红色变为无色,然后滴加 0.5 mol·L^{-1} NaOH 溶液至刚出现红色,再滴加 0.1 mol·L^{-1}的硫酸溶液至溶液刚好无色。加 1 mL 铬酸钾指示液,在充分摇动下,用硝酸银标准滴定溶液滴定至溶液呈稳定的淡红色悬浮液,并经充分摇动后,颜色不消失,即为终点,记录硝酸银消耗体积 V_2。

4. 样品中总氯含量的测定(佛尔哈德法)

准确吸取样品溶液 25.00 mL 于 250 mL 锥形瓶中,加入 40 mL 蒸馏水和 2 滴酚酞指示液,用硝酸溶液中和并过量 5 mL,准确加入 50.00 mL 硝酸银标准溶液、3 mL 硫酸铁铵指示液、4 mL 邻苯二甲酸二丁酯,用硫氰酸铵标准滴定溶液滴定至溶液呈浅棕红色,并保持 30 s 不褪色时,即为终点,记录硫氰酸铵消耗体积为 V_3。

5. 数据计算

由样品中总氯的含量减去二氯乙酸的含量即得到氯乙酸的含量,由此可以得到样品中各组分的含量。

💡 思考题

1. 为什么佛尔哈德法和莫尔法测定的是样品中总氯的含量?

2. 样品进行碱分解时氢氧化钠的量对测定结果有何影响?

• 实验2-29　微波消解-分光光度法测定特殊膳食中磷的含量

实验目的

1. 掌握微波消解的样品前处理方法。

2. 掌握分光光度法测定微量磷的方法。

实验原理

磷是人体骨骼和牙齿的重要成分,此外还参与核酸、细胞膜、磷蛋白及某些辅酶的组成,在人体代谢、维持酸碱平衡、维持肾脏正常机能和传达神经刺激中具有重要作用。由于磷的重要生理功能,国家标准对婴儿配方食品等特殊膳食产品标准中均对磷的含量进行了规定。目前,国标中有关特殊膳食和乳制品中磷的测定的前处理方法为湿法消解,再用分光光度法测定。由于湿法消解过程中要使用浓硝酸、高氯酸等有机酸至少 20 mL,样品中蛋白质、脂肪、糖类等有机物含量高,长时间加热样品具有安全隐患,且湿法消解空白值高,影响检验结果的准确性。因此本实验采用微波消解代替湿法消解前处理,检测周期短、前处理简单、空白值低、试剂消耗量少,具有环保、安全、准确、高效的优点,同时可以降低空白值,保证结果准确的优点。

本实验样品经酸氧化后,磷在硝酸溶液中与钒钼酸铵生成黄色配合物,用分光光度计在波长 440 nm 处测定吸光度,其颜色的深浅与磷的含量成正比。

仪器、试剂和材料

微波消解系统;紫外-可见分光光度计;移液管(10 mL);容量瓶(25 mL,50 mL);分析天平。

浓硝酸;高氯酸;钼酸铵;偏钒酸铵;2,6-二硝基酚或 2,4-二硝基酚 $[C_6H_3OH(NO_2)_2]$;过氧化氢(30%,优级纯);婴儿配方乳粉;全脂乳粉;氢氧化钠;磷酸二氢钾标准品(KH_2PO_4);钒钼酸铵试剂(A 液:25 g 钼酸铵 $[(NH_4)_6Mo_7O_{24}\cdot 4H_2O)]$,溶于 400 mL 水中。B 液:1.25 g 偏钒酸铵(NH_4VO_3)溶于 300 mL 沸水中,冷却后加 250 mL 硝酸,将 A 液缓缓倾入 B 液中,不断搅匀,并用水稀释至 1 L,贮于棕色瓶中);氢氧化钠溶液(6 mol·L^{-1});0.1 mol·L^{-1}氢氧化钠溶液,0.2 mol·L^{-1}硝酸溶液;磷的标准贮备液(50 μg·mL^{-1}):称取在(105 ± 1)℃烘干至质量恒定的磷酸二氢钾标准品 0.219 7g,溶于 400 mL 蒸馏水中,加 5 mL 1:1 的硫酸,定容至 1 L。可长久贮存;二硝基酚指示剂(2 g·L^{-1}):称取 0.2 g 2,6-二硝基酚或 2,4-二硝基酚溶于 100 mL 蒸馏水中。

实验内容

1. 微波消解条件的研究

准确称取 0.5 g(精确至 0.000 1 g)样品于聚四氟乙酸微波消解内罐中,加入6 mL 浓硝酸、2 mL 过氧化氢于微波消解仪中消解,室温放置 10 min,盖上内盖,旋紧外盖,具体消解程序见下表。样品消解完全后冷却,将消解液转移至试管中并于 140 ℃ 赶酸,将赶酸后的消解液转移至 25 mL 容量瓶中,定容、摇匀得到样品溶液,同时做空白试验。

步骤	升温时间/min	控制温度/℃	持续时间/min
1	3	120	5
2	5	180	6
3	5	240	8

2. 磷标准曲线的测定

分别吸取 50 μg·mL^{-1} 磷的标准贮备液 0.00 mL、2.50 mL、5.00 mL、7.50 mL、10.00 mL、15.00 mL 放入 50 mL 容量瓶中,加入 10.00 mL 钒钼酸铵试剂,用蒸馏水定容至刻度。在 25~30 ℃ 下显色 15 min。用 1 cm 比色皿于波长 440 nm 处测定吸光度。以吸光度为纵坐标,以磷的浓度为横坐标,绘制标准曲线。

3. 样品中磷含量的测定

吸取试液 10.00 mL 于 50 mL 容量瓶中,加少量蒸馏水后,加 2 滴二硝基酚指示剂,先用氢氧化钠溶液调至黄色,再用硝酸溶液调至无色,最后用氢氧化钠溶液调至微黄色,加入 10.00 mL 钒钼酸铵试剂,用水定容至刻度,在 25~30 ℃ 下显色 15 min。以空白溶液为参比溶液,测定其吸光度。

4. 数据计算

根据标准曲线和样品的吸光度计算样品中磷的浓度,并和国标进行比较,判断其含量是否合格。

💡 思考题

1. 微波消解的原理是什么?

2. 进行样品测定时,为什么需要用氢氧化钠调节样品的酸度?

● 实验 2-30　分光光度法测定水中的氨态氮和亚硝酸态氮

实验目的

学习水中氨态氮和亚硝酸态氮的联合测定方法。

实验原理

水中氨态氮和亚硝酸态氮的测定是环境监测、海洋调查、水产养殖等领域的例行分析项目,目前一般采用分光光度法。本实验用磺胺、萘乙二胺试剂测定亚硝酸态氮,在 $pH \approx 2$ 的溶液中,亚硝酸根与磺胺反应生成重氮化物,再与萘乙二胺反应生成偶氮染料,呈紫红色,最大吸收波长为 543 nm,其摩尔吸收系数约为 5×10^4 $L \cdot mol^{-1} \cdot cm^{-1}$。亚硝酸态氮的浓度在 0.2 $mg \cdot mL^{-1}$ 内符合比尔定律。

氨态氮的测定是先在碱性溶液中用次溴酸盐将氨氧化成亚硝酸盐,然后再用上述方法进行测定。如果水样中含有亚硝酸根,测得的是氨态氮和亚硝酸态氮的总量。从总量中减去亚硝酸态氮的含量,即可求得氨态氮的含量。用此法测定氨态氮,其摩尔吸收系数约为 4×10^4 $L \cdot mol^{-1} \cdot cm^{-1}$,氨态氮浓度在 0.1 $mg \cdot L^{-1}$ 内符合比尔定律。

用溴酸钾和溴化钾制备次溴酸盐的反应:

$$HBrO_3 + 5\ HBr \Longrightarrow 3Br_2 + 3H_2O$$

$$Br_2 + 2OH^- \Longrightarrow BrO^- + Br^- + 2H_2O$$

在碱性溶液中次溴酸盐与氨的反应:

$$3BrO^- + NH_3 + OH^- \Longrightarrow NO_2^- + 3Br^- + 2H_2O$$

磺胺与亚硝酸的反应:

重氮盐生成偶氮染料的反应:

仪器、试剂和材料

分光光度计；比色皿(1 cm)；比色管(10 mL)。

HCl 溶液(1∶1)：用无氨的水配制；NaOH 溶液(10 mol·L^{-1})：用无氨的水配制，安装碱石灰管；无氨的水：取新制备的二次水置于瓶中，加入少量强酸性阳离子交换树脂(10 g·L^{-1})，摇动，待树脂下降后装上虹吸管；磺胺溶液(1.0%)：称取 10 g 磺胺，溶于 1 L 稀 HCl 溶液(1.0 mol·L^{-1})中，转入棕色瓶中存放；萘乙二胺酸盐溶液(0.20%)：称取 2.0 g N-1 萘乙二胺盐酸盐，溶于 1 L 水中，转入棕色细口瓶中存放，在冰箱中冷藏可稳定存放 1 个月；KBr-KBrO$_3$ 溶液：称取 1.4 g KBrO$_3$ 和 10 g KBr，溶于 500 mL 无氨的水中，转入棕色细口瓶中保存，在冰箱中冷藏可稳定存放半年；次溴酸盐溶液：量取 20 mL KBr-KBrO$_3$ 溶液置于棕色细口瓶中，加入 450 mL 无氨的水和 30 mL HCl 溶液(1∶1)，立即盖好瓶塞，摇匀，放置 5 min，再加入 500 mL NaOH 溶液(10 mol·L^{-1})，放置 30 min 后即可使用，此溶液 10 h 内有效；氨态氮标准溶液：①贮备液(0.200 mg·mL^{-1})：称取 0.382 g NH$_4$Cl(已在 105℃ 干燥 2 h)，用无氨的水溶解后定容于 500 mL 容量瓶中；②工作液(0.500 μg·mL^{-1})：量取 2.50 mL 贮备液于 1 L 容量瓶中，用无氨的水定容。此溶液一周内有效；亚硝酸态氮标准溶液：①贮备液(0.200 mg·L^{-1})：称取 0.493 g NaNO$_2$(已在 105℃ 干燥 2 h)，溶于水后在 500 mL 容量瓶中定容；②工作液(1.00 μg·mL^{-1})：量取 5.00 mL 贮备液于 1 L 容量瓶中，加水定容。此溶液一周内有效。

实验内容

1. 氨态氮校准曲线的制作

洗净 7 支比色管，分别加入 0.00 mL、1.00 mL、2.00 mL、3.00 mL、4.00 mL、5.00 mL 氨态氮标准溶液(工作液)，用无氨的水稀释至 10 mL，各加入 2.0 mL 次溴酸盐溶液，混匀后放置 30 min。各加 1.0 mL 磺胺溶液及 1.5 mL HCl 溶液，混匀后放置 5 min。各加 1.0 mL 萘乙二胺溶液，加水至标线，摇匀后放置 15 min。以水为参比，在 540 nm 波长处测定各溶液的吸光度。然后算出两份空白溶液吸光度的平均值，从各标准溶液的吸光度中扣除空白，绘制校准曲线或求出回归直线方程。

2. 亚硝酸态氮校准曲线的制作

参照氨态氮标准曲线的制作方法，自拟实验操作方案并实施。

3. 水样的测定

1) 亚硝酸态氮的测定：洗净两支比色管，各加入 10.0 mL 水样和 1.0 mL 磺胺溶液，混匀后放置 5 min。再各加入 1.0 mL 萘乙二胺溶液，加水至标线，摇匀后放置 15 min。以水为参比，在 540 nm 波长测量各溶液的吸光度。两份水样吸光度的平均值减去试剂空白溶液吸光度的平均值，即得到水样中亚硝酸根的吸光度。利用校准曲线或回归直线方程计算水样中亚硝酸态氮总量的浓度，以 mg·L^{-1} 表示。

2）氨态氮的测定：洗净两支比色管，各加入 10.0 mL 水样和 2.0 mL 次溴酸盐溶液，以下操作与氨态氮的校准曲线的制作相同。两份水样吸光度的平均值减去试剂空白溶液吸光度的平均值，即得到水样中氨态氮和亚硝酸态氮总量的吸光度。利用氨态氮的校准曲线或回归直线方程计算水样中氨态氮和亚硝酸态氮的总量，以 $mg \cdot L^{-1}$ 表示。由总氮量减去水样中原有亚硝酸态氮含量，即得到氨态氮的含量（$mg \cdot L^{-1}$）。

⚠ **注意事项**

1. 为了控制显色反应在 pH＝1.8±0.3 的酸度下进行，实验中有关试剂的用量必须严格按规定量进行操作。

2. 水样可以是临时就近采集的湖水、河水等地表水，也可以是临时配制的含 NH_4^+ 和 NO_2^- 的人工水样。

💡 **思考题**

1. 制备无氨的水，除了用离子交换法外还可以用什么方法？

2. 制作亚硝酸态氮校准曲线时，要不要加次溴酸盐溶液和盐酸溶液？

3. 实验中氨态氮和亚硝酸态氮的测定为什么必须同时进行？

4. 如果天然水样稍有浑浊或稍有颜色，对测定结果有无影响？若有影响，应当如何克服？

● **实验 2-31　多种方法测定复方乙酰水杨酸片中各组分的含量**

复方乙酰水杨酸片（俗称 APC）曾经是广泛使用的解热镇痛药。它的主要组分是乙酰水杨酸（阿司匹林，aspirin）、N-（4-乙氧基苯基）乙酰胺（非那西汀，phenacetin）和 1,3,7-三甲基黄嘌呤（咖啡因，caffeiene），它们的结构式如图 2-31-1 所示。APC 中各组分的含量可采用滴定分析法和萃取分离-紫外分光光度法进行测定。

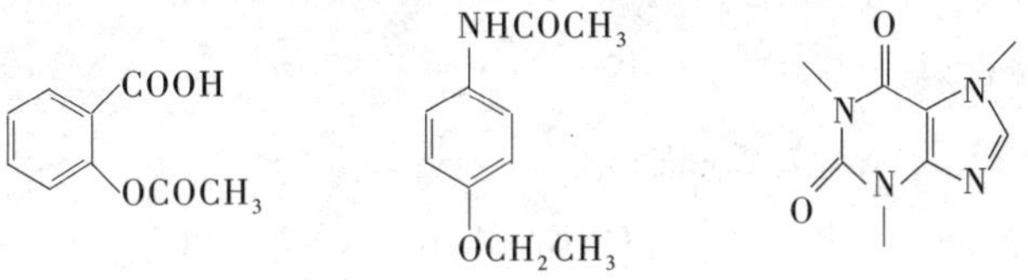

（a）乙酰水杨酸　　（b）非那西汀　　（c）咖啡因

图 2-31-1　APC 主要组分结构式

一、容量分析法

实验目的

掌握复方乙酰水杨酸片中各组分含量测定的基本原理和操作方法。

实验原理

复方乙酰水杨酸片主要含有乙酰水杨酸(简称 A)、非那西汀(简称 P)和咖啡因(简称 C)三种组分。各组分之间性质差异大。乙酰水杨酸为芳酸类药物,呈酸性,$K_a = 3.27 \times 10^{-4}$,可用酸碱滴定的方法测定;非那西汀为芳酰胺类药物,具有酰胺基,呈中性,但同时具有潜在的芳香伯氨基,可将其在酸性条件下水解,然后用重氮化法测定;咖啡因为黄嘌呤类生物碱,碱性极弱,$K_b = 0.7 \times 10^{-14}$,不能采用一般生物碱的含量测定方法,但可将其与过量的碘定量沉淀以后,剩余的碘用硫代硫酸钠滴定测定咖啡因含量。

乙酰水杨酸的测定原理:

计量点时,由于生成物水杨酸钠的水解,溶液呈微碱性,所以选用酚酞指示剂指示终点。

非那西汀的测定原理:

终点时:

$$2NaNO_2 + 2KI + 4HCl = I_2 + 2KCl + 2NaCl + 2H_2O + 2NO \uparrow$$

碘遇淀粉变蓝色。

咖啡因的测定原理:

过量的碘用硫代硫酸钠滴定,反应方程式如下:

$$I_2 + 2Na_2S_2O_3 = 2NaI + Na_2S_4O_6$$

仪器、试剂和材料

分析天平;分液漏斗;滴定管;锥形瓶。

复方乙酰水杨酸片;中性乙醇;$CHCl_3$;KBr;HCl 溶液(1:2);H_2SO_4 溶液(5:95);NaOH 溶液($0.1mol \cdot L^{-1}$);$NaNO_2$ 标准溶液($0.1mol \cdot L^{-1}$);I_2 标准溶液($0.1mol \cdot L^{-1}$);$Na_2S_2O_3$ 标准溶液($0.05mol \cdot L^{-1}$);含锌碘化钾淀粉指示液。

实验内容

取复方乙酰水杨酸片 20 片,准确称量,研细备用。

1. 乙酰水杨酸的含量测定

《中华人民共和国药典》规定每片复方乙酰水杨酸片中含乙酰水杨酸应为 0.209~0.231 g。

精确称取上述细粉适量(约相当于乙酰水杨酸 0.4 g),置于分液漏斗中,加蒸馏水 15 mL,摇匀,用氯仿振摇提取四次(20 mL、10 mL、10 mL、10 mL),提取氯仿液用同一份水 10 mL 洗涤,合并氯仿洗液,置水浴上蒸干,残渣加中性乙醇(对酚酞指示剂显中性)20 mL 溶解后,加酚酞指示液 3 滴,用 0.1 mol·L⁻¹ NaOH 溶液滴定至粉红色,30 s 内不褪色即为终点。

2. 非那西汀的含量测定

《中华人民共和国药典》规定每片检品中含非那西汀应为 0.143~0.158 g。

精确称取上述细粉适量(约相当于非那西汀 0.3 g),置于锥形瓶中,加稀硫酸 25 mL,缓缓加热回流 40 min,放冷至室温,将析出的水杨酸过滤,滤渣与锥形瓶用1∶2 HCl 溶液 40 mL 分数次洗涤,每次 5 mL,合并滤液与洗液,加溴化钾 3 g 溶解后,将滴定管的尖端插入液面下约 2/3 处,在不低于 20 ℃的温度下,用 0.1 mol·L⁻¹ 亚硝酸钠溶液迅速滴定,边滴定边搅拌,至近终点时,将滴定管尖端提出液面,用少量的水将尖端洗涤,洗液并入溶液中继续缓缓滴定,直至用细玻璃棒蘸取溶液少许,划过涂有含锌碘化钾淀粉指示液的白瓷板上,立即显蓝色的条痕,即停止滴定,3 min 后再蘸取少许,划过一次,如仍立刻显蓝色的条痕,即达终点。

3. 咖啡因的含量测定

《中华人民共和国药典》规定每片检品中含咖啡因应为 31.5~38.5 mg。

精确称取上述细粉适量(约相当于咖啡因 50 mg),加稀硫酸 5 mL,振摇数分钟,使咖啡因溶解,过滤,滤液置于 50 mL 容量瓶中,滤器与滤渣洗涤 3 次,每次 5 mL,合并滤液与洗液,精确加 0.1 mol·L⁻¹ 碘标准溶液 25.00 mL,用蒸馏水稀释至刻度,摇匀,在 25 ℃下避光放置 15 min,摇匀,过滤,弃去初滤液,精确量取后续滤液 25.00 mL 置于碘量瓶中,用 0.05 mol·L⁻¹ 硫代硫酸钠标准溶液滴定,至近终点时,加淀粉指示液,继续滴定至蓝色消失,并将滴定结果用空白试验校正。

💡 思考题

1. 测定复方乙酰水杨酸片各组分含量时的取样量如何计算?

2. 测定乙酰水杨酸时,加入中性乙醇的作用是什么? 如何配制?

3. 测定非那西汀时,加入 KBr 的作用是什么? 如何控制到达近终点的一次滴定量?

二、萃取分离-紫外分光光度法

实验目的

1. 了解溶剂萃取分离法在药物分析中的应用。

2. 学习在混合物光谱重叠吸收情况下的数据处理方法。

实验原理

复方乙酰水杨酸片中的乙酰水杨酸、非那西汀和咖啡因的溶液在紫外区都有特征吸收,乙酰水杨酸(A)的最大吸收峰位于 323 nm 附近,另一吸收峰在 277 nm 处。非那西汀(P)的最大吸收峰在 250 nm 处,咖啡因(C)的最大吸收峰在 275 nm 处。

将药片研磨成粉状,溶于二氯甲烷(CH_2Cl_2)中,再加入 $NaHCO_3$ 水溶液进行萃取。由于化学性质的差异,乙酰水杨酸分子上的羧基被 $NaHCO_3$ 中和,使其极性增强而进入水相,达到与 P 和 C 的分离。然后迅速将水相酸化(防止酰基水解),再用 CH_2Cl_2 萃取水相中的阿司匹林,使其进入有机相,最后在 277 nm 波长处测量其吸光度。

留在有机相中的 P 和 C 无法分离,此混合液在 250 nm 和 275 nm 波长处都有重叠吸收,根据吸收定律和吸光度的加和性,有如下关系:

$$A_{250} = \kappa_{250}^p bc^p + \kappa_{250}^c bc^c \tag{1}$$

$$A_{275} = \kappa_{275}^p bc^p + \kappa_{275}^c bc^c \tag{2}$$

由于吸收池厚度均为 1cm,式中的 b 可以消去,将(1)式和(2)式联立,解得

$$c^p = \frac{A_{250}\kappa_{275}^c - A_{275}\kappa_{250}^c}{\kappa_{250}^p \kappa_{275}^c - \kappa_{275}^p \kappa_{250}^c} \tag{3}$$

$$c^c = \frac{A_{250} - \kappa_{275}^p c^p}{\kappa_{250}^c} \tag{4}$$

式中:摩尔吸收系数 κ 可由相应物质的标准溶液在指定波长下测量的吸光度而求得。

分别在 250 nm 和 275 nm 波长处测定 P+C 混合液的吸光度,利用式(3)和式(4)即可求出混合液中 P 和 C 各自的浓度,通过进一步计算便可得到药片中各组分的含量。

仪器、试剂和材料

紫外分光光度计(配 1 cm 石英吸收池 2 个)。

CH_2Cl_2(新的一批试剂要在紫外区进行检查,透光率太低的应蒸馏提纯一次,贮于棕色下口瓶内备用,用过的溶剂要回收);$NaHCO_3$ 溶液($0.50\ mol \cdot L^{-1}$):称取 21 g $NaHCO_3$ 溶于 500 mL 蒸馏水中,在搅动下滴加 1:1 HCl 溶液 5 mL,使其 pH 在 8.0 左右,于使用前泡在冰水中;H_2SO_4 溶液($1.0\ mol \cdot L^{-1}$);乙酰水杨酸标准溶液($50.0\ mg \cdot L^{-1}$):称取 0.050 0 g 乙酰水杨酸晶体,用 CH_2Cl_2 溶解并定容于 50 mL 容量瓶中。用前量取 5.00 mL,用 CH_2Cl_2 稀释并定容于 100 mL 容量瓶中;非那西汀标准溶液($10.0\ mg \cdot L^{-1}$):称取 0.020 0 g 乙氧基苯基乙酰胺晶体,用 CH_2Cl_2 溶解并定容于 50 mL 容量瓶中。用前量取 2.50 mL,用 CH_2Cl_2 稀释并定容于 100 mL 容量瓶中;咖啡因标准溶液($10.0\ mg \cdot L^{-1}$):称取 0.020 0 g,1,3,7-三甲基黄嘌呤晶体,用 CH_2Cl_2 溶解并定容于 50 mL 容量瓶中。用前量取 2.50 mL,用 CH_2Cl_2 稀释并定容于 100 mL 容量瓶中。

实验内容

1. 药片样品的萃取分离

取两片 APC 样品,在研钵中迅速研磨成粉状,在电子天平上称取 0.100 g 粉状样品,置于 50 mL 干烧杯中,加入 15 mL CH_2Cl_2,搅动溶解后转入 $1^{\#}$分液漏斗中,用 5 mL CH_2Cl_2洗涤烧杯 2 次。

往 $1^{\#}$分液漏斗加入 10 mL 冰冻的 $NaHCO_3$溶液,振荡约 1min(中间放气 2 次),分层后将有机相放入 $2^{\#}$分液漏斗中。

向 $2^{\#}$分液漏斗中加入 10 mL 冰冻的 $NaHCO_3$溶液,振荡 1min 后将有机相放入 $3^{\#}$分液漏斗中、水相放入 $1^{\#}$分液漏斗中。

向 $3^{\#}$分液漏斗中加入 5 mL 冰冻的水,振荡 1min 后将有机相放入 $2^{\#}$分液漏斗中,水相放入 $1^{\#}$分液漏斗中。

用 10 mL CH_2Cl_2洗涤 $1^{\#}$分液漏斗中的水相(振荡 0.5min),将有机相放入 $2^{\#}$分液漏斗中,重复洗涤 1 次。

立即酸化 $1^{\#}$分液漏斗中的水相:在摇动下缓慢滴加 H_2SO_4溶液至不再产生 CO_2气泡(约需 6 mL),再加 2 mL H_2SO_4溶液,使其 pH 为 1~2。然后迅速从水相中萃取阿司匹林,每次用 15 mL CH_2Cl_2,振荡 1min,分层后将有机相放入 $3^{\#}$分液漏斗中,如此萃取 5 次。

用定性滤纸分别将 $2^{\#}$和 $3^{\#}$分液漏斗中的有机相过滤于 100 mL 容量瓶中,并用 CH_2Cl_2定容。(注意:滤纸叠好放入分液漏斗中,临过滤前用少量 CH_2Cl_2将滤纸润湿,以利于滤除水分。过滤后,用少量 CH_2Cl_2涮洗分液漏斗和滤纸数次,最后用 CH_2Cl_2定容。)

2. 稀释分离后的试液

移取 10.00 mL 含 A 试液于 50 mL 容量瓶中,用 CH_2Cl_2稀释并定容。

移取 2.00 mL 含 P、C 的试液于 50 mL 容量瓶中,用 CH_2Cl_2稀释并定容。

3. 测量溶液的吸光度

以 CH_2Cl_2为参比,在 277 nm 波长处分别测量阿司匹林标准溶液和含 A 试液的吸光度。

以 CH_2Cl_2为参比,依次在 250 nm 和 275 nm 波长处测量非那西汀标准溶液、咖啡因标准溶液及含 P、C 试液的吸光度。

4. 计算结果

利用吸收定律 $A=\varepsilon bc$ 计算有关的摩尔吸收系数,并计算药片中的 A 的含量。

利用式(3)和式(4)计算药片中 P 及 C 的含量。

最终结果均以质量分数和每片中的毫克数表示。

⚠ **注意事项**

1. CH_2Cl_2 有毒,应在通风良好的实验室中操作,并要防止使其洒到油漆的实验台上,以免溶解漆膜。

2. 所用器皿应洗净烘干,实验中要注意避水。

3. 乙酰水杨酸中的乙酰基容易水解,要尽量缩短它在水相中的时间。如要求测定结果更准确,可另外称取药粉用酸碱滴定法测定。

4. 乙酰水杨酸、非那西汀、咖啡因的相对分子质量分别为 180.2、179.2、212.2。

💡 **思考题**

1. 本实验为什么选用 CH_2Cl_2 作溶剂? 使用 $CHCl_3$ 是否可以?

2. 为什么萃取水相中的乙酰水杨酸时必须进行酸化?

3. 引起误差的因素有哪些? 如何减少误差?

● 实验 2-32　多种方法测定蛋壳中钙含量

一、配位滴定法

实验目的

1. 进一步巩固掌握配位滴定分析的方法与原理。

2. 学习使用配位掩蔽排除干扰离子影响的方法。

实验原理

鸡蛋壳的主要成分为 $CaCO_3$,其次为 $MgCO_3$、蛋白质、色素以及少量的 Fe^{3+}、Al^{3+} 等。

在 pH = 10 时,用 K-B 作指示剂,EDTA 可直接测量 Ca^{2+}、Mg^{2+} 的总量,为提高配位反应的选择性,加入掩蔽剂三乙醇胺掩蔽 Fe^{3+}、Al^{3+},以消除它们对 Ca^{2+}、Mg^{2+} 测量的干扰。EDTA 与 Ca^{2+} 的稳定常数为 $10^{10.67}$,故可在 pH = 10 的氨性缓冲溶液中用 EDTA 来测定 Ca^{2+} 的含量。在 pH = 10 时,钙、镁同时被滴定,用 NaOH 沉淀掩蔽 Mg^{2+},在 pH = 12 时,可用 EDTA 单独滴定 Ca^{2+} 的含量,二者之差即为 Mg^{2+} 的含量。本实验中只测定钙、镁总量。

仪器、试剂和材料

酸式滴定管(50 mL);锥形瓶(250 mL);烧杯;移液管(20 mL);量筒;分析天平。

EDTA 标准溶液($0.02\ mol \cdot L^{-1}$);$CaCO_3$ 标准溶液($0.02\ mol \cdot L^{-1}$);K-B 指示剂;三乙醇胺水溶液(1∶2);氨性缓冲溶液(pH = 10)。

实验内容

1. $0.02\ mol \cdot L^{-1}$ EDTA 溶液的配制

称取一定量的 $Na_2H_2Y_2\cdot 2H_2O$ 于烧杯中,加入适量蒸馏水并搅拌使其溶解(必要时可温热,以加快溶解),然后稀释至 400 mL,保存于试剂瓶中。

2. 0.02 mol·L^{-1}CaCO$_3$ 标准溶液的配制

将基准碳酸钙置于称量瓶中,在 110 ℃干燥 2 h,置于干燥器中冷却后,然后准确称取一定量的 CaCO$_3$ 于烧杯中,加少许水润湿,再沿烧杯嘴逐滴加入 1∶1HCl 溶液,待全部溶解后,将溶液定量转入 250 mL 容量瓶中,用蒸馏水稀释至刻度,摇匀。

3. 标定

移取 20.00 mLCaCO$_3$标准溶液于 250 mL 锥形瓶中,加入约 25 mL 蒸馏水及 10 mL pH＝10 的氨性缓冲溶液,再加入适量 K-B 指示剂,用 0.02 mol·L^{-1}EDTA 滴定至红色变为蓝色即为终点。平行滴定 3 次,计算 EDTA 的准确浓度。

4. 蛋壳的预处理

先将蛋壳洗净,加蒸馏水煮沸 5～10 min,去除蛋壳内表层的蛋白薄膜,然后把蛋壳放于烧杯中用小火烤干,研成粉末。

5. 测定

准确称取干燥的蛋壳粉 1 份,所取样品的量,按含钙35%左右计算,稀释10倍后,消耗 0.02 mol·L^{-1}EDTA 溶液 25 mL 左右,加少许水将蛋壳粉润湿,再加入 1∶1HCl 溶液直至完全溶解后,将溶液转入 250 mL 容量瓶,若有泡沫,加 2～3 滴 95% 的乙醇,泡沫消除后,稀释至刻度,摇匀。移取配好的蛋壳溶液 20.00 mL 于锥形瓶中,加蒸馏水 20 mL 及三乙醇胺 5 mL,pH＝10 的 NH$_3$-NH$_4$Cl 缓冲溶液 10 mL 及适量的 K-B 指示剂,用 EDTA 标准溶液滴定到溶液的颜色由红色变为蓝色即为终点。平行测定 3 份,根据测定结果,计算蛋壳粉中钙(以氧化钙计)的含量。

思考题

1. 乙二胺四乙酸二钠盐在水溶液中显酸性还是碱性?计算说明。

2. 蛋壳中钙含量很高,而镁含量很低,当用铬黑 T 作用指示剂时,往往得不到敏锐的终点,如何解决这个问题?

二、酸碱滴定法

实验目的

掌握用酸碱滴定方法测定 CaCO$_3$的原理及指示剂的选择。

实验原理

蛋壳中的碳酸盐能与 HCl 发生反应:

$$CaCO_3 + 2HCl = CaCl_2 + CO_2\uparrow + H_2O$$

过量的酸可用标准 NaOH 溶液回滴,根据实际与 CaCO$_3$反应的标准盐酸溶液体积可求得蛋壳中 CaO 的质量分数。

仪器、试剂和材料

酸式滴定管(50 mL);锥形瓶(250 mL);烧杯;量筒;分析天平。

浓 HCl 溶液(分析纯);NaOH(分析纯);甲基橙溶液(0.1%)。

实验内容

1. 0.5 mol·L^{-1} NaOH 的配制

称 10 g NaOH 固体于小烧杯中,加蒸馏水溶解后,用蒸馏水稀释至 500 mL,搅匀,转移至试剂瓶中,加橡胶塞,摇匀。

2. 0.5 mol·L^{-1} HCl 溶液配制

用量筒量取浓盐酸 21 mL 于 500 mL 试剂瓶中,用蒸馏水稀释至 500 mL,加盖,摇匀。

3. 酸碱标定

准确称取基准 Na$_2$CO$_3$0.55～0.65 g 3 份于锥形瓶中,分别加入 50 mL 煮沸去除 CO$_2$ 并冷却的去离子水,摇匀,温热至溶解后,加入 1～2 滴甲基橙指示剂,用 HCl 标准溶液滴定至橙色为终点。计算 HCl 标准溶液的浓度。标准 NaOH 浓度的确定,可通过酸碱比较,从 HCl 标准溶液浓度计算得到 NaOH 的浓度。

4. CaO 含量测定

准确称取经预处理后蛋壳0.3 g(精确到0.1mg)于 3 个锥形瓶内,用酸式滴定管逐滴加入 HCl 标准溶液 40 mL(需精确读数),小火加热溶解,冷却,加甲基橙指示剂 1～2 滴,以 NaOH 标准溶液回滴至橙黄色为终点,并计算蛋壳中 CaO 的质量分数。

⚠ 注意事项

由于所加入的酸浓度较低,样品溶解时需加热一定时间,如样品中有不溶物,如蛋白质之类,不影响测定。

💡 思考题

1. 估算蛋壳称样量的依据是什么?

2. 蛋壳溶解时应注意什么?

三、氧化还原法

实验目的

1. 学习间接氧化还原法测定 CaO 含量。

2. 巩固沉淀分离、过滤洗涤与滴定分析基本操作。

实验原理

利用蛋壳中的钙离子与草酸盐形成难溶的草酸盐沉淀,将沉淀经过滤、洗涤分离后溶解,用高锰酸钾法测定 C$_2$O$_4^{2-}$ 含量,则可求出其中 CaO 的含量。反应如下:

$$Ca^{2+} + C_2O_4^{2-} \Longrightarrow CaC_2O_4 \downarrow$$

$$CaC_2O_4 + H_2SO_4 =\!=\!= CaSO_4 + H_2C_2O_4$$

$$5C_2O_4^{2-} + 2MnO_4^- + 16H^+ =\!=\!= 2Mn^{2+} + 10CO_2\uparrow + 8H_2O$$

蛋壳中的某些金属离子(如 Ba^{2+}、Sr^{2+}、Ca^{2+}、Mg^{2+}、Pb^{2+}、Cd^{2+} 等)与 $C_2O_4^{2-}$ 能形成沉淀,对 Ca^{2+} 测定有干扰。

仪器、试剂和材料

酸式滴定管(50 mL);烧杯;移液管(20 mL);量筒;分析天平。

$KMnO_4$($0.01\ mol\cdot L^{-1}$);$(NH_4)_2C_2O_4$ 溶液(2.5%),浓 $NH_3\cdot H_2O$ 溶液;HCl 溶液 (1:1);H_2SO_4 溶液($1\ mol\cdot L^{-1}$);甲基橙溶液(0.2%);$AgNO_3$ 溶液($0.1\ mol\cdot L^{-1}$)。

实验内容

准确称取两份蛋壳粉(每份含钙约 0.025 g),分别放在 250 mL 烧杯中,加 1:1 HCl 溶液 3 mL、H_2O 20 mL 加热溶解,若有不溶解的蛋白质,可过滤之。滤液置于烧杯中,然后加入 2.5%草酸铵溶液 50 mL,若出现沉淀,再滴加浓 HCl 溶液使溶解,然后加热至 70~80 ℃,加 2~3 滴甲基橙溶液,溶液呈红色,逐滴加入 10%氨水,不断搅拌,直至溶液变黄并有氨味逸出为止。将溶液放置陈化(或在水浴上加热 30 min),沉淀经过滤、洗涤,直至无 Cl^- 为止。然后将带有沉淀的滤纸铺在先前用来进行沉淀的烧杯内壁上,用 $1\ mol\cdot L^{-1}H_2SO_4$ 溶液 50 mL 把沉淀由滤纸洗入烧杯中,再用洗瓶吹洗 1~2 次。然后,稀释溶液至体积约为 100 mL,加热至 70~80 ℃,用 $KMnO_4$ 标准溶液滴定至溶液呈浅红色为终点,再把滤纸放入溶液中,再滴加 $KMnO_4$ 至浅红色在 30 s 内不消失为终点。计算蛋壳中 CaO 的质量分数。

💡 思考题

1. 用 $(NH_4)_2C_2O_4$ 溶液沉淀 Ca^{2+},为什么要先在酸性溶液中加入沉淀剂,然后在 70~80 ℃时滴加氨水至甲基橙变黄色使 CaC_2O_4 沉淀?

2. 如果将带有 CaC_2O_4 沉淀的滤纸一起投入烧杯,以硫酸处理后再用 $KMnO_4$ 标准溶液滴定,这样操作对结果有什么影响?

3. 试比较三种测定蛋壳中 CaO 含量的方法优缺点。

● 实验 2-33　水泥熟料中 SiO_2、Fe_2O_3、Al_2O_3、CaO 和 MgO 含量的测定

水泥主要由硅酸盐组成,水泥熟料是由水泥生料经 1400 ℃以上高温煅烧而成。通过对水泥熟料进行分析,可以检验熟料的质量和烧成情况的好坏,根据分析结果,可及时调整原料的配比以控制生产。普通水泥熟料的主要化学成分及其大概范围:SiO_2 (20%~24%)、Al_2O_3(4%~7%)、Fe_2O_3(3%~5%)、CaO(63%~68%)、MgO(<5%)。

水泥熟料中碱性氧化物占 60%，因此其与盐酸作用时生成硅酸和可溶性的氯化物。其中 SiO_2 可以采用重量分析法及硅钼蓝示差光度法测定，Al_2O_3、Fe_2O_3、CaO、MgO 均可采用配位滴定法测定。

一、SiO_2 的测定

实验目的

1. 掌握水泥熟料中 SiO_2 的分析方法

2. 掌握固体样品预处理方法

实验原理

水泥熟料中 SiO_2 的含量测定常用重量分析法和氟硅酸钾滴定法，重量分析法准确度较高，但手续烦琐而费时；氟硅酸钾滴定法虽然速度较快，但重复性和准确性较差，而本实验介绍的硅钼蓝示差光度法，具有足够的准确度和操作较简便的优点，因此，我们在实验中同时应用重量分析法和硅钼蓝示差光度法进行比较。

SiO_2 的重量分析法原理：水泥熟料经酸分解后的溶液中，采取加热蒸发近干及加固体氯化铵两种措施，使水溶液胶状的硅酸尽可能全部脱水析出。取 1 份样品与固体 NH_4Cl 混匀后，再加 HCl 溶液，水浴分解，NH_4Cl 对硅酸溶胶起盐析作用，加热蒸发加速硅酸脱水凝聚，使 SiO_2 沉淀完全，沉淀经过滤、洗涤后，在 950 ℃灼烧成固定成分的 SiO_2，然后称量，计算结果。

滤液中含有铁、铝、钙、镁等离子，可进行分别测定。

SiO_2 的硅钼蓝示差光度法测定：是用一比被测试液浓度稍低的标准溶液作参比，调节仪器透光度读数为 100%（$A=0$），然后测定试液与参比液的吸光度差值 ΔA，而两溶液吸光度之差与两溶液浓度之差（Δc）成正比，即 $\Delta A = \kappa b \Delta c$，用 ΔA 对 Δc 作图，得工作曲线。

取 1 份样品经 $NaOH$ 熔融分解后制成稀盐酸溶液，在稳定剂乙醇存在下加钼酸铵，得

$$H_2SiO_6 + 12H_2MoO_4 \Longrightarrow H_2[Si(Mo_2O_7)_6] + 12H_2O$$

硅钼黄

再由还原剂（如氯化亚铁混合还原剂）还原成硅钼蓝：

$$H_2[Si(Mo_2O_7)_6] + 4FeCl_2 + 4HCl \Longrightarrow H_2[Si_{Mo_2O_5}^{(Mo_2O_7)_3}] + 4FeCl_3 + 2H_2O$$

硅钼蓝

然后在分光光度计上进行示差光度测定。

仪器、试剂和材料

坩埚；电炉；马弗炉；烧杯；容量瓶（250 mL）；漏斗；分析天平；吸量管（10 mL）；分光光度计；比色皿。

HCl 溶液（6 $mol \cdot L^{-1}$，3%）；浓 HNO_3 溶液（装在滴瓶中）；固体 NH_4Cl（分析纯）；

NH$_4$SCN 溶液(1 mol·L^{-1});SiO$_2$(光谱纯);NaOH(分析纯);无水乙醇(95%,分析纯);
钼酸铵溶液(8%);混合还原剂(A 液:4%草酸溶液;B 液:2%FeCl$_2$ 溶液,即2 g FeCl$_2$
加 5 mL 6 mol·L^{-1}HCl 溶液);SiO$_2$ 标准溶液(100 μg·mL^{-1}):准确称取在1000 ℃灼烧
30 min 的石英砂 500 mg 于银坩埚中,加2滴无水乙醇润湿后,加入1.4 g NaOH盖上坩
埚盖(留缝),将银坩埚放在电炉上,套上耐火保温圈,逐渐升温至样品熔化后,加耐火
板盖,在约 700 ℃温度下保持 20 min,取出稍冷后,用蒸馏水将熔块洗入塑料烧杯中,
洗净坩埚后,在不断搅拌下,迅速加入 40 mL 6 mol·L^{-1} HCl 溶液,将溶液定量转入
500 mL 容量瓶中,用蒸馏水稀释至刻度,摇匀。然后移入塑料瓶中保存。

实验内容

1. 重量分析法

准确称取样品 0.5 g,置于干燥的 50 mL 烧杯中,加 2 g 固体 NH$_4$Cl,用玻璃棒混
合,加 2 mL 浓 HCl 溶液和 1 滴浓 HNO$_3$溶液①充分搅拌均匀,使所有深灰色样品变为
淡黄色糊状物,盖上表面皿,置于沸水浴上,加热 10 min,加 10 mL 热的 3%盐酸②,搅
拌溶解可溶性盐,趁热用中速定量滤纸过滤,滤液用 250 mL 容量瓶盛接,用热的 3%
盐酸洗涤烧杯 5~6 次后,继续用热的 3%盐酸洗涤沉淀至无 Fe^{3+}为止,冷却后,稀释至
刻度,摇匀保存,作测定铝、铁、钙、镁等含量用。

将沉淀滤纸放入已质量恒定的坩埚中,在电炉上干燥、灰化。然后在 950 ℃的高
温炉内灼烧 30 min,取出,在干燥器中冷至室温称量,反复灼烧,直到质量恒定。

2. 硅钼蓝示差光度法

工作曲线的制作:用 10 mL 刻度吸量管准确吸取 SiO$_2$ 标准溶液 5.00 mL、6.00 mL、
7.00 mL、8.00 mL、9.00 mL、10.00 mL、分别放入 6 个 100 mL 容量瓶中,加 10 mL
95%乙醇,以蒸馏水稀释至约 40 mL,摇匀,在摇动下加入 8%钼酸铵溶液 4 mL,摇匀后
在沸水浴中边加热边摇 30 s,然后在冷水中迅速冷却至室温,在摇动下加 40 mL 混合
还原剂,摇匀,用蒸馏水稀释至刻度,摇匀,放置 15 min 后,在分光光度计上,用 1 cm
比色皿,在 610 nm 波长下以加入 5.00 mL SiO$_2$ 标准溶液配制的溶液作参比溶液测定
ΔA,以 ΔA 为纵坐标,SiO$_2$ 的 Δc 为横坐标,绘制工作曲线。

样品分析:准确称取约 80 mg 水泥熟料样品于底部放有 3.00 g 粒状 NaOH 的银坩
埚中,加上坩埚盖(略微启开),将银坩埚放在电炉上,套上保温圈,逐渐升温至融化
后,盖上耐火板保温 20 min,取出坩埚,稍冷后,放入已盛有 100 mL 蒸馏水的 250 mL
烧杯中,浸泡至熔块脱落,用蒸馏水洗涤坩埚后取出,在搅拌下迅速加入 26 mL
6 mol·L^{-1}HCl 溶液,将溶液定量转入 250 mL 容量瓶中,加蒸馏水至刻度后摇匀,用移
液管吸取 10 mL 此溶液于 100 mL 容量瓶中,加 10 mL 95%乙醇,以下操作同工作曲线

---

① 加入浓硝酸的目的是使铁以正三价状态存在。

② 加入热的稀盐酸溶液是为了防止 Fe^{3+} 和 Al^{3+} 水解成氢氧化物沉淀而混在硅酸中,以及防止硅酸胶溶。

的制作。

将测得的吸光度在工作曲线上查得相应的 SiO_2 量,算出水泥熟料中 SiO_2 的质量分数。

⚠ 注意事项

1. NaOH 熔融时一定要逐渐升温,否则样品容易溅失。

2. 在微酸性溶液中硅酸与钼酸铵生成硅钼杂多酸,有 α、β-硅钼酸两种形态,pH 在 3~4 时主要为 α 型的硅钼酸,它比较稳定。在 pH = 1 左右时,β 型硅钼酸能定量形成,但 β 型硅钼酸不稳定会转化为 α 型硅钼酸,而 α 型硅钼酸和 β 型硅钼酸被还原为硅钼蓝的颜色也有差异,加入乙醇、丙酮等能使 β 型硅钼酸的稳定性明显增加。由于 α 型硅钼酸形成时酸度较低,许多金属离子会发生水解沉淀。因此,α 型硅钼酸实际应用较少。本实验采用在 pH = 1~1.5 的条件下,使反应生成物主要以 β 型硅钼酸形式存在。β 型硅钼酸转变为 α 型硅钼酸随温度和时间的增加而增加。由于上述原因,本实验的条件要求比较严格,固体 NaOH 称量、盐酸体积都要求比较准确;显色操作中每加进一种试剂都要充分摇匀。以保证硅钼黄和硅钼蓝形成时所需的酸度;加热时间要准确控制,加热后必须迅速冷却至室温,并随即加还原剂,转变为硅钼蓝。

3. 本实验不用硫酸亚铁而用氯化亚铁作还原剂的目的,是为了防止形成 $CaSO_4$ 沉淀,加入草酸是为了消除磷、砷的干扰。

💡 思考题

1. 如何分解水泥熟料样品?分解后被测组分以什么形式存在?

2. 重量分析法测定 SiO_2 含量的方法原理是什么?

3. 沉淀操作过程中应注意些什么?怎样提高洗涤的效果?

4. 硅钼蓝测定 SiO_2 的基本原理是什么?操作中应注意哪些问题?

5. 示差光度法与一般光度法有什么不同?它有什么优点?

二、Fe^{3+} 的测定

实验目的

掌握水泥熟料中 Fe_2O_3 的测定方法。

实验原理

溶液酸度控制在 pH = 2~2.5,则溶液中共存有 Al^{3+}、Ca^{2+}、Mg^{2+} 等不干扰测定。指示剂为磺基水杨酸,其水溶液为无色,在 pH = 1.2~2.5 时,与 Fe^{3+} 形成的配合物为红紫色,但 Fe^{3+} 与 EDTA 形成配合物是黄色,因此终点时由红紫色变为黄色。由于 Fe^{3+} 与 EDTA 的反应速率比较慢,需要加热来加快反应速率,滴定时溶液温度以 60~70 ℃ 为宜,但温度过高也会促使 Al^{3+} 与 EDTA 反应,并会促进 Fe^{3+} 水解,影响分析结果。

仪器、试剂和材料

酸式滴定管(50 mL);烧杯;移液管(20 mL);锥形瓶(250 mL)。

氨水（1∶1）；HCl 溶液（1∶1）；0.05% 溴甲酚绿指示剂（将 0.05 g 溴甲酚绿溶于 100 mL 20%乙醇溶液中）；10%磺基水杨酸指示剂；EDTA 标准溶液（0.01 mol·L^{-1}）。

实验内容

吸取重量分析法中分离 SiO_2 后之滤液 20.00 mL 于 400 mL 烧杯中，加 75 mL 蒸馏水，2 滴 0.05% 溴甲酚绿指示剂（在 pH<3.8 时呈黄色，pH>5.4 时呈绿色），逐滴加入 1∶1 氨水，使之呈绿色，然后再用 6 mol·L^{-1}HCl 溶液调至黄色后再过量 3 滴，此时溶液酸度约为 pH = 2，加热至 60 ~ 70 ℃，取下，加 6 ~ 8 滴 10% 磺基水杨酸钠，以 0.01 mol·L^{-1}EDTA 标准溶液滴定至淡黄色，即为终点，记下消耗 EDTA 标准溶液的体积，测定 Fe^{3+} 后的溶液供测定 Al^{3+} 用。

💡 思考题

1. 滴定 Fe^{3+} 时，Al^{3+}、Ca^{2+}、Mg^{2+} 等的干扰用何种方法消除？为什么？
2. Fe^{3+} 的滴定控制在什么温度范围？为什么？
3. 如 Fe^{3+} 的测定结果不准确，对 Al^{3+} 的测定结果有什么影响？

三、Al^{3+} 的测定

实验目的

掌握水泥熟料中 Al_2O_3 的测定方法。

实验原理

采用返滴定法，在滴定 Fe^{3+} 后的溶液中，加入过量 EDTA 标准溶液，再调节溶液的 pH 约为 4.3，将溶液煮沸，加快 Al^{3+} 与 EDTA 配合反应，保证反应能定量完成，然后，以 PAN 为指示剂，用 $CuSO_4$ 的标准溶液滴定溶液中剩余 EDTA。

在终点前溶液中 Al-EDTA 配合物无色，而 Cu-EDTA 配合物呈淡蓝色，PAN 指示剂呈黄色，随着 $CuSO_4$ 标准溶液不断滴入，溶液逐渐由黄变绿。终点时过量 Cu^{2+} 与 PAN 形成的配合物为红色，与溶液中 Cu-EDTA 的蓝色组成了紫色，即终点由绿色变紫色，因此溶液中 Cu-EDTA 配合物量的多少，对滴定终点的影响很大，所以对过量的 EDTA 的量，必须加以控制，一般说来，在 100 mL 溶液中加入的 0.010mol·L^{-1}EDTA 标准溶液以过量 15 mL 左右为宜。

仪器、试剂和材料

酸式滴定管（50 mL）；烧杯；移液管（20 mL）；锥形瓶（250 mL）。

EDTA 标准溶液（0.01 mol·L^{-1}）；$CuSO_4$ 标准溶液（0.01 mol·L^{-1}）：称取 1.3 g $CuSO_4·5H_2O$ 溶于水中，加 2 ~ 3 滴 1∶1H_2SO_4 溶液用蒸馏水稀释至 500 mL，摇匀；HAc-NaAc 缓冲溶液（pH = 4.3）：将 33.7 g 无水醋酸钠溶于水中，加入 80 mL 冰醋酸，加蒸馏水稀释至 1 L，摇匀；PAN（0.3%）：称取 0.3 g PAN 溶于 100 mL 乙醇中。

实验内容

在滴定铁后溶液中加 0.01 mol·L^{-1}EDTA 标准溶液 15 ~ 20 mL，加蒸馏水稀释至约

200 mL，再加入 15 mL pH＝4.3 的 HAc-NaAc 缓冲液，煮沸 1~2min，取下稍冷，加入 4 滴 0.2%PAN 指示剂，以 0.01 mol·L⁻¹CuSO₄标准溶液滴定至亮紫色。

EDTA 与 CuSO₄标准溶液之间体积比的测定方法如下：

从滴定管放出 15 mL 0.01 mol·L⁻¹EDTA 标准溶液于 400 mL 烧杯中，用蒸馏水稀释至约 200 mL，加 15 mL pH＝4.3 的 HAc-NaAc 缓冲溶液，加热至微沸，取下稍冷，加 3 滴 0.3% PAN 指示剂，以 0.01 mol·L⁻¹CuSO₄标准溶液滴定至亮紫色。

💡 思考题

1. EDTA 滴定 Al^{3+} 时，为什么要采用返滴定法？是否还能采用别的滴定方式？

2. 在 pH＝4.3 条件下返滴定 Al^{3+}，Ca^{2+}、Mg^{2+} 会不会干扰？为什么？

四、Ca^{2+} 的测定

实验目的

掌握水泥熟料中 CaO 的测定方法。

实验原理

由于 Ca^{2+} 与 EDTA 配合物的 $\lg K_{CaY}$＝10.69 不够大，因此，只有在 pH＝8~13 时才能定量配合。而在 pH＝8~9 时，Mg^{2+} 有干扰，故一般在 pH＞12.5 下进行滴定，此时 Mg^{2+} 形成 $Mg(OH)_2$ 沉淀而被掩蔽，Fe^{3+} 干扰用三乙醇胺消除。

用于 EDTA 滴定 Ca^{2+} 的指示剂较多，本实验采用钙黄绿素作指示剂。在 pH＞12 时，钙黄绿素本身呈橘红色，与 Ca^{2+}、Sr^{2+}、Ba^{2+} 等配合后呈黄绿色荧光。钙黄绿素与碱金属离子反应也有微弱荧光，碱金属离子中以钠离子最强，钾离子最弱，因此在用碱调节 pH 时，应用 KOH 较好。为了改善终点，利用某些酸碱指示剂或其他配合指示剂的颜色，来遮盖钙黄绿素的残余荧光。所以本实验用的是钙黄绿素、甲基百里香酚酞混合指示剂（CMP），其中的酚酞与甲基百里香酚兰在滴定条件下所呈的混合色为紫色，起到遮盖残余荧光的作用。

仪器、试剂和材料

酸式滴定管（50 mL）；烧杯；移液管（20 mL）；锥形瓶（250 mL）。

三乙醇胺（1：2）；KOH 溶液（20%）；CMP 指示剂（钙黄绿素-甲基百里香酚兰-酚酞指示剂）：准确称取 1 g 钙黄绿素、1 g 甲基百里香酚兰、0.2 g 酚酞与 50 g 已在105 ℃烘干的硝酸钾混合研细，保存在磨口瓶中；EDTA 标准溶液（0.01 mol·L⁻¹）。

实验内容

吸取分离 SiO_2 后的滤液 10 mL 于 250 mL 烧杯中，加蒸馏水稀释至约 100 mL，加 1：2三乙醇胺 5 mL，充分搅拌后，加入少许 CMP 指示剂，以 20%KOH 溶液调节至绿色荧光出现后，再加过量 20%KOH 溶液 5~8 mL，以 0.01 mol·L⁻¹EDTA 标准溶液滴定至绿色荧光消失，出现稳定的红色为终点（观察终点时应该从烧杯上方向下看）。

💡 思考题

加入三乙醇胺的目的是什么？为什么要在加入 KOH 溶液之前加三乙醇胺？

五、Ca^{2+}、Mg^{2+} 离子总量的测定

实验目的

掌握水泥熟料中 CaO、MgO 的测定方法。

实验原理

镁的含量是采用差减法求得，即在另一份试液中，于 pH = 10 时用 EDTA 滴定钙、镁总量，再从钙、镁总量中减去钙量后，即为镁的含量。

滴定钙、镁总量时，常用的指示剂有铬黑 T 和 K-B 混合指示剂，铬黑 T 易受某些重金属离子所封闭，所以选用 K-B 指示剂作为 EDTA 滴定钙、镁总量的指示剂。Fe^{3+} 的干扰需用三乙醇胺和酒石酸钾钠联合掩蔽，因为三乙醇胺与 Fe^{3+} 生成的配合物能破坏酸性铬兰 K 指示剂，使萘酚绿 B 的绿色背景加深，易使终点提前到达。当溶液中酒石酸钾钠与三乙醇胺一起对 Fe^{3+} 进行掩蔽时，可以消除上述破坏指示剂的现象，Al^{3+} 的干扰也能由三乙醇胺和酒石酸钾钠进行掩蔽。

仪器、试剂和材料

酸式滴定管（50 mL）；烧杯；锥形瓶（250 mL）。

酒石酸钾钠（10%）：将 10 g 酒石酸钾钠溶于 10 mL 蒸馏水中；三乙醇胺溶液（1∶2）；$NH_3 \cdot H_2O-NH_4Cl$ 缓冲溶液（pH = 10）；K-B 指示剂。

实验内容

吸取分离 SiO_2 后之滤液 10.00 mL 于 250 mL 锥形瓶中，加蒸馏水稀释至约 100 mL，加 10% 酒石酸钾钠溶液 1 mL 和三乙醇胺 5 mL，搅拌 1 min，加入 15 mL pH = 10 的 $NH_3 \cdot H_2O-NH_4Cl$ 缓冲溶液，再加入适量 K-B 指示剂，用 0.01 mol·L^{-1} EDTA 标准溶液滴定至溶液呈纯蓝色，根据所消耗的 EDTA 体积，计算样品中钙、镁含量。

● 实验 2-34　茶叶中微量元素的鉴定与定量测定

实验目的

1. 掌握鉴定茶叶中某些化学元素的方法。

2. 掌握配位滴定法测定茶叶中钙、镁含量的方法和原理。

3. 掌握分光光度法测定茶叶中微量铁的方法。

实验原理

茶叶主要由 C、H、N 和 O 等元素组成，其中含有 Fe、Al、Ca、Mg 等微量金属元素。

本实验的目的是定性鉴定茶叶中 Fe、Al、Ca、Mg 等元素,并对 Fe、Ca、Mg 进行定量测定。

茶叶须先进行"干灰化"预处理。将茶叶样品在空气中置于敞口的蒸发皿或坩埚中加热,把有机物经氧化分解而烧成灰烬。这一方法特别适用于生物样品的预处理。灰化后的残渣经酸溶解,即可进行定量分析。

铁铝混合液中 Fe^{3+} 对 Al^{3+} 的鉴定有干扰。可利用 Al^{3+} 的两性,加入过量的碱使 Al^{3+} 转变为 AlO_2^- 留在溶液中,Fe^{3+} 则生成 $Fe(OH)_3$ 沉淀,经分离去除后,消除相互干扰。钙镁混合液中,Ca^{2+}、Mg^{2+} 互不干扰,可直接鉴定,不必分离。

定性鉴定铁、铝、钙、镁的特征反应方程式如下:

$$Fe^{3+} + nKSCN(饱和) \longrightarrow Fe(SCN)_n^{3-n} + nK^+$$

$$Al^{3+} + 铝试剂 + OH^- \longrightarrow 红色絮状沉淀$$

$$Mg^{2+} + 镁试剂 + OH^- \longrightarrow 天蓝色沉淀$$

$$Ca^{2+} + C_2O_4^{2-} \xrightarrow{HAc 介质} 白色沉淀 \ CaC_2O_4$$

钙、镁含量的测定可采用配位滴定法。在 pH = 10 的条件下,以 K-B 为指示剂,EDTA 为标准溶液,直接滴定可测得 Ca、Mg 总量。若欲测 Ca、Mg 各自含量,可在 pH > 12.5 时,使 Mg^{2+} 生成氢氧化物沉淀,以钙指示剂、用 EDTA 滴定 Ca^{2+} 含量,然后用差减法即得 Mg^{2+} 的含量。

Fe^{3+}、Al^{3+} 的存在会干扰 Ca^{2+}、Mg^{2+} 的测定,此时,可用三乙醇胺掩蔽 Fe^{3+} 与 Al^{3+}。

茶叶中铁含量较低,可用分光光度法测定。

仪器、试剂和材料

马弗炉;研钵;蒸发皿;容量瓶;托盘天平;分析天平;中速定量滤纸;7200 型分光光度计;试管;长颈漏斗;离心机。

K-B 指示剂;HCl 溶液(6 mol·L^{-1});HAc 溶液(2 mol·L^{-1});NaOH 溶液(6 mol·L^{-1});$(NH_4)_2C_2O_4$ 溶液(0.25 mol·L^{-1});EDTA 溶液(0.01 mol·L^{-1},自配并标定);KSCN 溶液(饱和);铁标准溶液(50 μg·mL^{-1});铝试剂;镁试剂;三乙醇胺溶液(25%);$NH_3·H_2O$-NH_4Cl 缓冲溶液(pH = 10);HAc-NaAc 缓冲溶液(pH = 4.6);邻二氮菲溶液(0.15%);盐酸羟胺溶液(10%)。

实验内容

1. 茶叶的灰化和试液的制备

取在 100~105 ℃下烘干的茶叶 7~8 g 于研钵捣成细末,转移至称量瓶中,用差减法称取一定量的茶叶末,并记录其准确质量。

将盛有茶叶末的蒸发皿在马弗炉中加热使茶叶灰化,茶叶完全灰化冷却后,加 6 mol·L^{-1} HCl 溶液 10 mL 于蒸发皿中,搅拌溶解(可能有少量不溶物)并将溶液完全转移至 150 mL 烧杯中,加蒸馏水 20 mL,再加 6 mol·L^{-1} 的 NaOH 溶液 10 mL,使其沉淀,并置于沸水浴上加热 30min,过滤,然后洗涤烧杯和滤纸。滤液直接用 250 mL 容量瓶盛接,并稀释至刻度,摇匀,待测,贴上标签,标明为 Ca^{2+}、Mg^{2+} 试液(1#)。

另取 250 mL 容量瓶一只于长颈漏斗之下,用 6 mol·L^{-1} 的 HCl 溶液 10 mL 重新溶解滤纸上的沉淀,并少量多次地洗涤滤纸。完毕后,稀释容量瓶中滤液至刻度线,摇匀待测。贴上标签,标明为 Fe^{3+} 试液(2#)。

2. Fe、Al、Ca、Mg 元素的鉴定

从 Ca^{2+}、Mg^{2+} 试液的溶液瓶中倒出试液 1 mL 于一洁净试管中,然后从试管中取试液 2 滴于点滴板上。加镁试剂 1 滴,再加 6 mol·L^{-1} NaOH 溶液碱化,观察现象,进行判断。

再取试液 2~3 滴于另一试管中,加入 1~2 滴 2 mol·L^{-1} HAc 溶液酸化,再加 2 滴 0.25 mol·L^{-1} $(NH_4)_2C_2O_4$ 溶液,观察实验现象,进行判断。

从 Fe^{3+} 试液(2#)的容量瓶中倒出试液 1 mL 于另一洁净试管中,然后从试管中取试液 2 滴于点滴板上,加饱和 KSCN 溶液 1 滴,根据实验现象,进行判断。

在上述试管剩余试液中,加 6 mol·L^{-1} NaOH 溶液直至白色沉淀溶解为止,离心分离,取上层清液于另一试管中,加 6 mol·L^{-1} HAc 溶液酸化,加铝试剂 3~4 滴,放置片刻后,加 6 mol·L^{-1} $NH_3·H_2O$ 溶液碱化,在水浴中加热,观察实验现象,进行判断。

3. 茶叶中 Ca、Mg 总量测定

从 1# 容量瓶中准确吸取试液 25.00 mL 置于 250 mL 锥形瓶中,加入 5 mL 三乙醇胺溶液,再加入 10 mL 氨性缓冲溶液,摇匀。再加入 K-B 指示剂,用 EDTA 标准溶液滴定至溶液恰好由红紫色变成纯蓝色,即达终点,根据 EDTA 的消耗量,可计算出茶叶中 Ca、Mg 的总量,并以 MgO 的质量分数表示。

4. 茶叶中 Fe 含量的测量

标准曲线的绘制:在 6 只 50 mL 容量瓶中,分别用吸量管加入 0.00 mL、1.00 mL、2.00 mL、3.00 mL、4.00 mL、5.00 mL 50 μg·mL^{-1} 铁标准溶液,再分别加入 1 mL 10% 盐酸羟胺溶液和条件实验中选择的显色剂的量和适当的酸度,以水稀释到刻度,摇匀。在 510 nm 波长处用 1 cm 的比色皿,以试剂空白为参比,测量各溶液的吸光度,以铁的浓度为横坐标,吸光度为纵坐标,绘制标准曲线。

茶叶中 Fe 含量测定:用吸量管从 2# 容量瓶中吸取试液 20.00 mL 于 50 mL 容量瓶中,依次加入 1.00 mL 盐酸羟胺溶液、5.00 mL HAc-NaAc 缓冲溶液,2.00 mL 邻二氮菲溶液,用蒸馏水稀释至刻度,摇匀,放置 10 min。用 1 cm 的比色皿,以空白溶液为参比溶液,在同一波长测其吸光度,并计算茶叶中 Fe 的含量,并以 Fe_2O_3 质量分数表示。

⚠ **注意事项**

1. 茶叶尽量捣碎,以利于灰化。

2. 灰化应彻底,若酸溶后发现有未灰化物,应定量过滤,将未灰化的重新灰化。

3. 茶叶灰化后,酸溶解速率较慢时可用小火略加热,定量转移要完全。

4. 为使 Fe^{3+}、Al^{3+} 与 Ca^{2+}、Mg^{2+} 分离,茶叶灰化后,加 10 mL 6 mol·L^{-1} HCl 溶液使之溶解,后加入的 6 mol·L^{-1} NaOH 溶液也应为 10 mL。

💡 **思考题**

1. 应如何选择灰化的温度?

2. 鉴定 Ca^{2+} 时,Mg^{2+} 为什么不干扰?

3. 欲测该茶叶中 Al 含量,应如何设计方案?

4. 为什么 pH = 7 时能将 Fe^{3+}、Al^{3+} 与 Ca^{2+}、Mg^{2+} 分离完全?

● **实验 2-35　食品中亚硝酸盐含量的测定**

实验目的

1. 掌握盐酸萘乙二胺测定食品中亚硝酸盐含量的方法。

2. 掌握样品制备的基本操作技能。

实验原理

食品样品经沉淀分离蛋白质、除去脂肪后,在弱酸条件下,亚硝酸盐与对氨基苯磺酸反应生成重氮化合物,生成的重氮化合物再与盐酸萘乙二胺溶液耦合,形成紫红色的染料,其颜色深浅与亚硝酸盐含量成正比。利用此反应即可以测定亚硝酸根的浓度。反应如下:

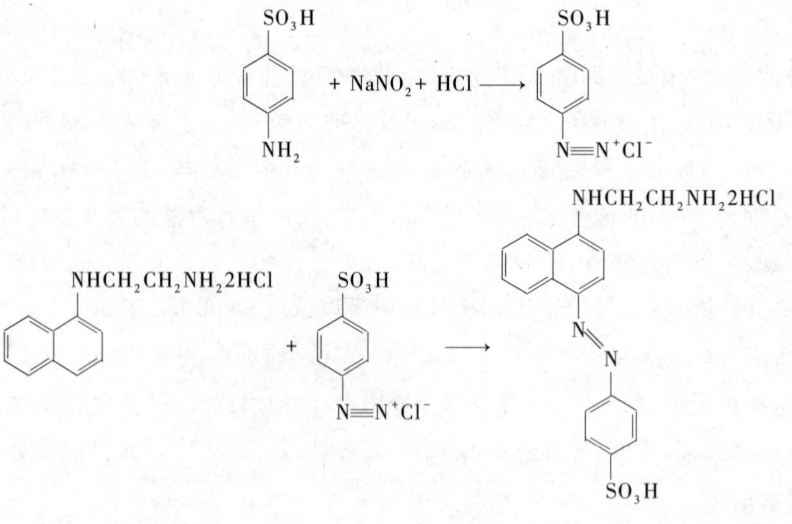

仪器、试剂和材料

可见分光光度计;比色皿;搅拌机;分析天平;锥形瓶(250 mL);移液管、刻度吸管;水浴锅;容量瓶(50 mL, 250 mL)。

饱和硼砂溶液（$50\ \mathrm{g}\cdot\mathrm{L}^{-1}$）；乙酸锌溶液（$1\ \mathrm{mol}\cdot\mathrm{L}^{-1}$）；亚铁氰化钾溶液（$106\ \mathrm{g}\cdot\mathrm{L}^{-1}$）；盐酸萘乙二胺溶液（$2\ \mathrm{g}\cdot\mathrm{L}^{-1}$）；亚硝酸钠标准溶液（$5.0\ \mathrm{\mu g}\cdot\mathrm{mL}^{-1}$）；对氨基苯磺酸溶液（$4\ \mathrm{g}\cdot\mathrm{L}^{-1}$）。

实验内容

1. 样品的预处理

样品于搅拌机中匀浆，部分少汁样品可按一定质量比例加入等量水。

称取 5.00 g（精确至 0.01 g）匀浆样品（如制备过程中加水，应按加水量折算），置于 50 mL 烧杯中。加入 12.5 mL $50\ \mathrm{g}\cdot\mathrm{L}^{-1}$ 饱和硼砂溶液，用 70 ℃左右的蒸馏水约 150 mL 将上述提取液转移至 250 mL 容量瓶中，混匀，于沸水浴中加热 15 min。取出容器后，将其冷水浴冷却，并放置至室温。

在上述溶液中加入 5 mL 亚铁氰化钾溶液，摇匀。再加入 5 mL $1\ \mathrm{mol}\cdot\mathrm{L}^{-1}$ 乙酸锌溶液，以沉淀蛋白质。加水至刻度，摇匀，放置 30 min 后离心分离。上清液用滤纸过滤，弃去初滤液 30 mL，滤液备用。

2. 标准曲线的绘制

吸取 0.00 mL、1.00 mL、2.00 mL、3.00 mL、4.00 mL、5.00 mL 亚硝酸钠标准使用液，分别置于 50 mL 具塞容量瓶中。于上述容量瓶中各加入 2.00 mL $4\ \mathrm{g}\cdot\mathrm{L}^{-1}$ 对氨基苯磺酸溶液，混匀。静置 3~5 min 后各加入 1.00 mL $2\ \mathrm{g}\cdot\mathrm{L}^{-1}$ 盐酸萘乙二胺溶液，加水至刻度。将容量瓶内试液混合均匀后，静置 15 min 以备下一步使用。

移取添加了 3.00 mL 亚硝酸钠标准溶液的容量瓶中的溶液，用 1 cm 比色皿，以蒸馏水为参比，在 420.0~700.0 nm 测定其吸光度 A，绘制吸收曲线，找出最大吸收波长。于最大吸收峰处测定其他标样的吸光度，绘制 $A\text{-}c$ 标准曲线。

3. 样品试液的测定

分别吸取已经预处理好的 40.00 mL 的样品试液 50 mL 比色管中。加入 2.00 mL $4\ \mathrm{g}\cdot\mathrm{L}^{-1}$ 对氨基苯磺酸溶液，混匀。静置 3~5 min 后各加入 1.00 mL $2\ \mathrm{g}\cdot\mathrm{L}^{-1}$ 盐酸萘乙二胺溶液，加水至刻度，将容量瓶内试液混合均匀后，静置 15 min 以备下一步使用。于最大吸收峰处，用 1 cm 比色皿测定样品的吸光度。计算样品中的亚硝酸盐含量。

⚠ 注意事项

1. 盐酸萘乙二胺溶液有致癌作用。

2. 显色后稳定性与室温有关，一般显色温度为 15~30 ℃时，在 20~30 min 内比色为好。

3. 硼砂饱和溶液的作用：

（1）吸附亚硝酸盐的亚硝酸根，使亚硝酸盐的总量不会因加热而减少。

（2）作蛋白质沉淀剂。

4. 亚铁氰化钾溶液和乙酸锌（可用硫酸锌代替）作用：蛋白质沉淀剂。原因：亚铁氰化钾溶液和乙酸锌反应，生成亚铁氰化锌沉淀，从而与蛋白共沉淀。

5. 清液用滤纸过滤后,要弃去初滤液 10 mL。原因:滤纸中含有少量铵盐,弃去初滤液是为了除去滤纸中铵盐的干扰。

● 实验 2-36　微波消解-分光光度法测定紫菜中微量铁和铜的含量

实验目的

1. 掌握微波消解进行样品前处理的方法。
2. 掌握测定微量铁和铜的分光光度方法。

实验原理

紫菜主要由 C、H、O、N 等元素组成,还含有多种微量金属元素。紫菜样品需要经过预处理才能进行分光光度法分析。预处理可以采用干灰化法和微波消解法。预处理后的样品经过显色反应即可通过分光光度法对样品中微量的铁和铜进行定量分析。

邻二氮菲(又称邻菲罗啉)是测定微量铁的高灵敏度、高选择性试剂。在 pH = 2 ~ 9 的溶液中,该试剂与 Fe^{2+} 生成稳定的红色配合物,其 $\lg K_{稳} = 21.3$,$\kappa_{508} = 1.1 \times 10^4 L \cdot mol^{-1} \cdot cm^{-1}$,$\lambda_{max} = 508$ nm。邻二氮菲与 Fe^{3+} 也生成 3:1 配合物,显淡蓝色,$\lg\beta_3 = 14.1$。因此,为提高光度法测定铁的灵敏度,在显色前可用盐酸羟胺或抗坏血酸将全部 Fe^{3+} 还原为 Fe^{2+}。反应式如下:

$$2Fe^{3+} + 2NH_2OH \Longrightarrow 2Fe^{2+} + N_2\uparrow + 2H_2O + 2H^+$$

由于该显色反应受酸度、显色剂用量、温度等条件的影响,故分光光度法测定通常要研究吸收曲线、标准曲线、溶液酸度、显色剂用量、有色溶液的稳定性、温度、溶剂和干扰离子一系列问题。本实验对吸收曲线、标准曲线、有色溶液的稳定性、溶液酸度、显色剂用量等进行试验,从中学习实验条件的拟定方法。

测定铜含量采用的方法是在 pH = 8 ~ 10 的氨性介质中,铜试剂(二乙基二硫代氨基甲酸钠)与铜离子与配位生成黄棕色配合物,采用明胶溶液作稳定剂,直接在水相测定吸光度。实验中需要采用 EDTA-柠檬酸铵混合溶液作为掩蔽剂以消除其他金属离子的干扰。

仪器、试剂和材料

微波消解仪;分光光度计;比色皿;电炉;马弗炉;水浴锅;分析天平;酸度计;长颈

漏斗;中速定量滤纸;具塞比色管(10 mL);容量瓶(50 mL)。

铁标准溶液(50 μg·mL⁻¹);0.15%邻二氮菲溶液(新配制);10%盐酸羟胺溶液(新配制);醋酸钠溶液(1 mol·L⁻¹);NaOH 溶液(0.2 mol·L⁻¹);盐酸(1∶1);铜标准溶液(10 μg·mL⁻¹);EDTA-柠檬酸铵溶液(40 mg·mL⁻¹乙二胺四乙酸二钠,100 mg·mL⁻¹柠檬酸铵);氯化铵-氨水缓冲溶液(pH=10);铜试剂(2 g·L⁻¹,二乙基二硫代氨基甲酸钠,DDTC)溶液;明胶溶液(2 g·L⁻¹)。

实验内容

1. 紫菜样品预处理

1)干灰化法。称取经过捣碎的紫菜细末 8.00 g 置于蒸发皿中,在电炉上炭化至无烟,移入马弗炉中 550 ℃灰化 6 h,冷却。将紫菜灰分完全转移至 100 mL 烧杯,加入 HCl 溶液(1∶1)5 mL 和蒸馏水 10 mL,在 80 ℃水浴上加热溶解 30 min,用滤纸过滤至 50 mL 容量瓶内,再用蒸馏水洗涤滤纸上的沉淀,定容,混匀备用。

2)微波消解法。准确称取 0.5 g(精确至 0.000 1 g)样品于聚四氟乙酸微波消解内罐中,加入 5 mL 浓硝酸,1 mL 过氧化氢,4 mL 超纯水于微波消解仪中消解,室温放置 60 min,盖上内盖,旋紧外盖,具体消解程序见表 2-36-1。样品消解完全后冷却,将消解液转移至 25 mL 容量瓶中,定容、摇匀得到样品溶液。

表 2-36-1　微波消解程序

步骤	升温时间/min	温度/℃	保持时间/min
1	5	100	10
2	10	140	30

2. 紫菜中铁含量的测定

1)吸收曲线的制作。准确移取 2 mL 50 μg·mL⁻¹铁标准溶液于 50 mL 容量瓶中,加入 1.0 mL 10%盐酸羟胺溶液,摇匀,再加入 2.0 mL 邻二氮菲溶液和 5.0 mL 乙酸钠溶液,用蒸馏水稀释至刻度,摇匀。在分光光度计上,用 1 cm 比色皿,以试剂空白为参比溶液(仅不加标准铁溶液,其他试剂均加,同样稀释至 50 mL 的溶液)。在 440~560 nm,每间隔 10 nm 测量一次吸光度(其中在 500~520 nm,每隔 5 nm 测量一次),以波长为横坐标,吸光度为纵坐标,绘制吸收曲线,选择适宜波长。

2)邻二氮菲铁配合物的稳定性。用吸收曲线中使用的溶液,在最大吸收波长处,每隔一定时间测定其吸光度,即在加入显色剂后立即测定一次吸光度,之后放置 5 min、15 min、30 min、45 min、60 min,测定相应的吸光度,以时间为横坐标、吸光度为纵坐标,绘出吸光度 - 时间曲线,从曲线上观察此化合物稳定性的情况。

3)显色剂用量的影响。取 7 只 50 mL 容量瓶,各加入 2 mL 50 μg·mL⁻¹铁标准溶液和 1 mL 10%盐酸羟胺溶液,摇匀,分别加入 0.10 mL、0.30 mL、0.50 mL、0.80 mL、1.00 mL、2.00 mL、4.00 mL 0.15%邻二氮菲溶液,再各加入 5 mL 1 mol·L⁻¹醋酸钠溶液,

以水稀释至刻度,摇匀。在分光光度计上,用 1 cm 比色皿,以试剂空白为参比,在选定波长下,测定吸光度。以显色剂体积为横坐标,相应吸光度为纵坐标,绘制吸光度-试剂用量曲线,并确定邻二氮菲溶液的适宜用量。

4)溶液酸度的影响。取 100 mL 容量瓶一只,加入 50 μg·mL^{-1} 铁标准溶液 20.00 mL 和 10% 盐酸羟氨 10 mL,经 2 min 后,加 0.15% 邻二氮菲溶液 20.00 mL,加蒸馏水稀释至刻度,摇匀。取 50 mL 容量瓶 7 只,各吸取上述溶液 10.00 mL 于其中,再分别加入 0.4 mol·L^{-1} NaOH 溶液 0.00 mL、1.00 mL、3.00 mL、4.00 mL、6.00 mL、8.00 mL、10.00 mL,用蒸馏水稀释至刻度,摇匀。用 pH 计测量各溶液的 pH,然后在所选的波长下,测定其吸光度。以 pH 为横坐标,溶液相应的吸光度为纵坐标。绘出吸光度-pH 曲线,找出测定的适宜 pH 范围。

5)标准曲线的制作。在 6 只 50 mL 容量瓶中,分别用吸量管加入 0.00 mL、1.00 mL、2.00 mL、3.00 mL、4.00 mL、5.00 mL 50 μg·mL^{-1} 铁标准溶液,再分别加入 1 mL 10% 盐酸羟胺溶液和条件实验中选择的显色剂的量和适当的酸度,以水稀释到刻度,摇匀。在所选的波长下,用 1 cm 的比色皿,以试剂空白为参比,测量各溶液的吸光度,以铁的浓度为横坐标,吸光度为纵坐标,绘制吸收曲线。

6)紫菜中铁含量的测定。移取样品处理液 5.00 mL 置于 50 mL 容量瓶中,加入 1.00 mL 盐酸羟胺溶液,摇匀,再加入条件实验选择的显色剂的量和酸度,用蒸馏水稀释到刻度,摇匀。在所选的波长下,用 1 cm 比色皿,以试剂空白为参比,测定吸光度。计算样品中铁的含量,以 μg·g^{-1} 表示。

3. 紫菜中铜含量的测定

1)标准曲线的绘制。在 6 只 10 mL 具塞比色管中分别加入 10 μg·mL^{-1} 铜标准溶液 0.00 mL、0.50 mL、1.00 mL、1.50 mL、2.00 mL 和 2.50 mL,按顺序依次加入 1.00 mL EDTA-柠檬酸铵溶液,0.50 mL pH = 10 氯化铵-氨缓冲溶液,0.50 mL 2 g·L^{-1} 明胶溶液,1.00 mL 2 g·L^{-1} 铜试剂溶液,用蒸馏水定容至刻度,摇匀。15 min 后,在波长 450 nm 处,用 1 cm 比色皿,以试剂空白为参比,测定吸光度,绘制标准曲线。

2)样品的测定。移取样品处理液 3.00 mL 于 10 mL 比色管中,依次加入 1.00 mL EDTA-柠檬酸铵溶液,0.50 mL pH = 10 氯化铵-氨缓冲溶液,0.50 mL 2 g·L^{-1} 明胶溶液,1.00 mL 2 mg·mL^{-1} 铜试剂溶液,用蒸馏水定容至刻度,摇匀。15 min 后,在波长 450 nm 处,用 1 cm 比色皿,以试剂空白为参比,测定吸光度,计算样品中铜的含量,以 μg·g^{-1} 表示。

💡 思考题

1. 如何确定紫菜的取样量?

2. Fe^{3+} 显色前加盐酸羟胺的目的是什么?如用配制已久的盐酸羟氨溶液,对分析结果有什么影响?

3. 在显色反应中为什么要加入 NaAc 溶液?

4. 在本实验中哪些试剂需准确配制和准确加入？哪些试剂不需准确配制,但要准确加入？

5. 吸光光度测定时,吸光度需要控制在什么范围？为什么？如何调控吸光度范围？

实验 2-37　分光光度法同时测定饮料中三种色素的含量

实验目的

1. 掌握分光光度法测定多组分的原理。

2. 了解食品色素性质及测定方法。

实验原理

与天然色素相比,人工合成色素具备颜色鲜亮、水溶性好、成本低、稳定性高等优点,因而在食品行业被广泛用作食品添加剂。然而,某些合成色素本身或代谢产物,尤其是偶氮类色素,有慢性毒性或致癌性等,因此对其在食品中的含量必须严格控制,测定食品中色素含量非常必要。

柠檬黄、日落黄、胭脂红是三种常见的食用色素,在食品中被广泛添加。这三种色素在可见光区吸收峰有部分重叠,最大吸收波长相距较远。根据吸光度加和性原则,可采用分光光度法同时测定这三种色素。

分别用 T、S、P 表示柠檬黄、日落黄、胭脂红三种色素,先绘制各自的吸收曲线,得到最大吸收波长 λ_{max}^{T}、λ_{max}^{S} 和 λ_{max}^{P};然后再配制系列标准溶液,绘制各自在 λ_{max}^{T}、λ_{max}^{S} 和 λ_{max}^{P} 的标准曲线,并得到相应的吸收系数 κ(浓度 c 用 $g \cdot L^{-1}$ 表示);再分别以 λ_{max}^{T}、λ_{max}^{S} 和 λ_{max}^{P} 作为测定波长,测定样品的吸光度,根据吸光度加和性原则,如下三个方程求解即可得到三者的含量。

$$A_{\lambda_{max}^{T}}^{T+S+P} = \kappa_{\lambda_{max}^{T}}^{T} b c_{T} + \kappa_{\lambda_{max}^{T}}^{S} b c_{S} + \kappa_{\lambda_{max}^{T}}^{P} b c_{P}$$

$$A_{\lambda_{max}^{S}}^{T+S+P} = \kappa_{\lambda_{max}^{S}}^{T} b c_{T} + \kappa_{\lambda_{max}^{S}}^{S} b c_{S} + \kappa_{\lambda_{max}^{S}}^{P} b c_{P}$$

$$A_{\lambda_{max}^{P}}^{T+S+P} = \kappa_{\lambda_{max}^{P}}^{T} b c_{T} + \kappa_{\lambda_{max}^{P}}^{S} b c_{S} + \kappa_{\lambda_{max}^{P}}^{P} b c_{P}$$

仪器、试剂和材料

可见分光光度计;超声波清洗仪;1 cm 玻璃比色皿;比色管;移液管。

柠檬黄标准溶液($50.00 \, mg \cdot L^{-1}$):称取柠檬黄标准品 50.00 mg,加蒸馏水溶解,用蒸馏水定容于 1.00 L 容量瓶中,避光保存;日落黄标准溶液($50.00 \, mg \cdot L^{-1}$):称取日落黄标准品 50.00 mg,加蒸馏水溶解,用蒸馏水定容于 1.00 L 容量瓶中,避光保存;胭脂红标准溶液($50.00 \, mg \cdot L^{-1}$):称取胭脂红标准品 50.00 mg,加蒸馏水溶解,用蒸馏水定容于 1.00 L 容量瓶中,避光保存;醋酸-醋酸钠缓冲溶液(0.1 mol·L^{-1},pH = 4.0):称取 1.25 g 醋酸钠,加 5.00 mL 冰醋酸,再加水稀释至 1.00 L;磷酸盐缓冲溶液 (0.1 mol·L^{-1} pH = 7.0):称取 21.85 g 十二水合磷酸氢二钠(Na$_2$HPO$_4$·12H$_2$O),6.09 g 二水合磷酸二氢钠(NaH$_2$PO$_4$·2H$_2$O),再加蒸馏水稀释至 1.00 L;氨性缓冲溶液 (0.1 mol·L^{-1}、pH = 10.0):称取 4.53 g 氯化铵,加 2.11 mL 浓氨水,再加蒸馏水稀释至 1.00 L。

实验内容

1. 不同 pH 下三种色素的吸收曲线

取 3 支 10.00 mL 比色管,加入 2.00 mL 50.00 mg·L^{-1} 的柠檬黄标准溶液,分别用 pH = 4.0 的醋酸-醋酸钠缓冲溶液、pH = 7.0 的磷酸盐缓冲溶液、pH = 10.0 的氨性缓冲溶液定容,配置不同 pH 的 10.00 mg·L^{-1} 的柠檬黄溶液。以水为参比,在 350 ~ 600 nm 范围内每隔 10 nm 测定一次吸光度,绘制不同 pH 时的吸收曲线,确定柠檬黄的最大吸收波长 λ_{max}^{T},并讨论 pH 的影响。

同样绘制日落黄、胭脂红在不同 pH 下的吸收曲线,确定其最大吸收波长 λ_{max}^{S}、λ_{max}^{P},并讨论 pH 的影响。

2. 标准曲线的制作

取 7 支比色管,分别加入 5.00 mL、4.00 mL、3.00 mL、2.00 mL、1.00 mL、0.50 mL、0.20 mL 的 50.00 mg·L^{-1} 柠檬黄标准溶液,然后用 pH = 7.0 的磷酸盐缓冲溶液定容至 10.00 mL,分别配成 25.00 mg·L^{-1}、20.00 mg·L^{-1}、15.00 mg·L^{-1}、10.00 mg·L^{-1}、5.00 mg·L^{-1}、2.50 mg·L^{-1}、1.00 mg·L^{-1} 的柠檬黄溶液。以水为参比,测定每种溶液在 λ_{max}^{T}、λ_{max}^{S} 和 λ_{max}^{P} 处的吸光度,绘制柠檬黄在 λ_{max}^{T}、λ_{max}^{S} 和 λ_{max}^{P} 处的吸光度-浓度曲线。

以同样的方法绘制日落黄、胭脂红分别在 λ_{max}^{T}、λ_{max}^{S} 和 λ_{max}^{P} 处的吸光度-浓度曲线。

3. 吸收系数的测定

根据柠檬黄在 λ_{max}^{T}、λ_{max}^{S} 和 λ_{max}^{P} 波长下的标准曲线,得到一元线性回归方程,分别计算柠檬黄在 λ_{max}^{T}、λ_{max}^{S} 和 λ_{max}^{P} 处的吸收系数 $\kappa_{\lambda_{max}^{T}}^{T}$、$\kappa_{\lambda_{max}^{S}}^{T}$、$\kappa_{\lambda_{max}^{P}}^{T}$。

根据日落黄在 λ_{max}^{T}、λ_{max}^{S} 和 λ_{max}^{P} 波长下的标准曲线,得到一元线性回归方程,分别计算日落黄在 λ_{max}^{T}、λ_{max}^{S} 和 λ_{max}^{P} 处的吸收系数 $\kappa_{\lambda_{max}^{T}}^{S}$、$\kappa_{\lambda_{max}^{S}}^{S}$、$\kappa_{\lambda_{max}^{P}}^{S}$。

根据胭脂红在 λ_{max}^{T}、λ_{max}^{S} 和 λ_{max}^{P} 波长下的标准曲线,得到一元线性回归方程,分别计算胭脂红在 λ_{max}^{T}、λ_{max}^{S} 和 λ_{max}^{P} 处的吸收系数 $\kappa_{\lambda_{max}^{T}}^{P}$、$\kappa_{\lambda_{max}^{S}}^{P}$、$\kappa_{\lambda_{max}^{P}}^{P}$。

4. 样品测定

将市售美年达橙味饮料超声脱气后,取 5.00 mL 样品到 10.00 mL 比色管中,用 pH = 7.0 磷酸盐缓冲溶液定容;以水为参比,分别测定在 λ_{max}^{T}、λ_{max}^{S} 和 λ_{max}^{P} 处的吸光度 $A_{\lambda_{max}^{T}}^{M}$、$A_{\lambda_{max}^{S}}^{M}$、$A_{\lambda_{max}^{P}}^{M}$,并计算柠檬黄、日落黄、胭脂红的含量。

- 实验 2-38　地表水中的化学需氧量和溶解氧的测定

化学需氧量(COD)是指在一定条件下 1 L 水中的还原性物质被氧化时所消耗的氧化剂的量,通常以相应的氧量(O_2,mg·L^{-1})来表示。COD 是环境水体质量及污水排放标准控制项目之一,是量度水体受还原性物质(主要是有机物)污染程度的综合性指标。COD 测定方法很多,对于测定地表水、河水等污染不严重的水质,多数情况下采用酸性高锰酸钾法测定,此法简单快速。对于工业污水及生活污水等成分复杂的水质,则宜用重铬酸钾法。

溶解在水体中的分子态氧为溶解氧,用 DO 表示,溶解氧的饱和含量与空气中氧的分压、大气压力、水温关系密切。清洁地表水的溶解氧通常接近饱和。当水体受有机、无机还原性物质污染时,溶解氧浓度减低,由于厌氧菌繁殖,水质恶化,会导致水体中的鱼虾死亡。溶解氧的大小反映水体受污染的程度,是衡量水质的综合指标之一。

I　COD 的测定

一、重铬酸钾法

实验目的

1. 了解水质中 COD 的来源。

2. 掌握测定 COD 的基本原理。

3. 掌握水样采集与保存的正确方法。

实验原理

在强酸性溶液中,准确加入已知浓度的过量重铬酸钾标准溶液,并在强酸介质下以硫酸锰、硫酸高铈作催化剂,经密封加热后,以 1,10-菲啰啉-亚铁指示液作指示剂,用硫酸亚铁铵滴定水样中未被还原的重铬酸钾,由消耗的硫酸亚铁铵的量换算成消耗氧的质量浓度。

仪器、试剂和材料

COD 消解仪;消解管(10 mL);酸式滴定管(50 mL);锥形瓶(250 mL);移液管;容量瓶。

重铬酸钾标准溶液 (0.008 334 mol·L^{-1}):称取 2.451 6g 预先在(105±2)℃烘干2 h 的基准重铬酸钾,精确至 0.2 mg,溶于蒸馏水中。定量转移至 1000 mL 容量瓶,稀释至标准线,摇匀备用;1,10-菲啰啉-亚铁指示液:称取 1.485 g 邻菲啰啉($C_{12}H_8N_2·H_2O$)及 0.695 g 硫酸亚铁($FeSO_4·7H_2O$)溶于水中,稀释至 100 mL,贮于棕色瓶内;硫酸高铈溶液(50 g·L^{-1}):称取 50.0g 硫酸高铈于 500 mL 烧杯中,加入 247.5 mL 1∶1 硫酸。溶解完全,冷却后加蒸馏水搅拌,冷却至室温,稀释至 1000 mL,摇匀,静置一周;硫酸锰溶液(50 g·L^{-1}):称取 50.0 g 硫酸锰(MnSO$_4$·H$_2$O)溶于 500 mL 蒸馏水中,加97 mL磷酸及 97 mL 硫酸,稀释至 1000 mL;硫酸亚铁铵标准溶液(0.020 mol·L^{-1}):溶解 8 g 硫酸亚铁铵于蒸馏水中,加入 2 mL 浓硫酸,待其溶液冷却后稀释至 1000 mL,摇匀,临用前,用重铬酸钾标准溶液标定。标定方法:准确吸取 5.00 mL 重铬酸钾标准溶液于锥形瓶中,加蒸馏水稀释至 100 mL 左右,缓慢加入 15 mL 浓硫酸,混匀。冷却后,加入 3 滴 1,10-菲啰啉-亚铁指示液(约 0.15 mL),用硫酸亚铁铵标准滴定溶液滴定至颜色由黄色经蓝绿色至红褐色,即为终点,计算硫酸亚铁铵的浓度。

实验内容

1. 采样

水样采集不应少于 100 mL,应保存于洁净的玻璃瓶中。采集好的水样应在 24 h 内测定,否则应加入硫酸调节水样 pH≤2。在 0~4 ℃保存,一般可保存 7 天。

加入抑制剂:为了抑制生物作用,可在样品中加入抑制剂。如在测氨氮、硝酸盐氮和 COD 的水样中,加氯化汞或加入三氯甲烷、甲苯作防护剂以抑制生物对亚硝酸盐、硝酸盐、铵盐的氧化还原作用。

将水样过滤后充分混合均匀,置于烧杯中备用。

2. 样品的测定

取 2.00 mL 混合均匀的水样置于 10 mL 消解管中,准确加 1.00 mL 重铬酸钾标准溶液(若加入重铬酸钾后或加热后颜色出现绿色,表示耗氧量过高,应该稀释后滴定),摇匀。缓慢加入 0.7 mL 硫酸高铈溶液和 0.2 mL 硫酸锰溶液,再加 3.6 mL 浓硫酸,摇匀。

打开 COD 消解仪,设置时间为 30 min,温度为 160 ℃。当室温升至 160 ℃,放入消解管,开始消解。

取出冷却至室温,将消解管中的溶液倒入锥形瓶,用蒸馏水将消解管冲洗干净,冲洗液并入锥形瓶,调整调节溶液体积至约 100 mL,加 3 滴 1,10-菲啰啉-亚铁指示液,用硫酸亚铁铵标准溶液滴定,溶液的颜色由黄色经蓝绿色至红褐色即为终点,记录硫酸亚铁铵标准溶液的用量。

测定水样的同时,取 2.00 mL 蒸馏水,按同样的操作步骤做空白试验。记录测定空白时硫酸亚铁铵标准溶液的用量。

根据水样所消耗的重铬酸钾的体积,计算水样中 COD 的值

二、高锰酸钾法

实验目的

1. 掌握酸性 KMnO$_4$ 法测定 COD 的原理和方法。

2. 了解水质环境监测的相关知识。

实验原理

在酸性条件下,向水样中加入过量的 $KMnO_4$,加热煮沸后水样中的有机物被 $KMnO_4$ 氧化,过量的 $KMnO_4$ 则用过量的 $Na_2C_2O_4$ 标准溶液还原,最后用 $KMnO_4$ 溶液返滴定过量的 $Na_2C_2O_4$,由此计算出水样的 COD 值。由于氯离子对此法有干扰,因此本方法仅适合地表水、地下水、饮用水和生活污水 COD 的测定,含氯离子较高的工业废水则应采用重铬酸钾法测定。

反应式如下:

$$4MnO_4^- + 5C + 12H^+ \rlap{=\!=\!=} 4Mn^{2+} + 5CO_2 + 6H_2O$$

$$2MnO_4^- + 5C_2O_4^{2-} + 16H^+ \rlap{=\!=\!=} 2Mn^{2+} + 10CO_2 + 8H_2O$$

仪器、试剂和材料

酸式滴定管(50 mL);容量瓶(250 mL);锥形瓶(250 mL);水浴锅。

$Na_2C_2O_4$ 标准溶液($0.005\ mol \cdot L^{-1}$):称取基准物质 $Na_2C_2O_4$ $0.15 \sim 0.18$ g 于洁净小烧杯中,加入少量蒸馏水使之溶解,定量转入 250 mL 容量瓶,稀释至刻度,摇匀。计算该标准溶液的准确浓度;$KMnO_4$ 标准溶液($0.002\ mol \cdot L^{-1}$):将制备的 $0.02\ mol \cdot L^{-1}$ $KMnO_4$ 标准溶液稀释 10 倍而得;H_2SO_4 溶液(1:3)。

实验内容

取 10.00 mL 水样于 250 mL 锥形瓶中,加入 10 mL 1:3H_2SO_4 溶液和 10.00 mL $KMnO_4$ 标准溶液 V_1,迅速加热煮沸,从冒出第一个大气泡起开始计时,准确地煮沸 10 min(红色不应褪去)。取下锥形瓶,冷却 1 min,准确加入 10.00 mL $Na_2C_2O_4$ 标准溶液(溶液应为无色,否则补加 $Na_2C_2O_4$ 标准溶液),摇匀,趁热用 $KMnO_4$ 标准溶液滴定至浅红色,记录滴定所用去的 $KMnO_4$ 溶液的体积 V_2。平行测定 3 次。

另取 100.00 mL 纯水代替水样,重复上述操作,求出空白值。计算水样的 COD。

💡 **思考题**

当水样中氯离子含量高时,能否用该方法测定? 为什么?

三、快速消解分光光度法

实验目的

掌握分光光度法测定 COD 的基本原理及基本操作。

实验原理

重铬酸钾法测定 COD 具有准确度高、精密度好、重现性好等优点,但试剂消耗量、废液量大、耗时长。而快速消解分光光度法测定 COD 具有耗时短、灵敏度高等优点,可用来快速测定 COD。其原理如下:当样品中 COD 为 $15 \sim 250\ mg \cdot L^{-1}$ 时,样品中 COD 与重铬酸钾未被还原的六价铬(Cr^{6+})及被还原生成的三价铬(Cr^{3+})在(440 ± 20)nm 波长处的总吸光度的减少值成正比,据此即可测定样品中的 COD 值。当样品中 COD 为

$100 \sim 1000$ mg·L^{-1},其被还原的三价铬(Cr^{3+})在(600 ± 20)nm 处吸光度的增加值与样品中 COD 值成正比,据此可以测定样品中的 COD 值。

本实验适合测定 COD 值在 $15 \sim 250$ mg·L^{-1} 的样品。

仪器、试剂和材料

COD 消解仪;消解管(10 mL);分光光度计;容量瓶;烧杯。

COD 标准贮备液(625 mg·L^{-1});硫酸银-硫酸溶液(10 g·L^{-1});重铬酸钾标准溶液(0.100 mol·L^{-1})。

实验内容

1. 采样(与重铬酸钾法同)

2. 标准曲线的绘制

分别量取 0.00 mL、2.00 mL、4.00 mL、6.00 mL、8.00 mL、10.00 mL 的 625 mg·L^{-1} COD 标准贮备液于 100 mL 容量瓶,用蒸馏水定容至标线。对应的 COD 含量分别为 0 mg·L^{-1}、25 mg·L^{-1}、50 mg·L^{-1}、75 mg·L^{-1}、100 mg·L^{-1}、125 mg·L^{-1}。

分别量取 1.50 mL 的 COD 标准系列溶液至 10 mL 消解管中,加入 0.5 mL 重铬酸钾溶液,再加入 3.00 mL 的硫酸银-硫酸溶液作为催化剂。拧紧消解管管盖,摇匀(注意安全,盖子拧紧)。

打开 COD 消解仪,设置时间为 15 min,温度为 165 ℃。当温度升至 165 ℃,放入消解管,开始消解。消解完后,取出消解管,待其冷却至 60 ℃ 左右时,摇动消解管几次,静置,冷却至室温。在 460 nm 波长处,用 3 cm 的比色皿,以水为参比测定各溶液的吸光度 A。

3. 测定样品

取 1.50 mL 混合均匀的水样置于 10 mL 消解管中,按以上同样步骤进行消解后测定其吸光度,计算样品的 COD。

💡 **思考题**

1. 本实验方法有何误差? 如何消除?

2. 如果 COD 较高,本方法是否适用? 如何改进?

3. 根据测定的 COD,判断水样属于几类水?

Ⅱ 水中溶解氧的测定

实验目的

1. 掌握碘量法测定水中溶解氧的原理和方法。

2. 掌握水样的取样方法。

实验原理

碘量法测定溶解氧基于溶解氧的氧化性能。当水样中加入硫酸锰和碱性碘化钾时,立即生成 $Mn(OH)_2$ 沉淀。由于此沉淀极不稳定,迅速与水中的溶解氧反应生成亚锰酸(H_2MnO_3),加入硫酸后,亚锰酸氧化碘化钾析出 I_2,用硫代硫酸钠滴定析出的 I_2 量,从而可测定水中溶解氧量。其原理如下:

1. 溶解氧的固定

用 NaOH 与 $MnSO_4$(或 $MnCl_2$)反应,生成 $Mn(OH)_2$ 白色沉淀,当有 O_2 存在时,O_2 迅速和 $Mn(OH)_2$ 反应,生成亚锰酸(H_2MnO_3)棕色沉淀:

$$MnSO_4 + 2NaOH \Longrightarrow Mn(OH)_2 \downarrow + Na_2SO_4$$
$$2Mn(OH)_2 + O_2 \Longrightarrow 2H_2MnO_3 \downarrow$$

2. 酸化

用硫酸或盐酸将固定的水样酸化,当溶液中同时有 KI 存在时,H_2MnO_3 能迅速将 I^- 氧化为 I_2:

$$H_2MnO_3 + 2H_2SO_4 + 2KI \Longrightarrow MnSO_4 + I_2 + K_2SO_4 + 3H_2O$$

3. 滴定

用 $Na_2S_2O_3$ 标准溶液滴定上述反应中生成的 I_2:

$$2Na_2S_2O_3 + I_2 \Longrightarrow 2NaI + Na_2S_4O_6$$

根据 $Na_2S_2O_3$ 标准溶液消耗的体积,即可确定水中溶解氧量。

仪器、试剂和材料

水样瓶;酸式滴定管;分析天平;移液管（1 mL）;碘量瓶。

$MnSO_4$ 溶液（2 mol·L^{-1}）;碱性 KI 溶液;浓 H_2SO_4 溶液;HCl 溶液（1∶1）;$Na_2S_2O_3$ 标准溶液（0.1 mol·L^{-1}）;淀粉溶液（0.5%）。

实验内容

1. 水样的采集及固定氧

用两个 100 mL 的测氧水样瓶(容积需准确测定)取待测水样,立即盖上瓶塞。加入硫酸锰溶液 1.00 mL、碱性 KI 溶液 1.00 mL（各用 1 支专用移量管）,立即盖上水样瓶盖(不得有气泡在瓶中),反复摇动 1 min 使其充分混合。加试剂时要将移液管尖插入水面下约 0.5 cm,让试剂自行流出。

2. 水样的酸化

沉淀降至中部后,打开瓶塞,加入浓 H_2SO_4 溶液 1.00 mL,加酸时亦需将管尖插入水面下 0.5 cm 处,让 H_2SO_4 溶液自行流下。立即将瓶塞盖好,来回剧烈转动水样瓶,使其充分混合。这时沉淀应溶解,溶液中有 I_2 析出。溶液为棕色表示溶氧多,淡黄色甚至无色是缺氧的象征。

3. 溶解氧的测定

将酸化后的水样全部倒入 250 mL 碘量瓶中,用 $Na_2S_2O_3$ 溶液滴定,边滴定边摇动碘量瓶,使加入的 $Na_2S_2O_3$ 溶液尽快分散同 I_2 反应,滴到淡黄色时加 0.5% 淀粉溶液 1 mL,继续滴到蓝色消失,将此溶液倒回原水样瓶洗刷内壁,再倒回碘量瓶,此时溶液应又呈蓝色。再滴定到蓝色消失。记录滴定总共用去 $Na_2S_2O_3$ 标准溶液的体积。

⚠ 注意事项

1. 水样瓶容积的测定方法：可用磨口玻璃瓶，细口试剂瓶作测氧瓶。将瓶洗净、烘干、冷却后连瓶盖一起称量（准确至 $0.1g$）。将瓶装满纯水，盖好瓶塞，瓶中不可有气泡，擦干瓶外壁，再称"瓶+水"的质量（准确至 $0.1g$），两次质量之差，即为瓶中水的质量，根据水的密度，可算出该瓶的容积。

2. $Na_2S_2O_3$ 在酸性介质中分解较快，所以在测定溶解氧时要不断摇动碘量瓶使加入的 $Na_2S_2O_3$ 溶液尽快分散同 I_2 反应。

💡 思考题

溶解氧测定中为什么要现场固定，实验室酸化？

● 实验2-39　果蔬中营养成分氨基态氮及维生素C含量的测定

果蔬是人们日常生活必不可少的食物之一，对其氨基态氮及维生素C含量的测定可评价其营养价值。本实验通过预处理获得果蔬汁后，利用甲醛与氨基反应放出氢离子，采用酸碱滴定法测定其氨基态氮的含量。另外，人体所需98%的维生素C都来源于水果和蔬菜。目前蔬果中维生素C的测定方法主要有2,6-二氯靛酚滴定法、碘量法、2,4-二硝基苯肼法、荧光分光光度法和高效液相色谱法等。本实验采用紫外分光光度法和碘量法测定果蔬中的维生素C，并采用显著性检验方法比较测定维生素C的含量的两种方法是否存在系统误差。

I　果蔬中营养成分氨基态氮的测定

实验目的

1. 掌握甲醛值法测定果蔬汁饮料中氨基态氮含量的方法。

2. 熟悉酸度计的使用。

实验原理

果蔬汁饮料为深受欢迎的饮品。分析其氨基酸含量可科学评价其营养价值。氨基酸为两性电解质。在接近中性的水溶液中全部解离为双极离子。当加入甲醛溶液后，其与中性的氨基酸中的非解离型氨基反应，生成单羟甲基和二羟甲基诱导体，此反应完全定量进行。此时放出氢离子可用标准碱液滴定，根据碱液的消耗量，计算出氨基态氮的含量。其离子反应方程式如下：

$$\underset{\underset{H}{|}}{\overset{\overset{NH_3^+}{|}}{R-C-COO^-}} \rightleftharpoons \underset{\underset{H}{|}}{\overset{\overset{NH_2}{|}}{R-C-COO^-}} + H^+$$

$$\begin{array}{c}
\underset{|}{\overset{NH_2}{R-C-COO^-}} + HCHO \Longrightarrow \underset{|}{\overset{NHCH_2OH}{R-C-COO^-}} \\
\overset{|}{H} \qquad\qquad\qquad\qquad \overset{|}{H}
\end{array}$$

$$\begin{array}{c}
\underset{|}{\overset{NHCH_2OH}{R-C-COO^-}} + HCHO \Longrightarrow \underset{|}{\overset{HOH_2CNCH_2OH}{R-C-COO^-}} \\
\overset{|}{H} \qquad\qquad\qquad\qquad \overset{|}{H}
\end{array}$$

仪器、试剂和材料

酸度计;玻璃电极;甘汞电极(或复合电极);电磁搅拌器;碱式滴定管;烧杯。

氢氧化钠溶液($0.1\ mol\cdot L^{-1}$);氢氧化钠标准溶液($0.05\ mol\cdot L^{-1}$)中性甲醛溶液:量取 200 mL 甲醛溶液于400 mL烧杯中,置于电磁搅拌器上,边搅拌边用 $0.05\ mol\cdot L^{-1}$氢氧化钠溶液调至 pH=8.1;过氧化氢溶液(30%),缓冲溶液(pH=6.8)。

实验内容

1. 样品的制备

1)浓缩果蔬汁。在浓缩果蔬汁中,加入与在浓缩过程中失去的天然水分等量的蒸馏水,使其成为果汁,并充分混匀,供测试用。

2)果蔬原汁及果蔬汁饮料。将样品充分混匀,直接测定。

3)含有碳酸气的果蔬汁饮料。称取 500 g 样品,在沸水浴上加热 15 min,不断搅拌,使二氧化碳气体尽可能排除。冷却后,用蒸馏水补充至原质量,充分混匀,供测试用。

4)果蔬汁固体饮料。称取约 125g(精确至 0.001 g)样品,溶解于蒸馏水中,将其全部转移到 250 mL 容量瓶中,用蒸馏水稀释至刻度,充分混匀,供测试用。

2. 测定步骤

将酸度计接通电源,预热 30 min 后,用 pH=6.8 的缓冲溶液校正酸度计。

准确吸取 40 mL 果蔬汁原液(根据样品可以调节取样体积,使氨基态氮的含量为 1~5 mg)于烧杯中,加 5 滴 30%过氧化氢溶液。将烧杯置于电磁搅拌器上,电极插入烧杯内样品中适当位置。如需要加适量蒸馏水。

开动电磁搅拌器,先用 $0.1\ mol\cdot L^{-1}$氢氧化钠溶液慢慢中和样品中的有机酸。当 pH 达到 7.5 左右时,再用 $0.05\ mol\cdot L^{-1}$氢氧化钠溶液调至 pH=8.1,并保持 1 min 不变。然后慢慢加入 10~15 mL 中性甲醛溶液。1 min 后用 $0.05\ mol\cdot L^{-1}$氢氧化钠标准溶液滴定至 pH=8.1。记录消耗 $0.05\ mol\cdot L^{-1}$氢氧化钠标准溶液的体积。

3. 结果表示

测定结果表示见公式:

$$X = \frac{cVK \times 14}{m} \times 100$$

式中:X 为每 100 g 或 100 mL 样品中氨基态氮的质量,单位为 $mg\cdot(100g)^{-1}$ 或 $mg\cdot(100\ mL)^{-1}$;c 为氢氧化钠标准溶液的浓度,单位为 $mol\cdot L^{-1}$;V 为氢氧化钠标准溶

液的体积,单位为 mL;m 为样品的质量,单位为 g;K 为稀释倍数;14 为 1 mL 1 mol·L^{-1} 氢氧化钠标准溶液相当于氮的毫克数。

同一样品以 2 次测定结果的算术平均值作为结果,精确到小数点后第一位。

💡 **思考题**

1. 本实验中为什么要先中和样品中的有机酸?

2. 甲醛溶液的酸度是否需要调节?为什么?

Ⅱ 多种方法测定果蔬中维生素 C 含量

一、紫外分光光度法

实验目的

1. 掌握果蔬类样品的前处理方法。

2. 掌握光度法测定维生素 C 含量的方法。

3. 熟悉光度法中扣除样品背景吸收的方法。

实验原理

维生素 C 水溶液在 265 nm 波长处有最大吸收,采用氯化钠稳定维生素 C,并采用 Cu^{2+} 氧化维生素 C 消除基体干扰,该方法操作简便、准确、快速。

仪器、试剂和材料

紫外-可见分光光度计;石英比色皿;容量瓶;比色管(10 mL)。

L-抗坏血酸(分析纯,纯度 99.9%);氯化钠(分析纯);硫酸铜溶液(100 μg·mL^{-1});乙酸-乙酸钠缓冲溶液(0.02 mol·L^{-1},pH = 4.70);维生素 C 标准贮备液(100 μg·mL^{-1}):准确称取抗坏血酸 0.025 0 g 置于烧杯中,用 0.5 mol·L^{-1} NaCl 溶液溶解后稀释至刻度 250.0 mL,摇匀,4 ℃冷藏避光保存,7 天内使用。

实验内容

1. 样品前处理

将水果、蔬菜样品洗净、沥干,称取可食部分 200 g 左右,用榨汁机制备果蔬汁,过滤,4 ℃冷藏避光保存待用。

准确称取 30 g 果蔬汁原液置于锥形瓶中,供碘量法测定维生素 C 含量使用。准确称取 10 g 果蔬汁原液于 100 mL 烧杯中,用 0.5 mol·L^{-1}NaCl 溶液稀释,转移到50 mL 的容量瓶中,定容,将配好的果蔬汁溶液过滤得到的滤液供紫外分光光度法测定维生素 C 含量使用。

2. 吸收曲线和标准曲线的绘制

取 7 支 10 mL 比色管,分别加入 0.10 mL、0.20 mL、0.40 mL、0.60 mL、0.80 mL、1.00 mL、1.20 mL 的 100 μg·mL^{-1}维生素 C 标准溶液,加入 1.00 mL 乙酸-乙酸钠缓冲液,用 0.5 mol·L^{-1} NaCl 溶液稀释至刻度,摇匀。选取其中较高浓度的一个标准样品

以 0.5 mol·L^{-1}NaCl 溶液为参比溶液在 200～400 nm 进行光谱扫描,以波长为横坐标,吸光度为纵坐标,绘制吸收曲线,确定最大吸收波长。在最大吸收波长处,以 0.5 mol·L^{-1}NaCl 溶液为参比,测定标准溶液的吸光度,以维生素 C 浓度为横坐标,吸光度为纵坐标,绘制标准曲线。

3. 样品中维生素 C 的测定

1）总吸光度的测定。将过滤得到的滤液 0.5～2.00 mL(根据样品中维生素 C 含量调整取样量)置于 10 mL 比色管中,加入 1.00 mL 乙酸-乙酸钠缓冲液,用 0.5 mol·L^{-1} NaCl 溶液稀释至刻度,摇匀。在最大吸收波长处,以 0.5 mol·L^{-1} NaCl 溶液为参比,测定其吸光度。

2）空白扣除。移取与样品测试体积相同的样品溶液,加入 0.25 mL 100 μg·mL^{-1} CuSO$_4$溶液,再加入 1.00 ml 乙酸-乙酸钠缓冲液,用 0.5 mol·L^{-1} NaCl 溶液稀释至刻度,摇匀。按上述方法测定其吸光度。

3）样品中维生素 C 的吸光度。待测样品吸光度与经加铜处理后待测样品的吸光度值相减即可。

4. 结果计算

待测样品与经加铜处理后空白样品的吸光度值相减,通过标准曲线即可计算出样品中维生素 C 的含量,以 mg·(100 g)$^{-1}$表示。

二、碘量法

实验目的

1. 掌握果蔬类样品的前处理方法。

2. 掌握碘量法测定维生素 C 的方法。

实验原理

直接碘量法是《中华人民共和国药典》中的测定维生素 C 即抗坏血酸含量的一种标准方法。其原理是维生素 C 具有还原性,可被 I$_2$ 定量氧化,因而可用 I$_2$ 标准溶液直接滴定。此方法具有变色敏锐、简便、易行、准确度高的优点,但不适宜低含量的样品的测定。此法也可以用于水果、蔬菜中维生素 C 含量的测定。其滴定反应式为

$$C_6H_8O_6 + I_2 =\!=\!= C_6H_6O_6 + 2HI$$

由于维生素 C 还原性很强,较易被溶液和空气中的氧氧化,在碱性介质中氧化作用更强,因此滴定宜在酸性介质中进行,以减少副反应的发生。考虑 I$^-$ 在强酸性溶液中也易被氧化,故一般选在 pH = 3～4 的弱酸性溶液中进行滴定。

仪器、试剂和材料

酸式滴定管;锥形瓶(250 mL)。

I$_2$ 溶液(0.004 mol·L^{-1});Na$_2$S$_2$O$_3$标准溶液(0.008 mol·L^{-1});HAc 溶液(2 mol·L^{-1});淀粉溶液。

实验内容

1. I₂ 溶液的标定

移取 20.00 mLNa₂S₂O₃ 标准溶液于锥形瓶中,加 40 mL 蒸馏水,1 mL 淀粉溶液,用 I₂ 标准溶液滴定至溶液呈浅蓝色,30 s 内不褪色即为终点。平行标定 3 份,计算 I₂ 溶液的浓度。

2. 果蔬中维生素 C 含量的测定

准确移取 30g 果蔬汁原液置于锥形瓶中,加入 6 mL 2 mol·L⁻¹ HAc 溶液和 5 mL 淀粉溶液,用 I₂ 标准溶液滴定至出现稳定的浅蓝色,且在 30 s 内不褪色即为终点。记下消耗的溶液的体积,平行滴定 3 份,计算试样中的维生素 C 的含量。

3. 方法评价

采用显著性检验评价两种方法是否存在系统误差。

💡 **思考题**

1. 滴定维生素 C 为什么要在酸性介质中进行?
2. 紫外分光光度法测定果蔬汁的维生素 C 含量时,加入铜离子的目的是什么?

三、设计与创新实验

1. 设计实验流程与示例

定量分析设计实验一般包含以下七个步骤:

1)样品的采集:分析样品应具有代表性。对固体矿样的采样可按地质部门的规定进行;水样、大气样品的采集,应按环境分析标准来操作。必要时,应查阅有关资料进行。

2)样品分解:分解样品的方法有水溶、酸溶和熔融等方法,应根据样品的对象和分析方法选择溶剂。

3)分析方法的选择:分析方法的选择是分析方案成功的关键。首先需要考虑分析对象是无机物样品还是有机物样品;然后从需要分析的组分考虑是主量分析还是全分析;从所测组分的含量考虑是常量分析还是微量分析。通过对上述信息进行综合考虑,选择合适的分析方法。如果选用滴定分析,应特别注意浓度的选用,例如,酸碱滴定、氧化还原滴定和沉淀滴定,滴定剂的浓度和被测物取样量可按 0.1 mol·L⁻¹ 浓度来设计和取量;而配位滴定,则按 0.01 mol·L⁻¹。另外温度、酸度和干扰物质影响等也需要考虑。

在分析方案设计中,同一种成分的测定可选用不同的滴定方法进行。例如,常量的 Fe^{3+} 含量测定可用配位滴定,也可用氧化还原滴定,此时则需要考虑各种方法的特点,尤其是方法的选择性。

4) 设计方案的具体程序:设计方案要求具体、详细,包括设计原理、试剂和仪器、实验操作步骤、分析结果计算和讨论等。要求学生查阅资料,设计方案完成后,交给指导教师审阅。

设计实验方案时应遵循如下三个原则:

安全原则:仔细查阅有关仪器、试剂的使用手册,尽可能减少使用对人有害的仪器、试剂。必须使用时,应严格按照操作规程进行操作。

环保原则:设计实验应尽可能减少"三废"的排放,并应对"三废"进行环保处理设计。

节省原则:在考虑上述两个因素的同时,本着厉行节约的原则对方法进行优化。实验设计确定前,应到实验室查对有关仪器、试剂的种类和数量,以便利用现有资源和条件,减少经费的支出。

设计方案的具体程序如下:

(1) 查阅资料。根据指定的研究课题查阅有关资料,所需的数据可查化学、物理类手册。成熟的分析方法可查教科书、分析化学手册、有关部门出版的分析操作规程、《中华人民共和国国家标准》等。

(2) 拟定、书写实验方案。在查阅资料的基础上,经分析、比较后拟出合适的设计方案,并按实验目的、原理、试剂(注明规格、浓度、配制方法)、仪器、步骤、有关计算、分析方法的误差来源及采取措施,参考文献等书写成文。

(3) 审核。设计方案经教师审阅后才可按所设计的方案进行实验。

5) 设计方案的完成

(1) 实验用试剂均由自己配制。

(2) 实验中需要仔细观察、及时记录(包括实验现象、试剂用量、反应条件、测试数据等)。

(3) 对实验结果进行处理,评价实验结果的精密度及可靠性。

(4) 完成实验报告,对设计方案进行总结。

6) 设计方案完成后进行交流:通过交流设计方案的结果,使全体同学了解不同的设计方案,在取样量、反应条件、误差来源及消除、分析结果准确性上的差异。

7) 根据设计方案的结果写出小论文:建议格式为一、前言;二、实验与结果;三、讨论;四、参考文献。

设计实验示例 1

NH₃-NH₄Cl 混合酸中各组分含量的测定

设计提示

(1) 设定体系中 NH_3-NH_4Cl 的总浓度约 $0.15\ mol \cdot L^{-1}$。

(2) NH_3-NH_4Cl 混合液是一酸碱体系,考虑能否采用酸碱滴定法。

(3) 判断能否直接滴定? 能否分步滴定? 不能,则考虑采取其他滴定方式。

(4) 采用什么滴定剂? 如何配制和滴定?

(5) 滴定结束时产物是什么? 此时产物溶液 pH 为多少? 应选用何种指示剂?

(6) 各组分含量的计算公式是什么? 计量比应为多少? 含量以什么单位表示?

设计要求

根据所学过的滴定分析知识,拟出具体的分析方案,并提交给指导教师审阅。实验完毕,写出实验报告(包括实验项目、原理、步骤、仪器和试剂、数据处理、测定结果及其表示、心得体会等)。

方案的设计要求包含下列内容:

(1) 测定方法原理。

(2) 所需的主要仪器和试剂。

(3) 操作步骤。

(4) 实验结果进行处理,评价实验结果的精密度及可靠性。

(5) 以论文形式报告设计实验的全部工作,包括相关计算公式,实验结果评价及参考文献等。

设计实验示例 2

废水中阴离子表面活性剂的测定

设计提示

(1) 废水中阴离子表面活性剂的结构是什么? 含量是什么范围?

(2) 离子缔合物萃取体系有什么优点?

(3) 如何去除水中其他物质对阴离子表面活性剂测定的干扰?

(4) 萃取体系如何减少两相的乳化?

(5) 如何评价方法的准确度和灵敏度?

实验要求

查阅有关阴离子表面活性剂含量测定的文献,根据废水中阴离子表面活性剂的含量和存在的基体干扰,设计测试方案,提交给指导教师审阅。实验结束后写出实验报告(包括实验项目、原理、步骤、仪器和试剂、数据处理、测定结果及其表示、心得体会等)。

实验方案设计要求包含下列内容:

(1)测定原理。

(2)所需的主要仪器和试剂(标准溶液浓度及配制方法)。

(3)操作步骤(样品测定的过程、样品和试剂的用量等)。

(4)实验结果分析处理,评价实验结果的精密度及可靠性。

(5)以论文形式报告设计实验的全部工作,包括相关计算公式,实验结果评价及参考文献等。

扫描二维码
电子分析天平
操作

扫描二维码
滴定管的使用

扫描二维码
移液管和吸
量管的使用

2. 设计实验选题

(1)K_2HPO_4-H_2PO_4混合液各组分含量的测定。

(2)HCl-H_3BO_3混合液各组分含量的测定。

(3)HAc-NaAc 混合液各组分含量的测定。

(4)Bi^{3+}-Fe^{3+}混合液各组分含量的测定。

(5)Ca^{2+}-EDTA 混合液各组分含量的测定。

(6)Fe^{3+}-Al^{3+}混合液各组分含量的测定。

(7)黄铜合金中 Cu、Zn 含量的测定(注:应注意合金中杂质的干扰问题)。

(8)KIO_3-KI 混合液各组分含量的测定。

(9)HCl-$FeCl_3$混合液中 HCl、Fe^{3+}含量的测定。

(10)溴百里酚蓝解离常数的测定。

(11)午餐肉中亚硝酸盐含量的测定。

(12)膨化食品中的铝含量的测定。

(13)中药黄连素中盐酸小檗碱含量的测定。

(14)水中的总氮的快速检测。

(15)水样中铅离子快速检测试纸的研制。

(16)水样中铜离子快速检测试纸的研制。

扫描二维码
容量瓶的使用

扫描二维码
沉淀的过滤

扫描二维码
723N 扫描可见
光光度计操作

扫描二维码
酸度计操作

第三篇

仪器分析实验

一、基础实验

1. 原子发射与原子吸收光谱法

● 实验 3-1　火焰原子吸收光谱法测定饮用水中的钙含量

实验目的

1. 掌握原子吸收分光光度法的基本原理,熟悉原子吸收分光光度计的基本结构。

2. 了解原子吸收分光光度法实验条件的优化方法及其对钙测定灵敏度的影响。

3. 加深对灵敏度、准确度、空白等概念的认识。

实验原理

原子吸收光谱法是基于被测元素基态原子在蒸气状态对其原子共振辐射的吸收进行元素定量分析的方法。每种元素有不同的核外电子能级,因而有不同的特征吸收波长,其中吸收强度最大的一般为共振线,如 Ca 的共振线位于 422.7 nm。溶液中的钙离子在火焰温度下变成钙原子,由空心阴极灯辐射出的钙原子光谱锐线在通过钙原子蒸气时被吸收,其吸收的程度与火焰中钙原子蒸气浓度符合朗伯-比尔定律,即

$$A = \lg \frac{1}{T} = KNL$$

式中:A 为吸光度;T 为透过率;L 为钙原子蒸气的厚度;K 为吸收系数;N 为单位体积内基态钙原子数。

在一定条件下,基态原子数 N 与待测溶液中钙离子的浓度成正比,通过测定一系

列不同钙离子含量标准溶液的吸光度 A 绘制标准曲线,再根据未知溶液的吸光度,即可求出未知液中钙离子的含量。

原子化效率是指原子化器中被测元素的基态原子数目与被测元素所有可能存在状态的原子总数之比,它直接影响到原子化器中被测元素的基态原子数目,进而对吸光度产生影响。测定条件(如燃助比、燃烧器高度等)的变化和基体干扰等因素都会严重影响钙在火焰中的原子化效率,从而影响钙测定灵敏度。因此在测定样品之前都应对测定条件进行优化,基体干扰通常可采用标准加入法来消除。

仪器、试剂和材料

ICE 3000 型原子吸收分光光度计;Ca 空心阴极灯;比色管(10 mL);容量瓶(50 mL,100 mL);分度吸量管(1 mL,5 mL)。

Ca^{2+} 标准溶液(100 $\mu g \cdot mL^{-1}$)。

样品:包装饮用水、矿物质水、矿泉水。

本实验以乙炔气为燃气,空气为助燃气。

实验内容

1. 溶液的制备

条件试验溶液的配制:移取 2~3 mL 100 $\mu g \cdot mL^{-1}$ 的 Ca^{2+} 标准溶液稀释至 100 mL,摇匀,得到浓度约 2~3 $\mu g \cdot mL^{-1}$ 的 Ca^{2+} 试液。此溶液用于分析条件选择试验。

标准溶液的配制:用分度吸量管取 5.00 mL 的 100 $\mu g \cdot mL^{-1}$ Ca^{2+} 标准溶液于 50 mL 容量瓶中,用去离子水稀释至 50 mL 刻度处(若去离子水的水质不好,会影响钙的测定灵敏度和校准曲线的线性关系,加入适量的镧可消除这一影响),得到浓度为 10 $\mu g \cdot mL^{-1}$ 的 Ca^{2+} 标准溶液(此溶液用于稀释配制更低浓度的标准溶液,也作为标准曲线的最后一个点的溶液)。于 6 支 10 mL 比色管中分别加入一定体积的 10 $\mu g \cdot mL^{-1}$ Ca^{2+} 标准溶液,用去离子水稀释至 10 mL 刻度处,摇匀。配成浓度分别为 0.5 $\mu g \cdot mL^{-1}$、1.0 $\mu g \cdot mL^{-1}$、2.0 $\mu g \cdot mL^{-1}$、4.0 $\mu g \cdot mL^{-1}$、6.0 $\mu g \cdot mL^{-1}$、8.0 $\mu g \cdot mL^{-1}$ 的 Ca^{2+} 标准系列溶液,连同 50 mL 容量瓶中浓度为 10 $\mu g \cdot mL^{-1}$ 的标准溶液用于制作校准曲线。

2. 分析条件的选择

本实验只对燃烧器高度和燃助比这两个条件进行优化。在原子吸收光谱仪中,从光源发出的光,其光路是不变的,但原子化器的上、下、前、后位置和燃烧器头的旋转角度都是可调的。改变原子化器的上、下位置,就相当于入射光穿过了火焰的不同部位,如图 3-1-1 所示。燃烧器高度的选择就是在寻找原子化的最佳区域。火焰的燃助比变化也会导致测量灵敏度的变化,即使是相同种类的火焰,燃助比不同,也会引起最佳测量高度的改变,从而使测量灵敏度发生变化。

当仪器的光学及电学部分处于稳定的工作状态时,就可根据操作规程对分析条件进行选择。首先将燃烧器高度固定在仪器的默认值 11.0 mm,改变乙炔气流量分别为

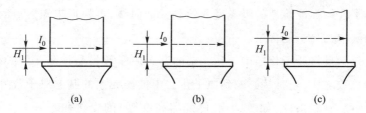

图 3-1-1　燃烧器高度变化示意图

$0.9 \, L \cdot min^{-1}$、$1.0 \, L \cdot min^{-1}$、$1.1 \, L \cdot min^{-1}$、$1.2 \, L \cdot min^{-1}$、$1.3 \, L \cdot min^{-1}$、$1.4 \, L \cdot min^{-1}$、$1.5 \, L \cdot min^{-1}$,并在各流量下测定条件测试溶液的吸光度,根据测定结果将乙炔气流量调至所选择的最佳值。然后改变燃烧器高度分别为 8.0 mm、9.0 mm、10.0 mm、11.0 mm、12.0 mm、13.0 mm,在各高度下测定钙溶液的吸光度,根据测定结果将燃烧器固定在所选择的最佳位置。

3.制作标准曲线并测定未知样品

在所选择的最佳实验条件下,用去离子水作为空白,再依次由低浓度到高浓度测定所配制的标准溶液的吸光度。用去离子水清洗管路后,在相同实验条件下测定未知样品的吸光度,每个未知样之间也需要用去离子水清洗管路。

4.数据处理

1)绘制吸光度-燃烧器高度曲线、吸光度-乙炔流量曲线、钙的校准曲线(注意空白值如何处理)。

2)由校准曲线查出并计算未知样品中钙的含量。

3)根据校准曲线计算钙测定的 1% 吸收灵敏度。

💡 思考题

1.为什么燃助比和燃烧器高度的变化会明显影响钙的测量灵敏度?

2.空白溶液的含义是什么?

3.为什么原子吸收分光光度计的单色器位于火焰之后,而紫外-可见分光光度计的单色器则位于样品池之前?

• 实验 3-2　等离子体原子发射光谱法测定矿泉水中的几种微量元素

实验目的

1.学习原子发射光谱分析方法,熟悉原子发射光谱仪,掌握等离子体原子发射光谱同时测定多元素的操作方法。

2.学习原子发射光谱的定性、定量分析方法。

3. 学习分析方法精密度及检出限的计算。

实验原理

原子发射光谱分析(AES),是根据处于激发态的待测元素原子回到基态时发射的特征谱线对待测元素进行分析的方法。当样品在等离子体光源中被激发,待测元素会发射出特征波长的辐射,经过分光,可按波长顺序记录下原子发射光谱图。根据特征波长谱线可进行定性分析,根据谱线强度可进行定量分析。

在原子发射光谱分析中,电感耦合等离子体(ICP)光源是分析液体样品的常用光源。它是利用高频感应加热原理,使流经石英管的工作气体氩气电离,在高频磁场作用下由于高频电流的趋肤效应,一定频率下形成环状结构的高温等离子体焰炬,成为高频耦合等离子体。试液通过蠕动泵进入雾化器,被雾化的样品溶液以气溶胶的形式进入等离子体焰炬的通道中,经蒸发、电离、原子化、激发等过程,样品中所有的原子均能被激发并发射出其特征谱线。在一定的工作条件下,谱线强度与光源中气态原子的浓度成正比,即与试液中元素的浓度成正比。采用多通道光电直读光谱仪,一次进样可同时检测多种元素(可达 60 余种),具有检出限低、精确度高、基体效应小、线性范围宽等优点。

仪器、试剂和材料

电感耦合等离子体原子发射光谱仪;容量瓶(100 mL);移液枪。

$CuSO_4$(分析纯);$Zn(NO_3)_2$(分析纯);$Fe(NH_4)_2 \cdot (SO_4)_2 \cdot 6H_2O$(分析纯);$Al(NO_3)_3$(分析纯);$MnSO_4$(分析纯);硝酸(分析纯);$Cu^{2+}$ 标准贮备液(1.00 mg $\cdot$ mL^{-1}):准确称取 0.252 0 g $CuSO_4$,加入 2 mL 硝酸,用去离子水定容至 100 mL,摇匀;Zn^{2+} 标准贮备液(1.00 mg $\cdot$ mL^{-1}):准确称取 0.184 0 g $Zn(NO_3)_2$,加入 2 mL 硝酸,用去离子水定容至 100 mL,摇匀;Fe^{2+} 标准贮备液(1.00 mg $\cdot$ mL^{-1}):准确称取 0.702 0 g $Fe(NH_4)_2 \cdot (SO_4)_2 \cdot 6H_2O$,加入 2 mL 硝酸,用去离子水定容至 100 mL,摇匀;Al^{3+} 标准贮备液(1.00 mg $\cdot$ mL^{-1}):准确称取 0.789 4 g $Al(NO_3)_3$,加入 2 mL 硝酸,用去离子水定容至 100 mL,摇匀;Mn^{2+} 标准贮备液(1.00 mg $\cdot$ mL^{-1}):准确称取 0.274 8 g $MnSO_4$,加入 2 mL 硝酸,用去离子水定容至 100 mL,摇匀。

实验内容

1. 配制 10 μg $\cdot$ mL^{-1} 标准溶液

分别吸取上述 Cu^{2+}、Zn^{2+}、Fe^{2+}、Al^{3+}、Mn^{2+} 贮备液 1.00 于 100 mL 容量瓶中,各加入 2 mL 硝酸,定容至 100 mL,摇匀。

2. 配制标准混合溶液

用 10 μg $\cdot$ mL^{-1} Cu^{2+}、Zn^{2+}、Fe^{2+}、Al^{3+}、Mn^{2+} 的标准溶液配制成浓度为 0.00 μg $\cdot$ mL^{-1}、0.01 μg $\cdot$ mL^{-1}、0.03 μg $\cdot$ mL^{-1}、0.10 μg $\cdot$ mL^{-1}、0.30 μg $\cdot$ mL^{-1}、1.00 μg $\cdot$ mL^{-1}、3.00 μg $\cdot$ mL^{-1} 的混合系列浓度标准溶液 100 mL。各加入 2 mL 硝酸,定容,摇匀。

用 1.00 mg·mL^{-1} Cu^{2+}、Zn^{2+}、Fe^{2+}、Al^{3+}、Mn^{2+} 的标准溶液配置成浓度为 10.00 μg·mL^{-1}、30.00 μg·mL^{-1}、100.00 μg·mL^{-1} 的混合系列浓度标准溶液 100 mL。各加入 2 mL 硝酸,定容,摇匀。

3. 配制水样溶液

准确移取 80 mL 水样于 100 mL 容量瓶中,加入 2 mL 硝酸,定容,摇匀。

4. 测定

将配制的 Cu^{2+}、Zn^{2+}、Fe^{2+}、Al^{3+}、Mn^{2+} 混合系列浓度标准溶液和样品溶液上机测试。采用仪器设置的默认最佳条件:工作气体为氩气,冷却气流量 12 L·min^{-1},载气流量 0.5 L·min^{-1},发射功率 1 150 W,泵速 45 rpm。分析波长为 Cu:324.754 nm;Fe:259.940 nm;Zn:213.856 nm;Al:308.215 nm;Mn:257.610 nm。

5. 数据处理

1）以标准溶液浓度为横坐标,信号强度为纵坐标,绘制各种元素的标准曲线,计算未知样品浓度。

2）计算方法的精密度及检出限。

扫描二维码
电感耦合等离子体原子发射光谱仪的使用

💡 思考题

1. 为什么能用原子发射光谱来进行物质的定性分析？原子发射光谱为什么不能直接给出待测物质的分子组成的信息？

2. 原子光谱的谱线强度与哪些因素有关？

3. 常用的激发光源有哪几种,各有何特点？简述 ICP 的形成原理及特点。

实验 3-3　火焰原子吸收光谱法测定茶叶中的铜含量

实验目的

1. 了解原子吸收光谱分析法中的基体效应及其消除方法。

2. 学习元素测定的样品前处理方法。

3. 掌握标准曲线法和标准加入法两种定量分析方法。

实验原理

原子吸收光谱法进行定量分析,通常采用标准曲线的方法。即配制不同浓度的标准溶液,测定在特征吸收波长下的吸光度,绘制标准曲线,再在相同条件下,测定未知样品的吸光度,根据标准曲线计算其含量。但是,如果样品中的共存物质影响了待测元素的原子化过程,就可能使相同浓度的溶液得到不同的吸光度,引起干扰,使测定结果不准确。针对样品基底的干扰,通常可采用标准加入法来消除。该方法适合用于样品组成复杂,样品组成与配置的标准溶液之间存在较大差别的样品的测定。

标准加入法是将不同浓度的标准溶液分别加入几份相同体积的样品溶液中(其中一份样品不加标准溶液),并稀释至相同体积,再在相同的条件下进行原子吸收测定。以吸光度为纵坐标,以溶液中加入的标准物质的浓度为横坐标作图,将拟合的直线外推使之与横轴相交,交点所对应的浓度即为样品溶液中待测元素的浓度。标准加入法的校准曲线如图 3-3-1 所示,图中 c_x 的绝对值即样品溶液中待测元素的浓度。

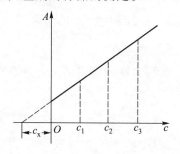

图 3-3-1 标准加入法定量分析示意图

仪器、试剂和材料

ICE 3000 型原子吸收分光光度计;电热板;瓷蒸发皿;比色管(10 mL);容量瓶(50 mL);移液管;Cu 空心阴极灯。

Cu 标准溶液(100 μg · mL^{-1});盐酸;茶叶。

实验内容

1. 标准溶液配制

准确移取 5.00 mL 100 μg · mL^{-1} 的 Cu 标准溶液至 50 mL 容量瓶,稀释得 10 μg · mL^{-1} Cu 溶液。再分别移取 0.2 mL、0.5 mL、1.0 mL、2.0 mL、4.0 mL 至 10 mL 比色管,稀释得到浓度分别为 0.2 μg · mL^{-1}、0.5 μg · mL^{-1}、1.0 μg · mL^{-1}、2.0 μg · mL^{-1}、4.0 μg · mL^{-1} 的一系列 Cu 的标准溶液。

2. 样品处理

准确称取 5 g 茶叶于瓷蒸发皿中, 在电热板上缓缓加热进行预灰化,待样品大部分炭化后(呈黑色)移入马弗炉中,升温到 500 ℃灰化 2 h(呈灰白色)。灰化结束冷却后,用少量蒸馏水润湿灰分,盖上坩埚盖,加入 2.5 mL 1∶1 HCl 溶液溶解灰分,转移至 50 mL 容量瓶中,用蒸馏水定容至刻度,摇匀,为待测样品溶液。

3. 标准加入法溶液配制

取 4 只 10 mL 比色管,分别加入 5.0 mL 上述处理好的样品溶液,其中第 1 只直接加水定容至 10 mL,另 3 只中分别加入 0.5 mL、1.0 mL、2.0 mL 10 μg · mL^{-1}Cu 标准溶液,最后定容至 10 mL。

4. 测定在原子吸收光谱仪上分别测试一系列 Cu 的标准溶液的吸光度和采用标准加入法配制的一系列溶液的吸光度。

5. 数据处理

1) 绘制标准曲线,根据未知样品(即标准加入法中的第一个样品)的吸光度计算其浓度,并计算原始样品中 Cu 的含量。

2) 绘制标准加入法的标准曲线,计算未知样品的吸光度计算其浓度,并计算原始样品中 Cu 的含量。

3）比较两种方法的结果。

💡 **思考题**

两种方法的测定结果为何不同？你认为哪个结果更准确,为什么？

● **实验 3-4　激光诱导击穿光谱定性分析合金及岩石中的多种金属**

实验目的

1. 学习激光诱导击穿光谱的基本原理和光谱仪的使用方法；

2. 了解激光诱导击穿光谱的定性分析方法。

实验原理

激光诱导击穿光谱(LIBS)技术是近年迅速发展的一种极具吸引力的快速元素分析方法。该方法利用一束高能量的脉冲激光聚焦在样品表面,当能量密度高于样品击穿阈值时,产生包含样品特性的原子和离子特征发射谱线,该技术可直接测定固体样品,具有分析速度快、灵敏度高、多元素可同时分析等多种优点。与常用的元素分析方法(如 ICP-OES、ICP-MS 等)相比,该方法具有简单、快速的特点,可以进行在线原位测量、样品微区分析,并可观察表面元素的分布。

仪器、试剂和材料

油压机;激光击穿光谱仪:如图 3-4-1 所示,激光光源采用 Nd:YAG 固体脉冲激光器,波长 1 064 nm,频率 2 Hz。利用焦距为 150 mm 的聚焦透镜将激光垂直聚焦于样品表面,通过三维移动平台改变样品测试点的位置,保证激光脉冲对每个样品表面测试位点的烧灼效果相同。等离子体光谱信号经光纤耦合进中阶梯光栅光谱仪(LTB200,光谱范围 200~850 nm,$\lambda/\Delta\lambda \geq 9000$),以 ICCD 作探测器,并将光谱数据传输到计算机进行后续处理。

160 目样品筛;合金样品;岩石样品。

实验内容

1. 样品制备

将岩石样品置于 103℃烘箱中 3 h,除去水分。将烘干后的样品置于玛瑙研钵中充分研磨,过 160 目样品筛(筛孔孔径 96 μm),获得粒径均匀的样品。利用 HGY-15 型压片机,12 MPa 压强下保持 5 min,压制成直径 3.2 cm,厚度 3 mm 的压片样品。

2. 测试

采用网格状形式对 20 个测试点进行分析,每个测试点累积脉冲 30 次,最后将 20

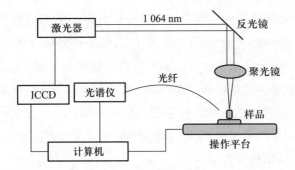

图 3-4-1　激光诱导击穿光谱系统装置示意图

个测试点的光谱数据平均为一个光谱,作为待分析样品的光谱数据。

3. 数据处理

根据光谱图的发射峰,与标准图谱里面的中各元素的特征峰一一对照,判断样品中主要元素,根据峰高进行半定量分析。

⚠ **注意事项**

激光具有很高的能量和破坏能力,测定之前务必关好样品仓门。

💡 **思考题**

1. 激光诱导击穿光谱分析与常规原子发射光谱相比有何优缺点?

2. 测试时为何需要采用网格状形式对多个测试点进行分析?

2. 红外光谱法

● 实验 3-5　几种有机物典型官能团的红外光谱鉴定及图谱解析

实验目的

1. 掌握液膜法制备液体样品及溴化钾压片法制备固体样品的方法。

2. 学习并掌握红外光谱仪的使用方法。

3. 初步学会对红外光谱图的解析。

实验原理

物质分子中的不同基团具有不同的振动能级,因而可以吸收不同频率的红外辐射,形成各自独特的红外光谱。因此红外光谱常用于物质定性分析,特别是在化合物结构鉴定中应用广泛。

基团的振动频率和吸收强度与组成基团的原子质量、化学键类型及分子的几何构型等有关。因此根据红外光谱的峰位置、峰强度、峰形状和峰的数目，可以判断物质中可能存在的某些官能团，进而推断未知物的结构。如果分子比较复杂，还需结合紫外光谱、核磁共振谱及质谱等手段作综合判断。最后可通过与未知样品相同测定条件下得到的标准样品的谱图或已发表的标准谱图（如 Sadtler 红外光谱图等）进行比较分析，进一步证实。如找不到标准样品或标准谱图，则可根据所推测的某些官能团，用制备模型化合物的方法来核实。

红外光谱还可以进行互变异构体的鉴定，如乙酰乙酸乙酯有酮式及烯醇式互变异构，在红外光谱上能够看出各异构体的吸收带。

$$H_3C-\overset{O}{\overset{\|}{C}}-\overset{H_2}{C}-\overset{O}{\overset{\|}{C}}-O-C_2H_5 \Longleftrightarrow H_3C-\overset{OH}{\overset{|}{C}}=\overset{H}{C}-\overset{O}{\overset{\|}{C}}-O-C_2H_5$$

仪器、试剂和材料

Equinox 55 型傅里叶变换红外光谱仪；可拆式液池；压片机；玛瑙研钵；氯化钠盐片；快速红外干燥箱。

苯甲酸：于 80 ℃下干燥 24 h，存于保干器中；溴化钾：于 130 ℃下干燥 24 h，存于保干器中；无水乙醇；乙酰乙酸乙酯。

实验内容

1. 测绘无水乙醇、乙酰乙酸乙酯的红外光谱——液膜法

戴上指套，取两片氯化钠盐片，用无水乙醇清洗其表面，并放入红外灯下烘干备用。在可拆式液体池的金属池板上垫上橡胶圈，在孔中央位置放一盐片，然后滴半滴液体样品于盐片上，将另一盐片平压在上面（注意不能有气泡），垫上橡胶圈，将另一金属片盖上，对角方向旋紧螺丝（螺丝不宜拧得过紧，否则会压碎盐片）。将盐片夹紧在其中，然后将此液体池插入红外光谱仪的样品池处，从 4000~650 cm^{-1} 进行波数扫描，得到红外光谱。

2. 测绘苯甲酸的红外光谱——溴化钾压片法

取 2~4 mg 苯甲酸，加入 100~200 mg 溴化钾粉末，在玛瑙研钵中充分磨细（颗粒约 2 μm），使之混合均匀，并将其在红外灯下烘 10 min 左右。取出约 80 mg 混合物均匀铺洒在干净的压模内，于压片机上在 20 Mpa 压力下，压 1 min，制成直径为 13 mm、厚度为 1 mm 的透明薄片。将此片装于固体样品架上，样品架插入红外光谱仪的样品池处，在 4000~650 cm^{-1} 波数范围内扫描，得到红外光谱。

3. 未知有机物的结构分析

用液膜法或溴化钾压片法制样，测绘未知有机物的红外吸收光谱。以上红外吸收光谱测定时的参比均为空气。

4. 数据处理

1）解析无水乙醇、苯甲酸、乙酰乙酸乙酯的红外光谱图。结合课堂所学知识,指出各谱图上基团频率区吸收峰的归属,并对指纹区相应吸收峰进行标注。

2）观察羟基的伸缩振动在乙醇及苯甲酸中有何不同。

3）根据教师给定的未知有机物的化学式计算不饱和度,并根据红外光谱上的吸收峰位置,推断未知有机物可能存在的官能团及其结构式。

⚠ **注意事项**

1. 氯化钠盐片易吸水,取盐片时需戴上指套。扫描完毕,应用无水乙醇清洗盐片,并立即将盐片放回干燥器内保存。

2. 固体样品研磨过程中会吸水。由于吸水的样品压片时,易黏附在模具上不易取下,而且水分的存在会产生光谱干扰,所以研磨后的粉末应烘干一段时间。

💡 **思考题**

1. 红外光谱仪与紫外-可见分光光度计在光路设计上有何不同?为什么?

2. 样品含有水分及其他杂质时,对红外光谱分析有何影响?如何消除?

3. 压片法对 KBr 有哪些要求?为什么研磨后的粉末颗粒直径不能大于 $2\ \mu m$?

4. 羟基的伸缩振动在乙醇和苯甲酸中为何不同?

扫描二维码
傅里叶红外光谱仪的使用

● **实验 3-6　几种聚合物薄膜的红外光谱定性分析及醋酸乙烯的定量测定**

实验目的

1. 学习红外光谱的快速定性技术。

2. 了解并初步掌握红光谱定量分析的基本技术。

实验原理

聚合物薄膜软包装广泛地应用于食品、医药、化工等领域,其中食品包装所占比例最大,如饮料包装、速冻食品包装、蒸煮食品包装、快餐食品包装等,这些产品都给人们生活带来了极大的便利。目前常见的聚合物薄膜主要材质包括聚氯乙烯、聚乙烯、聚丙烯、聚苯乙烯、乙烯-醋酸乙烯共聚物等。根据不同材质聚合物特征官能团的红外吸收,可以对聚合物薄膜进行快速的结构鉴定。

红外光谱法定量分析的依据与紫外-可见分光光度法一样,也是基于朗伯-比尔定律。红外光谱法能定量测定气体、液体和固体样品。乙烯-醋酸乙烯共聚物(EVA)包装薄膜是乙烯与醋酸乙烯的共聚物,具有如下结构:

$$CH_3—(CH_2—CH_2)_m(CH_2—CH)_n—CH_3$$

$$\underset{\underset{O}{\overset{\|}{C}}—CH_3}{O}$$

共聚比 m/n 决定 EVA 的级别和使用寿命。

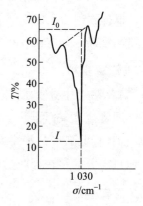

图 3-6-1　基线法计算透过率示意图

醋酸乙烯中的 C—O 伸缩振动出现在 1030 cm^{-1}，不与 EVA 薄膜中其他峰重叠，故可以用来测定 EVA 薄膜中醋酸乙烯的含量。1030 cm^{-1} 处的吸光度 A_{1030} 和薄膜厚度 d 的比值 A_{1030}/d 与醋酸乙烯的含量成正比。通过测定一系列含量不同的乙烯-醋酸乙烯标准薄膜的红外光谱，用基线法，如图3-6-1所示，可以测定各标准薄膜在 1030 cm^{-1} 处的吸光度 A_{1030}，再用千分尺测定它们相应的厚度 d，采用工作曲线法即能对未知样品进行定量分析。

仪器、试剂和材料

Equinox 55 型傅里叶变换红外光谱仪；千分尺。

醋酸乙烯含量不同的标准薄膜：其醋酸乙烯质量分数在 0~15%；醋酸乙烯含量未知的包装薄膜。

实验内容

1）根据固定架的大小，将包装薄膜剪成一定尺寸。将标准薄膜及未知的包装薄膜安装在固定架上，放入红外光谱仪器进行光谱扫描，分别记录红外光谱图。

2）按照图 3-6-1 所示的基线法，测量每一块乙烯-醋酸乙烯薄膜在 1030 cm^{-1} 处的百分透光率。

3）千分尺测量每一块薄膜的厚度，每一块取 3 个不同部分测量。

4）计算每一块薄膜在 1030 cm^{-1} 处吸光度 A 的平均值。

5）计算每一块薄膜的平均厚度 d，计算每一块薄膜的 A/d。

6）用标准薄膜的系列数据，绘制 A/d 对醋酸乙烯含量的工作曲线。

7）从工作曲线上，求得未知样品中醋酸乙烯的质量分数。

💡 **思考题**

有一个包含两个组分的混合样品，其中每个组分都有一个互不干扰的特征吸收峰，欲用 KBr 压片法制备样品，分别测定两种组分的含量，试提出实验方案。

3. 分子发光光谱法

● 实验 3-7　直接荧光光谱分析法测定牛血清白蛋白的含量

实验目的

1. 掌握直接荧光光谱分析法的基本原理,学习荧光光谱仪的使用方法,理解有机物荧光光谱的特性。

2. 学习荧光光谱定量分析方法。

实验原理

荧光光谱分析法经常用于生物大分子的研究。一些本身具有的荧光发色团的生物分子,通常被称为内源荧光物质,可以直接测量它的荧光来获得其结构、功能、相互作用、含量等信息;本身不具有荧光发色团的生物分子,则需要通过标记的外源荧光发色团(称为外源荧光探针),结合各种有关的荧光分析方法和技术来获得相关信息。

具有内源荧光的物质不多,但在常见的组成蛋白质的 20 种氨基酸中,色氨酸、酪氨酸和苯丙氨酸能产生荧光。酪氨酸的荧光发射能力要比色氨酸强得多,但在蛋白质里同时有色氨酸和酪氨酸残基时,主要发射的是色氨酸残基的荧光。通过测定蛋白质中色氨酸残基的荧光强度,可以实现对蛋白质含量的测定。

仪器、试剂和材料

分子荧光光谱仪;荧光比色皿;具塞比色管(10 mL);移液管(5 mL)。

牛血清白蛋白水溶液(200 μg·mL^{-1});磷酸缓冲溶液(pH = 7.0, 0.10 mol·L^{-1});牛血清白蛋白未知液。

实验内容

1) 取 6 只 10 mL 具塞比色管(编号 1~6),分别加入 1.0 mL 磷酸缓冲溶液,其中 1~5 号再分别加入 0.00 mL、0.50 mL、1.00 mL、2.00 mL、3.00 mL 200 μg·mL^{-1} 牛血清白蛋白水溶液,6 号加入 2.00 mL 牛血清白蛋白未知液,用蒸馏水稀释至 10.00 mL。

2) 移取 5 号溶液于荧光比色皿中,在分子荧光光谱仪上分别扫描其荧光激发谱及发射光谱:首先以 280 nm 为激发波长,扫描发射光谱,确定最大发射波长;然后以选定的最大发射波长扫描激发光谱,确定最大激发光波长;最后以选定的激发波长再扫描发射光谱。

3) 以选定的最大激发和发射波长,依次测定 1~5 号标样及 6 号未知样品的荧光强度。

4）绘制牛血清白蛋白测定的标准曲线。

5）计算未知样品中牛血清白蛋白的含量（$\mu g \cdot mL^{-1}$）。

扫描二维码
荧光光谱仪的
使用

💡 **思考题**

1. 写出色氨酸，酪氨酸和苯丙氨酸的结构式，解释它们为何有荧光？

2. 如何测定某物质的荧光激发光谱与发射光谱曲线？

3. 荧光光谱中可能出现多个峰，如何判断是荧光峰还是散射峰？

4. 荧光强度与浓度有何关系？

实验 3-8　荧光光谱分析法测定邻羟基苯甲酸和间羟基苯甲酸的含量

实验目的

1. 掌握荧光光谱分析法的基本原理和操作，理解荧光与分子结构之间的关系及影响因素。

2. 学习采用荧光光谱分析法进行多组分含量测定。

实验原理

邻羟基苯甲酸（亦称水杨酸）和间羟基苯甲酸分子组成相同，均含一个能发射荧光的苯环，但因其取代基的位置不同而具有不同的荧光性质。在 pH = 12.0 的碱性溶液中，二者在 310 nm 附近紫外光的激发下均会发射荧光；在 pH = 5.5 的近中性溶液中，间羟基苯甲酸不发射荧光，邻羟基苯甲酸由于分子内形成了氢键增加了分子刚性而有较强的荧光，且荧光强度与 pH = 12.0 时相同。利用这一性质，可在 pH = 5.5 测定二者混合物中邻羟基苯甲酸的含量，间羟基苯甲酸不干扰。另取同样量的混合物溶液，测定 pH = 12.0 的荧光强度，减去 pH = 5.5 时测得的邻羟基苯甲酸的荧光强度，即可求出间羟基苯甲酸的含量。

仪器、试剂和材料

荧光分光光度计；比色管（10 mL），分度吸量管（2 mL）。

邻羟基苯甲酸标准溶液（60 $\mu g \cdot mL^{-1}$）；间羟基苯甲酸标准溶液（60 $\mu g \cdot mL^{-1}$）；NaOH 溶液（0.1 $mol \cdot L^{-1}$）；HAc-NaAc 缓冲溶液（pH = 5.5）：47.0 g NaAc 和 6.0 g 冰醋酸溶于蒸馏水并稀释至 1.0 L 即得。

实验内容

1. 标准系列溶液的配制

1）分别移取 0.40 mL、0.80 mL、1.20 mL、1.60 mL、2.00 mL 浓度为 60 $\mu g \cdot mL^{-1}$ 的

邻羟基苯甲酸标准溶液于已编号的 10 mL 比色管中,各加入 1.00 mL pH = 5.5 的 HAc-NaAc 缓冲溶液,用蒸馏水稀释至刻度,摇匀。

2）分别移取 0.40 mL、0.80 mL、1.20 mL、1.60 mL、2.00 mL 浓度为 60 μg·mL^{-1}的间羟基苯甲酸标准溶液于已编号的 10 mL 比色管中,各加入 1.20 mL 0.1 mol·L^{-1}的 NaOH 溶液,用蒸馏水稀释至刻度,摇匀。

3）分别取未知溶液 2.00 mL 于 2 支 10mL 比色管中,其中 1 份加入 1.00 mL pH = 5.5 的 HAc-NaAc 缓冲溶液,另 1 份加入 1.20mL 0.1mol·L^{-1}的 NaOH 溶液,用蒸馏水稀释至刻度,摇匀。

2. 荧光激发光谱和发射光谱的测定

测定 1）中第 3 份溶液和 2）中第 3 份溶液各自的激发光谱和发射光谱。先固定发射波长为 400 nm,在 250~350 nm 进行激发波长扫描,获得溶液的激发光谱和荧光最大激发波长 λ_{ex},再固定激发波长 λ_{ex},在 350~500 nm 进行发射波长扫描,获得溶液的发射光谱和荧光最大发射波长 λ_{em}。

3. 荧光强度测定

根据上述激发光谱和发射光谱扫描结果,确定一组波长(λ_{em} 和 λ_{ex}),使之对二组分都有较高的灵敏度,并在此组波长下测定前述标准系列各溶液和未知溶液的荧光强度 I_f。

4. 数据处理

以各标准溶液的 I_f 为纵坐标,分别以邻羟基苯甲酸或间羟基苯甲酸浓度为横坐标绘制工作曲线。根据 pH = 5.5 的未知液的荧光强度,可以从邻羟基苯甲酸的工作曲线上确定邻羟基苯甲酸在未知液中的浓度;根据 pH = 12.0 时未知液的荧光强度与 pH = 5.5 时未知液的荧光强度的差值,从间羟基苯甲酸的工作曲线上确定未知液中间羟基苯甲酸的浓度。

💡 思考题

从实验可以总结出哪些影响物质荧光强度的因素?

● 实验 3-9　荧光衍生法测定果蔬及饮料中维生素 C 的含量

实验目的

1. 掌握荧光与分子结构的关系。

2. 学习荧光衍生的分析方法。

实验原理

维生素 C 又名抗坏血酸,存在 L 型、D 型两种构型,L 型抗坏血酸的生物活性为 D

型的 10 倍。维生素 C 广泛存在于植物组织中,新鲜的水果、蔬菜中维生素 C 的含量都很丰富。维生素 C 具有较强的还原性,对光敏感,氧化后的产物称为脱氢抗坏血酸,仍然具有生理活性;但其进一步水解的产物 2,3-二酮古乐糖酸,则无生理活性。因此,在食品分析中测定抗坏血酸的含量时,若无特殊说明的话,一般是指抗坏血酸和脱氢抗坏血酸二者的总量,不包括二酮古乐糖酸和进一步的氧化产物。

测定维生素 C 的常用方法有靛酚滴定法、苯肼比色法、荧光法和高效液相色谱法等。其中,靛酚滴定法测定的是还原型抗坏血酸的含量,该法简便、较灵敏、但特异性差,因样品中共存的其他还原性物质(如 Fe^{2+}、Sn^{2+}、Cu^+ 等)有干扰,测定结果往往偏高。苯肼比色法和荧光法均是测定抗坏血酸和脱氢抗坏血酸的总量,其中荧光法的基质干扰小、准确度较高。高效液相色谱法可同时测定抗坏血酸和脱氢抗坏血酸的含量,选择性好、准确度高、重现性好,但对样品前处理要求高。

抗坏血酸本身没有荧光,采用荧光法测定时需进行荧光衍生。本实验的衍生原理是以铜离子作催化剂,将样品中的抗坏血酸快速、完全氧化为脱氢型抗坏血酸,再与邻苯二胺(OPDA)反应,最终将抗坏血酸衍生成具有荧光的苯并[b]吡嗪。在一定实验与测定条件下,抗坏血酸的衍生产物苯并[b]吡嗪的荧光强度与样品中抗坏血酸的浓度线性相关,据此可测定样品中抗坏血酸的总浓度。反应式如下:

抗坏血酸　　　　　　　　脱氢抗坏血酸　　　　　　　　苯并[b]吡嗪

仪器、试剂和材料

RF530 荧光分光光度计;比色管。硫酸铜溶液(2.0 mg·mL^{-1});邻苯二胺溶液(0.3 mg·mL^{-1});抗坏血酸标准溶液(25.0 mg·L^{-1});乙酸-乙酸钠-硫酸缓冲溶液(pH=5.6)。

实验内容

1. 样品的预处理

准确称取 25.0 g 果蔬于洁净干燥的匀浆机中,加入 25.0 mL 蒸馏水,插上电源,匀浆,过滤,准确吸取滤液 5.00 mL,稀释至 50 mL,摇匀,放入冰箱内保存备用。

液体饮料样品则不需要特殊处理,若其中的抗坏血酸含量较高,可适当稀释后备用。

2. 标准溶液及样品溶液的荧光测定

标准溶液的配制:取 6 只 10 mL 比色管(编号 1~6),分别加入 0.0 mL、0.2 mL、0.5 mL、1.0 mL、1.5 mL、2.0 mL 抗坏血酸标准溶液,再依次分别加入 2.0 mL 缓冲溶液,0.40 mL 硫酸铜溶液和 2.0 mL 邻苯二胺溶液,用蒸馏水定容至 10 mL。放置 20 min 后,在优化的仪器参数下进行相应的荧光测定。

样品溶液的配制:取 1 支 10 mL 比色管(编号 7),加入 1.0 mL 待测样品溶液,再依次加入 2.0 mL 缓冲溶液,0.40 mL 硫酸铜溶液和 2.0 mL 邻苯二胺溶液,定容至 10 mL。放置 20 min 后,在相同的条件下进行相应的荧光测定。

3. 抗坏血酸衍生产物苯并[b]吡嗪的荧光激发曲线与发射光谱曲线测定

取 6 号标准溶液于荧光比色皿中,在荧光仪上分别扫描其荧光激发光谱及发射光谱:首先以 351.0 nm 为激发波长,扫描其发射光谱,确定最大发射波长;然后以选定的最大发射波长扫描激发光谱,确定最大激发光波长;最后再以选定的激发波长扫描发射光谱。

4. 结果处理

1)绘制苯并[b]吡嗪的荧光激发光谱曲线与发射光谱曲线,再从中找出其最大激发和发射波长。

2)标准曲线的绘制:根据 1~6 号标样的荧光强度,以荧光强度对浓度作图,绘制标准曲线。

3)根据 7 号样品的荧光强度,在标准曲线上读出样品溶液中抗坏血酸的含量;再根据样品处理及溶液配制过程中的稀释关系,计算原始样品中抗坏血酸的含量。

⚠ **注意事项**

1. 本实验全部过程应尽量避光。

2. 邻苯二胺溶液在空气中颜色会逐渐变深,影响荧光衍生反应能力,故应用棕色瓶、低温存放;最好现配现用。

3. 邻苯二胺有毒性,相关废液应倒入专用废液杯中。

💡 **思考题**

1. 根据产物分子苯并[b]吡嗪的结构,推测其荧光量子产率高低。

2. 在测定某物质的荧光光谱时,其荧光光谱可能会出现多个峰,如何判断哪些峰是荧光峰?哪些峰是溶剂的散射峰?

● **实验 3-10　表面增强拉曼光谱法测定调味品中罗丹明 B 及苏丹红的含量**

实验目的

1. 学习拉曼光谱和表面增强拉曼光谱的基本原理;掌握便携式拉曼光谱仪的操作技术。

2. 了解表面增强拉曼光谱基底的制备方法及实际样品的前处理方法。

3. 分析与理解影响表面增强拉曼光谱检测的相关因素;针对定性、半定量及定量三种不同检测方式,掌握表面增强拉曼光谱数据处理方法与要求。

实验原理

当用波长比样品粒径小得多的频率为 v 的单色光照射气体、液体或透明试样时,大部分的光会按原来的方向透射,而一小部分则按不同的角度散射开来,产生散射光。散射光中除了存在入射光频率 v 外,还可观察到频率为 $v \pm \Delta v$ 的新散射光,这种频率发生改变的现象称为拉曼效应。频率为 v、$v + \Delta v$ 及 $v - \Delta v$ 的谱线分别称为瑞利散射、拉曼散射的斯托克斯线及反斯托克斯线。Δv 通常称为拉曼频移,一般用散射光波长的倒数表示。

由于拉曼谱线的数目、频移、强度直接与分子振动或转动能级有关。因此,拉曼光谱可以提供物质结构的相关信息,常被用于未知样的定性分析。然而,绝大部分分子的拉曼散射截面较小,拉曼信号很弱,导致该法的灵敏度很低,从而限制了其推广使用。自 20 世纪 70 年代以来,表面增强拉曼光谱(SERS)技术的出现弥补了这一缺点。贵金属(如 Ag, Au, Cu 等)纳米结构表面在合适频率入射光激发下产生的表面等离子体共振,大大增强了金属表面的吸光能力和激发电磁场,使该区域内待测物分子的拉曼信号得到极大的增强(4~9 个数量级),从而实现了待测物的痕量测定。

仪器、试剂和材料

ATR8100 便携式拉曼光谱仪;涡旋振荡仪;纳米银阵列增强芯片(5mm×5 mm);载玻片;移液枪,5 mL 和 2 mL 塑料离心管(5 mL, 2 mL);镊子。

罗丹明 B 甲醇溶液($1000 \text{ mg} \cdot \text{L}^{-1}$)苏丹红Ⅲ乙腈溶液($1000 \text{ mg} \cdot \text{L}^{-1}$)。调味品八角;两种八角阳性样及其甲醇提取液;一种八角阴性样及其甲醇提取液。

实验内容

1. 标准样品和实际样品的配制与前处理

标准样品的配制:分别用 $1000 \text{ mg} \cdot \text{L}^{-1}$ 苏丹红Ⅲ 乙腈溶液及 1000 mg L^{-1} 罗丹明 B 甲醇溶液逐级稀释,配制成 $0.01 \sim 100 \text{ mg} \cdot \text{L}^{-1}$ 的苏丹红Ⅲ乙腈溶液及罗丹明 B 甲醇溶液。

实际样品的前处理:分别称取 0.5 g 八角阳性样和阴性样,将其用剪刀剪碎后放入 2 mL 离心管中,加入 1.0 mL 甲醇或乙腈涡旋振荡 2 min,$10\ 000 \text{ r} \cdot \text{min}^{-1}$ 下离心 2 min,静置 5 min 后,其上清液用于后续的 SERS 检测。

2. SERS 检测

1) 有机溶剂提取法:用镊子夹取一片纳米银 SERS 增强芯片,将其置于干净的载玻片上,用移液枪吸取已处理好的待测液 5 μL,滴加于增强芯片表面,待溶剂完全挥发后,再补加 5 μL 蒸馏水保证增强芯片表面处于湿润状态。将该载玻片置于拉曼光谱仪的显微平台上,转动旋钮调节显微平台的位置,使显微镜视野能够清晰地呈现增强芯片的微观图像。设置光谱采集条件(激光能量、采集时间和采集次数),点击单次采集,保存采集到的谱图。每个样品重复测定 3 次,取 3 次测定的平均光谱。

2) 有机溶剂擦取法:先在八角表面滴加 5 μL 甲醇(对罗丹明 B)或乙腈(对苏丹红Ⅲ),用镊子夹取一片增强芯片,立即贴到滴加有有机溶剂的八角表面,保持 5~10 s 后取下,置于干净的载玻片上,滴加 5 μL 蒸馏水,后续测量过程同上。

3. 数据处理

用仪器自带软件处理光谱数据。在软件上先对每组谱图进行自动基线校正,得到每组样品 3 个 SERS 谱图的平均和标准偏差谱图。以罗丹明 B 和苏丹红Ⅲ SERS 谱图中信号较强及干扰较少的特征峰作为定量峰,用其峰高作为定量依据,探索特征峰强度与对应标样浓度的关系,以此计算阳性样的加标量。

💡 **思考题**

1. 比较红外光谱与拉曼光谱的测量原理异同。
2. 比较两种表面增强拉曼光谱检测方法的优缺点及定量误差的来源。

扫描二维码
拉曼光谱仪的
使用

● 实验 3-11　流动注射化学发光法测定食品中亚硫酸盐含量

实验目的

1. 了解化学发光的基本原理及敏化化学发光机理。
2. 学习流动注射技术。
3. 掌握化学发光定量分析方法。

实验原理

酸性高锰酸钾–亚硫酸钠化学发光很微弱,在该体系中加入可发荧光的碳点,其化学发光可大大增强,且发光与亚硫酸盐的含量成正比,据此可建立亚硫酸盐的化学发光分析法。

流动注射化学发光是在流动的体系中将化学发光试剂混合,由载流带入到检测器进行检测。如图 3-11-1 所示是实验中使用的流动注射化学发光系统示意图,几种液体通过蠕动泵驱动入各个管路中,六通阀 W 将亚硫酸钠试液 R_1 注入载液 R_2 中,通过泵 A 运送到样品池中。碳点与硝酸的混合溶液 R_3 和高锰酸钾溶液 R_4 通过泵 B 运送到样品池中,它们在样品池中混合并发生反应。由石英玻璃盘管制成的化学发光样品池放置在光电倍增管 PMT 上记录发光信号。

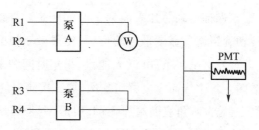

图 3-11-1　流动注射化学发光系统示意图

仪器、试剂和材料

流动注射化学发光仪。

高锰酸钾贮备溶液：准确称取 0.015 8 g $KMnO_4$，溶解定容于 50 mL 棕色容量瓶中，得到浓度为 2.0×10^{-3} mol·L^{-1} 的贮备液；Na_2SO_3 溶液：准确称取 0.063 0 g Na_2SO_3，溶解并用二次蒸馏水定容于 50 mL 容量瓶中，浓度为 1.0×10^{-2} mol·L^{-1}；碳点溶液（0.4 mg·mL^{-1}）；葡萄干。

实验内容

1. 样品处理

将烘干的葡萄干用料理机粉碎，准确称取 10.00 g 粉碎后的样品，加入 30 mL 0.1 mol·L^{-1} 的 NaOH 溶液，将其混匀，超声提取 15 min 后用高速离心机 8000 r·min^{-1} 离心 10 min，取上清液定容至 50 mL，4℃保存。

2. 工作曲线制作

配制亚硫酸盐标准系列溶液，浓度分别为 0.0 mol·L^{-1}、1.0×10^{-5} mol·L^{-1}、2.0×10^{-5} mol·L^{-1}、4.0×10^{-5} mol·L^{-1}、6.0×10^{-5} mol·L^{-1}、8.0×10^{-5} mol·L^{-1}、1.0×10^{-4} mol·L^{-1}、2.0×10^{-4} mol·L^{-1}、4.0×10^{-4} mol·L^{-1}，浓度为 2.0×10^{-4} mol·L^{-1} 的 $KMnO_4$，浓度为 0.4 mg·mL^{-1} 的碳点溶液。

开启仪器，设定泵转速为 20 r·min^{-1}，以水为载流（R_1），亚硫酸钠（R_2）通过蠕动泵 A 进入定量环定量，碳点溶液（R_3）与高锰酸钾溶液（R_4）从 B 泵注入后混合，再与亚硫酸盐混合进入样品池进行发光测定，在发光强度稳定后记录发光峰强度，每个样品记录 3 次。

3. 实际样品测定

用处理过的食品样品溶液代替亚硫酸盐标准液，在同一实验条件下进行实验，并记录数据。

4. 数据处理

1）以 lg I 对 lg c 作标准曲线（I 为发光峰强度）。

2）根据样品的发光强度，从标准曲线上求出样品中亚硫酸盐的含量。

💡 **思考题**

1. 流动注射化学发光所测定的发光信号与常规的静态化学发光有何不同？

2. 如果化学发光反应的速率很快,如何调整可以使发光强度增加?

4. 电化学分析法

● 实验 3-12　氟离子选择电极测定水样及牙膏中的氟含量

实验目的

1. 了解离子选择电极的主要特性,掌握离子选择电极测定的原理、方法及实验操作。

2. 了解总离子强度调节缓冲溶液的意义和作用。

3. 掌握电位法的标准曲线测定方法。

实验原理

氟离子选择电极(简称氟电极)是晶体膜电极,其结构如图 3-12-1 所示。它的敏感膜是由难溶盐 LaF_3 单晶(定向掺杂 EuF_2)薄片制成,电极管内装有 $0.1\ mol \cdot L^{-1}NaF$ 溶液和 $0.1\ mol \cdot L^{-1}NaCl$ 溶液组成的内充液,浸入一根 Ag-AgCl 内参比电极。测定时,氟电极、饱和甘汞电极(外参比电极)和含氟试液组成下列电池:

氟电极 ∣ 含氟试液($c=x$) ∣ 饱和甘汞电极

一般离子计上氟电极接(-),饱和甘汞电极(SCE)接(+),测得电池的电位差为

$$E_{电池} = \phi_{SCE} - \phi_{膜} - \phi_{Ag-AgCl} + \phi_a + \phi_j$$

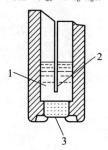

图 3-12-1　氟离子选择电极结构示意图

1—$0.1\ mol \cdot L^{-1}NaF$,$0.1\ mol \cdot L^{-1}NaCl$ 内充液;2—Ag-AgCl 内参比电极;3—掺 EuF_2 的 LaF_3 单晶

在一定的实验条件下(如溶液的离子强度、温度等),外参比电极电位 φ_{SCE}、活度系数 γ、内参比电极电位 $\varphi_{Ag-AgCl}$、氟电极的不对称电位 φ_a 以及液接电位 φ_j 等都可以作为常数处理。而氟电极的膜电位 $\varphi_{膜}$ 与 F^- 活度的关系符合 Nernst 公式,因此上述电池

的电位差 $E_{电池}$ 与试液中氟离子浓度的对数呈线性关系,即

$$E_{电池} = K + \frac{2.303RT}{F} \lg a_{F-}$$

因此,可以用直接电位法测定 F^- 的浓度。式中:K 为常数;R 为摩尔气体常数 $(8.314\ J \cdot mol^{-1} \cdot K^{-1})$;$T$ 为热力学温度;F 为法拉第常数 $(96485\ C \cdot mol^{-1})$。

本实验用标准工作曲线法,测定自来水和牙膏中氟离子的含量。测量的 pH 范围为 5 ~ 6,采用含有柠檬酸钠、硝酸钠、醋酸和醋酸钠的总离子强度调节缓冲溶液 (TISAB)来控制酸度,保持一定的离子强度和消除干扰离子对测定的影响。

仪器、试剂和材料

PHS-3C 型 pH 计或其他型号的离子计;电磁搅拌器;氟电极;饱和甘汞电极(或一支复合电极);玻璃器皿。

TISAB 溶液:称取硝酸钠 85 g,柠檬酸钠 10 g,溶于 800 mL 去离子水中,再加入冰醋酸 57 mL,用 40% 的 NaOH 溶液调节 pH = 5.0,然后加去离子水稀释至总体积为 1 L; NaF 贮备液$(0.100\ mol \cdot L^{-1})$:准确称取 2.100 g NaF(已在 120℃烘干 2 h 以上)放入 500 mL 烧杯中,加入 100 mL TISAB 溶液和 300 mL 去离子水溶解后转移至 500 mL 容量瓶中,用去离子水稀释至刻度,摇匀,保存于聚乙烯塑料瓶中备用。

实验内容

1. 氟离子选择电极的准备

按要求调好 PHS-3C 型 pH 计至 mV 档,装上氟电极和饱和甘汞电极。将氟电极用新鲜去离子水清洗 3~4 次,直至测得的电极电位值达到本底值(约 -370 mV)方可使用(此值各支电极不同,由电极的生产厂标明)。若氟电极暂不使用,宜于干放,长期放置的电极使用前需要活化。

2. 标准溶液系列的配制

取 5 只干净的 50 mL 容量瓶,分别加入 10 mL TISAB 溶液。用 5 mL 移液管吸取 5.0 mL 0.100 mol·L⁻¹NaF 标准贮备液放入第 1 个容量瓶中,加去离子水至刻度,摇匀即为 $1.00 \times 10^{-2}\ mol \cdot L^{-1}\ F^-$ 溶液。再用 5 mL 移液管从第 1 个容量瓶中吸取 5.0 mL 刚配好的 $1.00 \times 10^{-2}\ mol \cdot L^{-1}\ F^-$ 溶液放入第 2 个容量瓶中,加去离子水至刻度,摇匀即为 $1.00 \times 10^{-3}\ mol \cdot L^{-1}\ F^-$ 溶液。以此类推配制出 $10^{-6} \sim 10^{-2}\ mol \cdot L^{-1}$ 的 F^- 溶液。

3. 样品溶液的配制

自来水中氟含量的测定:移取 25 mL 水样于 50 mL 容量瓶中,加入 10 mL TISAB,用去离子水稀释至刻度,待用。

牙膏中氟含量的测定:用小烧杯准确称取约 0.5 g 牙膏,加少量去离子水和 10 mL TISAB,搅拌或超声辅助溶解后转移至 50 mL 容量瓶中,用去离子水稀释至刻度,待用。

4. 校准曲线的测绘及样品测定

将上述步骤 2 所配好的一系列溶液分别倒少量到对应的 50 mL 干净塑料烧杯中

润洗,然后将剩余的溶液全部倒入对应的烧杯中,放入搅拌子,插入氟电极和饱和甘汞电极,在电磁搅拌器上搅拌 3~4 min,电极电位读数稳定后读取测量值。测量的顺序是由稀至浓,这样在转换溶液时电极不必用水洗,仅用滤纸吸去附着在电极和搅拌子上的溶液即可。注意电极不要插得太深,以免搅拌子打破电极。

测量完毕后将电极用去离子水清洗,直至测得电极电位值为 -370 mV 左右待用。

按标准溶液的测试方法分别测定水样及牙膏样品。

5. 数据处理

1. 以测得的电位值 ϕ（mV）为纵坐标,以 $\lg c(\mathrm{F^-})$ 为横坐标作图,绘制校准曲线。

2. 从标准曲线上求出氟电极的实际斜率和线性范围。

3. 由 ϕ_x 值求自来水及牙膏样品中 $\mathrm{F^-}$ 的含量。

⚠ 注意事项

1. 清洗玻璃仪器时,应先用大量的自来水清洗实验所使用的烧杯、容量瓶、移液管,然后用少量去离子水润洗。

2. 测量时浓度由稀至浓,每次测定后用被测试液清洗电极、烧杯及搅拌子。

3. 制标准曲线时,测定一系列标准溶液后,应将电极清洗至原空白电位值,然后再测定未知试液的电位值。

4. 测定过程中搅拌溶液的速率应恒定。

💡 思考题

1. 写出离子选择电极的电极电位完整表达式。

2. 为什么要加入离子强度调节剂? 说明离子选择电极法中用 TISAB 的意义。

3. 为什么实验中标准溶液的配制需采用逐步稀释的方法? 有何优点?

● 实验 3-13　恒电流库仑滴定法测定水样中砷的含量

实验目的

1. 掌握库仑滴定法的基本原理。

2. 学会简易恒电流库仑仪的安装和使用。

3. 掌握恒电流库仑滴定法测定痕量砷的实验方法。

实验原理

库仑滴定法是通过电解产生的物质作为"滴定剂"来滴定被测物质的一种分析方

法。在分析时,以 100% 的电流效率产生一种物质(滴定剂),能与被分析物质进行定量的化学反应,反应的终点可借助指示剂、电位法、电流法等进行确定。这种滴定方法所需的滴定剂不是由滴定管加入的,而是借助于电解方法产生出来的,滴定剂的量与电解所消耗的电量成正比,所以称为"库仑滴定法"。

　　库仑滴定装置如图 3-13-1 所示。用 45 V 以上的干电池或恒电压直流电源作为电解电源,电解电流可通过可变电阻器调节,并由已校正的毫安表指示电流值。采用高压源可减少因电解过程中电解池的反电动势的变化而引起的电解电流的变化,这样才能准确计算滴定过程中所消耗的电量。为了防止各种干扰电极反应的因素发生,必须将电解池的阳极与阴极分开。

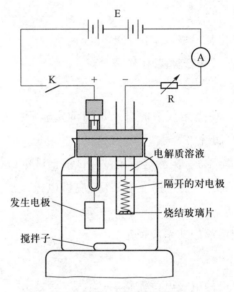

图 3-13-1　库仑滴定装置

　　本实验是采用恒电流电解碘化钾的缓冲溶液(用碳酸氢钠控制溶液的 pH)产生的碘来测定砷的含量。在铂电极上碘离子被氧化为碘,然后与试剂中的砷(Ⅲ)反应,当砷(Ⅲ)全部被氧化为砷(Ⅴ)后,过量的微量碘将淀粉溶液变为微红紫色,即达到终点。根据电解所消耗的电量,依据法拉第定律可计算溶液中砷(Ⅲ)的含量。

仪器、试剂和材料

　　干电池或恒压直流电源(45 V 以上);已校正的毫安表;磁力搅拌器;铂片电极(作工作电极);螺旋铂丝电极及隔离管;秒表;可变电阻器(5000 Ω);单刀开关;导线。

　　亚砷酸溶液(10^{-4} mol·L^{-1},用硫酸微酸化以使之稳定);碘化钾缓冲溶液:溶解 60 g 碘化钾、10 g 碳酸氢钠,然后稀释至 1 L,加入亚砷酸溶液 2~3 mL,以防止被空气氧化;新配制淀粉溶液(0.5%);硝酸(1:1);硫酸钠溶液(1 mol·L^{-1})。

实验内容

　　1) 将铂电极浸入 1:1 硝酸中,数分钟后,取出用蒸馏水冲洗并用滤纸沾掉水珠。

2）量取碘化钾缓冲溶液 50 mL 及淀粉溶液约 3 mL,置于电解池中,放入搅拌子,将电解池放在电磁搅拌器上。在阴极隔离管中注入硫酸钠溶液,至管的 2/3,插入螺旋铂丝电极。将铂片电极和隔离管装在电解池之上(注意铂片要完全浸入试液中)。铂片电极接"阳极",螺旋铂丝电极接"阴极"。启动搅拌器,按下单刀开关,迅速调节电阻器 R,使电解电流为 1.0 mA。细心观察电解溶液,当微红紫色出现时,便立即拉下单刀开关,停止电解。慢慢滴加亚砷酸溶液,直至微红紫色褪去再多加 1~2 滴,再次继续电解至微红紫色出现,停止电解。为能熟练掌握终点的颜色判断,可如此反复练习几次。

3）准确移取亚砷酸未知液 10.0 mL,置于上述电解池中,按下单刀开关,同时开秒表计时。电解至溶液出现与定量加亚砷酸前一样微红紫色时,立即停止电解和秒表计时,记下电解时间(s)。再加入 10.0 mL 亚砷酸溶液,同样步骤测定。重复实验 3~4 次。

4）测量完毕,关闭恒电流库仑仪电源,洗净电极并将电极浸在去离子水中。

5）根据几次测量结果,求出平均电解时间与标准偏差。

6）根据平均电解时间,用法拉第定律计算出未知溶液中亚砷酸的含量,以 $mol \cdot L^{-1}$ 计。

⚠ 注意事项

含砷的溶液有毒,实验中注意防护,实验结束后样品溶液需倒入专用废液回收瓶中。

💡 思考题

1. 写出滴定过程的电极反应和化学反应方程式。

2. 碳酸氢钠在电解溶液中起什么作用?

3. 采用高压电源为何能使电解电流保持恒定?

● 实验 3-14　循环伏安法测定多巴胺的含量

实验目的

1. 熟悉循环伏安法测定的基本原理。

2. 学习循环伏安法测量的实验技术。

3. 了解循环伏安法的定量分析方法。

实验原理

循环伏安法(CV)是一种常用的电化学研究方法,该方法仪器简单、操作简便、谱图解析直观。循环伏安法是将循环变化的、以三角波形扫描的电压施加于工作电极与参比电极之间,记录工作电极上得到的电流与施加电压的关系曲线。如果前半部分电位向阳极方向扫描,电化学活性物质在电极上氧化,产生氧化波,那么后半部分电位向阴极方向扫描时,氧化产物又会在电极上还原,产生还原波。因此一次三角波扫描,完成一个氧化和还原过程的循环,故该法称为循环伏安法,其电流-电压曲线称为循环伏安图。根据曲线形状可以判断电极反应的可逆程度,研究化合物电极过程中的机理、双电层、吸附现象和电极反应动力学。如果电化学活性物质可逆性差,则氧化峰与还原峰的高度就不同,对称性也较差。可逆氧化还原电对的两峰之间的电位差值接近理论值:

$$\Delta E_p = E_{pa} - E_{pc} \approx 0.059/n$$

多巴胺是具有电化学活性的物质,在玻碳工作电极上具有很好的电化学循环伏安响应,属于两电子转移的过程,如图 3-14-1 所示。多巴胺在玻碳工作电极上具有一对氧化还原峰,阳极峰电流和阴极峰电流分别用 i_{pa} 和 i_{pc} 表示,阳极峰电位和阴极峰电位分别用 E_{pa} 和 E_{pc} 表示。根据峰电位可以进行定性分析,根据峰电位之间的差值可以判断多巴胺在玻碳工作电极上反应的可逆性,氧化峰电流 i_p 是定量分析的依据。多巴胺的氧化峰电流 i_p 在电极上的响应符合 Cottell 方程,即多巴胺的氧化峰电流 i_p 与多巴胺浓度 c 成正比,其关系式为

$$i_p = Kc$$

式中:K 为常数。在实际测量时通常用峰高 h 代替氧化峰电流 i_p。根据氧化波高度与多巴胺的浓度建立线性关系。

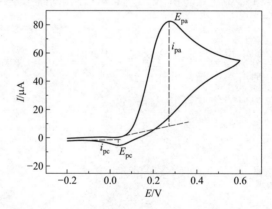

图 3-14-1　5.0 mmol·L^{-1}多巴胺(pH = 7.0 的磷酸盐缓冲溶液为电解质溶液)
在玻碳工作电极上以 50 mV·s^{-1}的扫速扫描的循环伏安图。

仪器、试剂和材料

CHI 电化学工作站(选择循环伏安法);玻碳工作电极;饱和甘汞电极;铂对电极组成常规三电极体系;容量瓶(25.00 mL)。

多巴胺储备液(0.10 mol·L^{-1});磷酸盐缓冲溶液(0.10 mol·L^{-1},pH = 7.0,Na_2HPO_4-NaH_2PO_4)。

实验内容

1. 预处理工作电极

将玻碳工作电极在 6 号金相砂纸上小心轻轻地打磨至光亮,然后用 50 nm Al_2O_3 粉抛光成镜面。用蒸馏水多次冲洗,最好用超声波清洗 1~2 min,最后用洗耳球吹去附着在电极上残留的水珠。

2. 配制一系列多巴胺标准溶液

在 5 只 25.00 mL 的容量瓶中,分别加入 0.10 mol·L^{-1} 多巴胺溶液 0.00 mL、0.25 mL、0.50 mL、1.00 mL、2.50 mL,再用 0.10 mol·L^{-1} 磷酸盐缓冲溶液稀释至刻度,摇匀。

3. 循环伏安测量

将配制的一系列多巴胺标准溶液逐一转移至电解池中,插入干净的三电极体系。设置参数:起始电位 -0.2 V、终止电位 0.6 V、扫描速率 50 mV·s^{-1}。按照这些设置的参数,将多巴胺按浓度从小到大依次测量,进行循环伏安图扫描。记录多巴胺的浓度与对应阳极氧化峰电流值,绘制标准曲线。

将 2.00 mL 盐酸多巴胺注射液移入 25.00 mL 容量瓶中,加入 0.10 mol L^{-1} 磷酸盐缓冲溶液稀释至刻度,摇匀。将配制好的多巴胺样品转移至电解池中,按上述条件进行循环伏安扫描,记录其阳极氧化峰。

4. 数据处理

1）列表总结多巴胺的测量结果（i_{pa}、E_{pa}、E_{pc}）。

2）计算 ΔE_p,判断多巴胺在玻碳工作电极上反应的可逆性。

3）绘制多巴胺的 i_{pa} 与相应浓度 c 的关系曲线,计算针剂多巴胺样品的浓度。

⚠ 注意事项

1. 多巴胺溶液在空气中放置易被氧化,因此实验中使用的多巴胺溶液应新鲜配制,使用后贮存于 4℃ 的冰箱中。

2. 电极打磨后,可在 5 mmol·L^{-1} 铁氰化钾溶液中进行循环伏安表征,当峰电位差在 70 mV 以下时,表征电极打磨干净。

3. 实验完毕,关闭仪器,取出电极并用蒸馏水清洗干净,将饱和甘汞电极置于饱和 KCl 溶液中存放。

💡 思考题

1. 从多巴胺的循环伏安图分析其在电极上的可能反应机理。

2. 哪些途径可以用来提高多巴胺电化学反应的可逆性?

● 实验 3-15　阳极溶出伏安法测定水样中的铜含量

实验目的

1. 掌握阳极溶出伏安法的基本原理。

2. 学会用溶出伏安法的定量分析方法。

实验原理

溶出伏安法有阳极溶出伏安法和阴极溶出伏安法两种,其测定包含两个基本过程。首先,将工作电极控制在一定电位条件下,使被测物质在电极上富集,然后施加以某种形式变化的电压于工作电极上,使被富集的物质溶出,同时记录伏安曲线,根据溶出峰的大小来确定被测物质的含量。

阳极溶出伏安法(ASV)是将试液除氧后(可通氮气或加入 Na_2SO_3),工作电极控制在一定负电位条件下,使被测物质在电极上富集还原数分钟,然后施加以某种形式变化的电压于工作电极上(通常是向阳极方向扫描),使电极表面富集还原的物质重新氧化溶出,并记录阳极溶出时的伏安曲线,如图 3-15-1 所示。

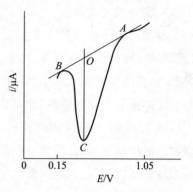

图 3-15-1　阳极溶出伏安曲线

在一定条件下(如富集电位、富集时间、搅拌速率、底液、溶出方式等相同的情况下),溶出峰电流与溶液中待测物质的浓度成正比。因此,可根据阳极溶出伏安曲线的峰高(图 3-15-1 中的 OC)来确定待测物质的浓度,这是阳极溶出伏安法的定量依据。此外,由于不同的物质在同一底液中具有不同的溶出峰电位,因而还可根据峰电位进行定性分析。注意:峰电流的大小与预电解时间、预电解时的搅拌速率、预电解电位、工作电极及溶出的方式等因素有关。为了获得再现性的结果,实验时必须严格控制实验条件。

仪器、试剂和材料

电化学工作站;玻碳电极;饱和甘汞电极;铂丝电极;电解池;磁力搅拌器;容量瓶(50 mL);打磨粉(0.05 μm Al_2O_3 粉末);电吹风机。

Cu^{2+} 标准溶液(1.00×10^{-3} mol·L^{-1});KCl 溶液(0.5 mol·L^{-1});Na_2SO_3 溶液(饱和);未知铜试液。

实验内容

1. 电极准备

在实验前,在打磨盘中放入少许打磨粉(Al_2O_3)加去离子水形成糊状,用手握住玻碳工作电极顶端,在打磨盘中画圈打磨 30~60 s,打磨光亮后用去离子水清洗,吹干待用。注意:每次测量前电极都要重新打磨、清洗和吹干。

2. Cu^{2+} 浓度与溶出峰电流关系

用移液管准确移取 1.00×10^{-3} mol·L^{-1} Cu^{2+} 标准溶液 0.20 mL、0.40 mL、0.80 mL、1.20 mL、2.00 mL 于 5 只 50 mL 容量瓶中,再分别加入 0.5 mol·L^{-1} KCl 溶液 10 mL,5

滴饱和 Na_2SO_3 溶液,用蒸馏水稀释至刻度,摇匀,待用。

以清洗干净的玻碳电极为工作电极,饱和甘汞为参比电极,铂丝电极为辅助电极,插入装有适量电解质溶液的电解池中,打开磁力搅拌器,在 -0.6 V 电压下预电解 2 min 后关闭磁力搅拌器,控制电位向正方向扫描溶出,记录阳极波,并分别测量峰高。将工作电极取出后处理干净,再重复进行溶出伏安测量 2 次;结果取 3 次测量的平均值。

3. 未知试液中 Cu^{2+} 的测定

准确移取未知试液铜试液 1.00 mL 于 50 mL 容量瓶中,加入 0.5 $mol \cdot L^{-1}$ KCl 溶液 10 mL,5 滴饱和 Na_2SO_3 溶液,用蒸馏水稀释至刻度,摇匀。用上述同样条件进行溶出测定,记录阳极波,并测量峰高。将工作电极取出后处理干净,再重复进行溶出伏安测量 2 次;结果取 3 次测量的平均值。

4. 数据处理

1）绘制峰高与 Cu^{2+} 浓度曲线。

2）根据标准曲线,计算试液中 Cu^{2+} 浓度。

💡 思考题

1. 电解液里加 KCl 溶液和 Na_2SO_3 溶液的目的分别是什么?

2. 在测定过程中溶液能够搅拌吗?

3. 与原子光谱法相比,利用阳极溶出伏安法测定铜有何优点?

5. 气相色谱法

• 实验 3-16　气相色谱法测定混合物中苯、甲苯和环己烷的含量

实验目的

1. 学习气相色谱仪器的结构及基本操作。

2. 掌握纯标准样品对照、保留值定性的方法。

3. 掌握面积和峰高归一化定量方法。

实验原理

气相色谱是一种强有力的分离技术,但其定性鉴定能力相对较弱。一般检测器只能"看到"有物质从色谱中流出,而不能直接识别其为何物,其定性的唯一依据就是保留时间。目前气相色谱最简单可靠的定性方法是与标准样品对照定性,本实验采用的就是标准样品对照的定性方法。

气相色谱在定量分析方面是一种非常有效的手段。常用的定量方法有峰面积百分比法、内部归一化法、内标法和外标法等。其中内部归一化法定量准确,但它不仅要求样品中所有组分都出峰,而且要求具备所有组分的标准品,以便测定校正因子。本实验采用的内部归一化法进行定量,计算公式如下:

$$A_i / \% = \frac{A_i f_i}{\sum A_i f_i} \times 100\%$$

式中:A_i 为组分 i 的峰面积;f_i 为组分 i 的相对校正因子,它可由计算相对响应值 S' 的方法求得

$$f_i = \frac{1}{S'} = \frac{S_s}{S_i} = \frac{A_s x}{y A_i}$$

式中:S_s、S_i 分别为标准物(常为苯)和被测物的响应因子;A_s、y 和 A_i、x 分别为标准物和被测物的色谱峰面积及进样量。有些工具书或参考书记录了文献发表的一些 f 或 S' 值。

仪器、试剂和材料

GC-9790 型气相色谱仪;氢火焰检测器;色谱柱(30 m×0.32 mm×0.25μm);毛细管柱(SGE OV-17)。

环己烷(分析纯);苯(分析纯);甲苯(分析纯);标准样品(环己烷,苯和甲苯的混合物,体积比 1∶1∶1);未知样品。

实验内容

1) 打开三气发生器的空气开关,待空气压力达到 0.4 Mpa 后,再打开氢气、氮气开关。待三者表压稳定后,打开氮气阀门及气体净化器开关,使色谱柱内的氮气压力稳定到 0.10 Mpa。

2) 启动色谱仪,设置实验条件如下:柱温度 70 ℃、气化室温度 150 ℃、检测器温度 130 ℃。氮气为载气,流速自定,衰减自选。

3) t_0 的测定。待仪器稳定后,注入 1 μL 甲烷,记录其保留时间,即死时间 t_0。

4) t_R 的测定。分别吸取 0.2 μL 的环己烷、甲苯和苯的标准样品进样,记录各自完整的色谱图。

5) f_i 的测定。分别移取 0.5 mL 环己烷、甲苯和苯于具塞试管中混合均匀得到标准混合液。吸取 0.5 μL 的标准混合液进样,记录完整的色谱图。重复做 3 次。

吸取 0.5 μL 的未知样品进样,记录完整的色谱图。重复做 3 次。

6) 记录下各实验条件和进样量。

7) 求出三种标准物质的 t_R 值,并计算相邻两峰的相对保留值 α,以便对未知样品中各物质进行定性分析。

8) 以苯为基准物,计算各物质的 f_i。

9) 计算未知样品中各组分含量。

① 注意事项

1. 点燃氢火焰时,可先将氢气流量开大,以保证顺利点燃。确认氢火焰已点燃后,再将氢气流量缓慢地降至规定值。氢气流量不能降得过快,否则会熄火。

2. 为保证实验结果的准确性,本实验每次操作都应重复进样 3 次,取平均值计算。

3. 由于混合样品中各组分的沸点不同,所以挥发度亦不同。为此,在实验过程中一定要避免样品的挥发。不要将样品放在温度高的地方,少开瓶盖,进样快速。

💡 思考题

1. 从实验结果看,用 t_R、α 值定性时,哪种方法误差最小？为什么？

2. 为什么归一化法对进样量要求不太严格？

3. 影响色谱分离效果的因素有哪些？

扫描二维码
气相色谱仪的
使用

● 实验 3-17　气相色谱法测定白酒中己酸乙酯的含量

实验目的

1. 学习复杂样品气相色谱定性分析方法。

2. 学习标准加入定量分析方法。

3. 学习内标定量分析方法。

实验原理

白酒中微量芳香成分十分复杂,包括醇、醛、酮、酯、酸等多类物质,共百余种。其中己酸乙酯(沸点 164℃)具有曲香型和菠萝香型的香气,常用于曲酒调香。白酒的成分复杂,对己酸乙酯的测定需要考虑到基体效应的影响,可以采用标准加入法消除干扰。为保证实验条件的波动带来的影响,进一步选用与己酸乙酯性质接近的乙酸正戊酯(沸点 149℃)作为内标物进行分析。本实验同时采用标准加入法和内标法测定白酒中的己酸乙酯含量。

仪器和试剂

气相色谱仪;氢火焰离子化检测器;色谱柱(30 m×0.25 mm×0.25 μm);微量注射器;容量瓶(10 mL)。

乙醇;己酸乙酯;乙酸正戊酯。

实验步骤

1. 溶液配制

移取己酸乙酯、乙酸正戊酯各 0.10 mL 至 10 mL 容量瓶,用 60%乙醇溶液稀释至 10 mL,得到 1.0 %己酸乙酯、乙酸正戊酯贮备液。

取 1 个 10 mL 容量瓶,加入己酸乙酯贮备液和乙酸正戊酯贮备液各 0.40 mL,用 60%乙醇水溶液稀释至 10 mL,得到混合标准溶液。

取 5 个 10 mL 容量瓶,分别加入 5.00 mL 酒样,再分别加入 0.00 mL、0.10 mL、0.20 mL、0.40 mL、0.80 mL 己酸乙酯贮备液,最后分别加入 0.40 mL 乙酸正戊酯贮备液,用 60%乙醇水溶液稀释至 10 mL,得到系列样品溶液。

2. 色谱分析

色谱参考条件:气化室温度 250 ℃、检测器温度 250 ℃、色谱柱 100℃、进样量 1.0 μL。

待色谱仪器稳定后,先测定混合标准溶液的气相色谱图,记录所得色谱图中己酸乙酯、乙酸正戊酯的保留时间和峰面积,平行测定 3 次,根据保留时间判断后续测定样品中的色谱峰归属。然后依次将系列样品溶液注入色谱仪进行分析,记录所得色谱图中己酸乙酯、乙酸正戊酯的保留时间和峰面积,每个样品平行测定 3 次。

3. 数据处理

计算样品中的己酸乙酯、乙酸正戊酯的色谱峰面积比,以峰面积比对加入的己酸乙酯浓度作图得到标准加入法的标准曲线,将直线外推至与横坐标交点,此处对应的浓度即为样品中己酸乙酯的浓度。再根据稀释关系计算酒样中己酸乙酯的浓度。

(!) 注意事项

样品中的测到己酸乙酯、乙酸正戊酯的保留时间与混合标准溶液测定的保留时间可能不一致,注意分辨。其中己酸乙酯的色谱峰可以通过加标准样品中的峰高增加来确认,乙酸正戊酯可根据二者的相对保留值确认。

💡 思考题

1. 复杂样品气相色谱分析时基体效应会影响色谱峰的保留时间,如何确认组分色谱峰?

2. 标准加入的定量分析方法与常规的标准曲线的方法相比有何优点?

6. 液相色谱法

• 实验 3-18   高效液相色谱法测定几种饮料中的咖啡因的含量

实验目的

1. 学习高效液相色谱仪的操作。

2. 学习液相色谱样品前处理的方法。

3. 掌握高效液相色谱法进行定性及定量分析的基本方法。

实验原理

咖啡因又称咖啡碱,是由茶叶或咖啡中提取而得的一种生物碱,属于黄嘌呤衍生物,化学名称为 1,3,7-三甲基黄嘌呤。咖啡因能兴奋大脑皮层,使人精神兴奋。咖啡中含咖啡因约为 1.2% ~ 1.8%,茶叶中约含 2.0% ~ 4.7%。可乐饮料、阿司匹林药片等中均含有咖啡因。其分子式为 $C_8H_{10}O_2N_4$,结构式为

定量测定咖啡因的传统分析方法是采用萃取分光光度法。用反相高效液相色谱法将饮料中的咖啡因与其他组分(如单宁酸、咖啡酸、蔗糖等)分离后,将已配制的浓度不同的咖啡因标准溶液进入色谱系统。如流动相流速和泵的压力在整个实验过程中是恒定的,测定它们在色谱图上的保留时间 t_R 和峰面积 A 后,可直接用 t_R 定性,用峰面积 A 作为定量测定的参数,采用工作曲线法(即外标法)测定饮料中的咖啡因含量。

仪器、试剂和材料

高效液相色谱仪;色谱柱(Kromasil C18,5μ 150×4. 6 mm);平头微量注射器。

咖啡因标准贮备液(1000 μg · mL^{-1}):将咖啡因在 110℃ 下烘干 1h。准确称取 0.100 0 g 咖啡因,用二次蒸馏水溶解,定量转移至 100 mL 容量瓶中,并稀释至刻度;流动相:30%甲醇(色谱纯)+70%高纯水,流动相进入色谱系统前,用超声波发生器脱气 10 min;待测饮料试液:可乐,茶叶,速溶咖啡。

实验内容

1)用标准贮备液配制质量浓度分别为 20 μg · mL^{-1}、40 μg · mL^{-1}、60 μg · mL^{-1}、80 μg · mL^{-1} 的标准系列溶液。

2)样品处理:将约 25 mL 可口可乐置于一 100 mL 洁净、干燥的烧杯中,剧烈搅拌 30 min 或用超声波脱气 5 min,以赶尽可乐中二氧化碳;准确称取 0.04 g 速溶咖啡,用 90℃蒸馏水溶解,冷却后待用;准确称取 0.04 g 茶叶,用 20 mL 蒸馏水煮沸 10 min,冷却后,将上层清液转入容量瓶,再加水煮沸,冷却后将溶液和茶叶全部转移至 50 mL 容量瓶中。将上述 3 种样品分别转移至 50 mL 容量瓶中,定容至刻度。

3)将上述 3 份样品溶液分别进行干过滤(即用干漏斗、干滤纸过滤),弃去前过滤液,取后面的过滤液,备用。分别取 5 mL 可乐、咖啡饮料和茶叶水用 0.22 μm 的过滤膜过滤后,注入 2 mL 样品瓶中备用。

4)色谱仪器条件。泵的流速 1.0 mL · min^{-1};检测波长 275 nm;进样量 10 μL;柱温室温。

5）待仪器基线稳定后,按浓度由低到高进咖啡因标准样品测定,再依次分析 3 个未知样。

6）测定每一个标准样品中咖啡因的保留时间及色谱峰面积。

7）根据保留时间判断未知样品中咖啡因的色谱峰并记录其色谱峰面积。

8）求取样品中咖啡因的浓度。

⚠ **注意事项**

1. 不同品牌的可乐、茶叶、咖啡中咖啡因含量不大相同,称取的样品量可酌量增减。

2. 茶叶样品加热时要时刻注意,谨防烧干。

3. 流动相废液中包含大量甲醇,需回收至瓶中,并注意回收瓶中的溶液是否装满,以免溢出。

4. 若样品和标准溶液需保存,应置于冰箱中。

5. 为获得良好结果,标准样品和未知样品的进样量要严格保持一致。

💡 **思考题**

1. 为什么高效液相色谱用标准曲线法即可获得较好分析结果,而气相色谱不行?

2. 根据结构式,咖啡因能用离子交换色谱法分析吗?

3. 若标准曲线用咖啡因浓度对峰高作图,能给出准确结果吗?

4. 在样品干过滤时为什么要弃去前过滤液? 弃去部分样品是否会影响实验结果?

扫描二维码
高效液相色谱
仪的使用

● **实验 3-19　高效液相色谱法测定双黄连口服液中黄芩苷的含量**

实验目的

1. 熟悉高效液相色谱仪的使用。

2. 熟悉用外标一点法的定量分析方法。

实验原理

外标法可分为外标一点法、外标二点法和标准曲线法。当标准曲线截距为零时,可用外标一点法进行定量。利用高效液相色谱法分离双黄连口服液中的黄芩苷,在最大吸收波长 274 nm 处进行检测。在药物分析中,为了减小实验条件波动对分析结果的影响,采用外标一点法定量时,每次测定都同时测定对照品与供试品溶液,同时,二者浓度应当尽可能接近。

仪器、试剂和材料

高效液相色谱仪;超声波提取器;分析天平;微量注射器;ODS-C$_{18}$反相色谱柱;容量瓶(50 mL,250 mL)。

黄芩苷对照品;双黄连口服液;甲醇(色谱纯);冰醋酸(分析纯)。

实验内容

1. 色谱条件

用十八烷基硅烷键合硅胶为填充剂;甲醇-冰醋酸溶液(60∶40)为流动相;检测波长为 274 nm。理论塔板数按黄芩苷峰计应不低于 1500。

2. 对照品溶液的制备

精确称取黄芩苷对照品适量,加 50% 甲醇制成 0.05 mg·mL^{-1}的溶液,用 0.22 μm 滤膜过滤,即得。

3. 样品测定

吸取 1 mL 样品溶液于 50 mL 容量瓶中,用 50% 甲醇溶液定容,用 0.22 μm 滤膜过滤。再分别精确吸取对照品溶液与样品溶液 5 μL,注入液相色谱仪定量分析。样品每 1 mL 含黄芩苷计不得少于 8 mg。

4. 数据处理

根据样品溶液与对照品溶液的色谱图中黄芩苷的色谱峰面积,计算双黄连口服液中黄芩苷的含量。

⚠ **注意事项**

1. 进样量要准确,不得有气泡。

2. 标准浓度与样品含量接近。

💡 **思考题**

外标一点法有何优点?什么条件下使用较合适?

● **实验 3-20　高效液相色谱法测定食品中的苯甲酸和山梨酸的含量**

实验目的

1. 学习高效液相色谱仪的操作。

2. 掌握高效液相色谱法进行定性及定量分析的基本方法。

实验原理

苯甲酸和山梨酸都是食品中常见的防腐剂。山梨酸是一种不饱和脂肪酸,又名 2,4-己二烯酸或 2-丙烯基丙烯酸。与其他天然的脂肪酸一样,山梨酸在人体内参与新陈代谢过程,并被人体消化和吸收,产生二氧化碳和水。从安全性方面来讲,山梨酸是一种国际公认安全的防腐剂,安全性很高。但是如果食品中添加的山梨酸超标严重,消费者长期服用时,在一定程度上会抑制骨骼生长,危害肾、肝的健康。

苯甲酸和山梨酸在 230 nm 都有紫外吸收,同时食品样品的共存组分会干扰测定。本实验采用高效液相色谱法将食品中苯甲酸和山梨酸分离,采用紫外检测器即可分别测定它们的含量。

仪器、试剂和材料

高效液相色谱仪;色谱柱(Kromasil C18,5 μ 150×4.6 mm);平头微量注射器。

山梨酸和苯甲酸标准贮备液(1000 mg·L^{-1});准确称取 0.100 0 g 山梨酸、苯甲酸,用 20 g·L^{-1}碳酸氢钠溶液 5 mL 溶解,定量转移至 100 mL 容量瓶中,并稀释至刻度;流动相:20%甲醇+80%乙酸铵溶液(0.02 mol L^{-1});流动相进入色谱系统前,用超声波发生器脱气 10 min;待测样品:功能性饮料。

实验内容

1)用标准贮备液配制质量浓度分别为 2.00 μg·mL^{-1}、10.0 μg·mL^{-1}、20.0 μg·mL^{-1}、50.0 μg·mL^{-1}、100 μg·mL^{-1}的山梨酸和苯甲酸系列混合标准溶液。

2)样品处理:取 50 mL 饮料样品置于一 100 mL 洁净、干燥的烧杯中,微温搅拌 30 min 或用超声波脱气 5 min,以赶尽饮料中的二氧化碳。配制酒类:移取 25.0 mL 样品,放入烧杯中,水浴加热除去乙醇。将上述两种溶液分别用氨水调 pH 约为 7,加水定容至 50 mL。

3)将上述 2 份样品溶液分别进行干过滤(即用干漏斗、干滤纸过滤),弃去前过滤液,取后面的过滤液。然后分别用 0.22 μm 的过滤膜过滤,注入 2 mL 样品瓶中备用。

4)开启色谱仪器,色谱仪器条件:泵的流速:1.0 mL·min^{-1};检测波长:230 nm;进样量:10μL;柱温:室温。

5)待仪器基线稳定后,按浓度由低到高进系列标准样测定色谱图。然后相同色谱条件下分别测试样品溶液色谱图。

6)记录每一个标准样品中两个组分的保留时间及色谱峰面积。分别绘制两个组分的定量标准曲线。

7)计算样品中苯甲酸和山梨酸的浓度。

● 实验 3-21　离子色谱法测定水中 F^-、Cl^-、NO_3^-、NO_2^-、SO_4^{2-} 的含量

实验目的

1. 学习离子色谱法的分离、检测原理,了解离子色谱仪的使用方法。

2. 通过测定水样中的几种常见阴离子,了解离子色谱进行定性、定量分析的方法。

实验原理

离子色谱法是以与组分离子发生离子交换的材料作为固定相,利用离子交换原理和液相色谱技术,对离子型化合物进行分离的色谱方法,是液相色谱法的一个重要的分支。由于样品中不同离子对固定相的亲和力不同,在离子交换过程,流动相中组分离子与固定相上可交换离子进行竞争吸附,阳离子交换平衡可表示为

$$R—M(s)+X^+(m)===R—X(s)+M^+(m)$$

$$K_c = \frac{[R-X]_s[M^+]_m}{[R-X]_s[X^+]_m}$$

阴离子交换平衡可表示为

$$R—A(s)+Y^-(m)===R—Y(s)+A^-(m)$$

$$K_a = \frac{[R-Y]_s[A^-]_m}{[R-A]_s[Y^-]_m}$$

式中:s 和 m 分别表示固定相和流动相;K_c 和 K_a 分别为阳离子和阴离子交换反应的平衡常数;X^+ 和 Y^- 表示组分离子;M^+ 和 A^- 表示固定相(树脂)上可交换离子。平衡常数 K_c 和 K_a 值越大,组分离子与树脂的作用越强,在色谱柱中的停留时间越长,保留值越大。

离子色谱仪最基本组件与高效液相色谱相同,由流动相容器、高压输液泵、进样器、色谱柱、检测器和数据处理系统构成。此外,可根据需要配置流动相在线脱气装置、自动进样系统、流动相抑制系统、柱后反应系统和全自动控制系统等。

离子色谱仪的工作过程是:输液泵将流动相以稳定的流速(或压力)输送至分析体系,在色谱柱之前通过进样器将样品导入,流动相将样品带入色谱柱,在色谱柱中各组分被分离,并依次随流动相流至检测器,抑制型离子色谱则在电导检测器之前增加一个抑制系统,即用另一个高压输液泵将再生液输送到抑制柱,在抑制柱中,流动相的背景电导被降低,然后将流出物导入电导检测池,检测到的信号送至数据系统记录、处理或保存。非抑制(直接电导)型离子色谱仪不用抑制柱和输送再生液的高压泵,仪器的结构则相对简单得多。

采用季铵型强碱性离子交换树脂作为固定相。在柱内,待测阴离子在 HCO_3^- 洗脱液(阴离子交换一般采用 $NaHCO_3-Na_2CO_3$ 为洗脱液)的携带下,在阴离子交换树脂表面上发生下列交换反应:

$$X^- + HCO_3^-N^+R—树脂===X^-N^+R—树脂 + HCO_3^-$$

其交换平衡常数为

$$K = \frac{[X^-N^+R—树脂][HCO_3^-]}{[HCO_3^-N^+R—树脂][X^-]}$$

式中:X^- 为待测的溶质阴离子,它与树脂的作用力大小取决于自身的半径大小,电荷的多少及形变能力。因此,不同的离子被洗脱的难易程度不同,一般阴离子洗脱的顺序为 F^-、Cl^-、NO_2^-、NO_3^-、SO_4^{2-}。

仪器、试剂和材料

ICS-2000 离子色谱仪;AS9-SC 分析柱;AG9-SC 保护柱;容量瓶(100 mL,500 mL);移液管(1 mL);滤膜(水相,0.22 μm)。

NaF(分析纯);NaCl(分析纯);NaNO₃(分析纯);Na₂CO₃(分析纯);K₂SO₄(分析纯);NaNO₂(分析纯);NaHCO₃(分析纯);自来水样。

流动相配制:分别精密称取 0.339 2 g Na_2CO_3 和 0.084 0 g $NaHCO_3$ 于 1 L 容量瓶中,加入适量的超纯水溶解,继续加入超纯水稀释至刻度,用 0.22 μm 水系滤膜过滤,得到 3.2 mmol·L^{-1} 的 Na_2CO_3 和 1.0 mmol·L^{-1} $NaHCO_3$ 的流动相混合液。流动相进入色谱系统前,抽滤、超声脱气。

实验内容

1) 根据仪器说明书开机,并正常运行测试系统。基本测定条件为:进样量 50 μL;洗脱液流速 2 mL·min^{-1};电导灵敏选择 10~30 μS·$^{-1}$。

2) 1000 μg·mL^{-1} 标准溶液的配制。分别准确称取 0.221 0 g NaF、0.164 8 g NaCl、0.137 1 g NaNO₃、0.181 4 g K₂SO₄、0.149 9 g NaNO₂,用超纯水分别于 100 mL 容量瓶中配成浓度为 1000 μg·mL^{-1} 的标准溶液。

3) 混合标准溶液的配制。分别移取 1 000 μg·mL^{-1} F^- 标准溶液 2.50 mL、Cl^- 标准溶液 5.00 mL、NO_3^- 标准溶液 20.0 mL、SO_4^{2-} 标准溶液 25.0 mL、NO_2^- 标准溶液 10.0 mL 于 500 mL 容量瓶中,用超纯水稀释至刻度,即得到含 F^- 5.00 μg·mL^{-1}、Cl^- 10.0 μg·mL^{-1}、NO_3^- 40.0 μg·mL^{-1}、SO_4^{2-} 50.0 μg·mL^{-1}、NO_2^- 20.0 μg·mL^{-1} 的混合标准溶液。

4) 对混合标准溶液进行不同程度的稀释(自行确定稀释级数),测定混合标准溶液中 F^-、Cl^-、NO_2^-、NO_3^-、SO_4^{2-} 的峰面积。

5) 针对自来水样,测定 F^-、Cl^-、NO_2^-、NO_3^-、SO_4^{2-} 的峰面积,平行测定 3 次。

6) 将实验的原始数据记录于表,并分别绘制各相关阴离子的工作曲线;再从各自的工作曲线中求出自来水样中各种待测阴离子的浓度。

⚠ 注意事项

1. 色谱柱用淋洗液保存,不能用水冲洗。

2. 样品需经过 0.22 μm 滤膜过滤后再进样。

3. 色谱柱、抑制柱长时间不用需卸下,两端密封保存。

💡 思考题

1. 离子色谱仪的工作原理是什么?

2. 离子色谱仪如何抑制 $NaHCO_3$-Na_2CO_3 洗脱液的电导。

二、综合实验

● 实验 3-22　原子光谱法测定豆奶粉中铁、铜、钙、锌的含量

实验目的

1. 学习元素测定的样品前处理方法。

2. 学习通过文献资料查阅建立元素测定分析方法。

3. 学习采用加标回收法检验分析方法准确度。

实验原理

在给出的一种分析方法的基础上,通过查找资料,另建立两种以上测定豆奶粉中铁、铜、钙、锌 4 种元素含量的分析方法。包括样品前处理方法、定量分析方法。对几种分析方法得到的结果进行比较。

1. 样品前处理

样品经干法灰化,分解有机质后,加酸使灰分中的无机离子全部溶解,配置成无色溶液。

2. 测量方法

火焰原子吸收分光光度法:将待测溶液直接吸入空气-乙炔火焰中原子化,并在光路中分别测定钙、铁、锌和铜原子对特定波长谱线的吸收。测定钙时,需用镧作释放剂,以消除磷酸干扰。

3. 定量方法

标准曲线法,在线性范围内符合朗伯-比尔定律,浓度与吸光度成正比,可以通过标准曲线法得出待测样的金属离子含量。同时通过加标法,测量加标回收率。

仪器、试剂和材料

原子吸收光谱仪;钙、铁、锌、铜空心阴极灯;分析用钢瓶乙炔气和空气压缩机;瓷坩埚;马弗炉;电子天平(0.01 g);比色管;移液枪(200μL、1mL)。

Fe^{3+} 标准贮备液(100.0 μg·mL^{-1});Cu^{2+} 标准贮备液(100.0 μg·mL^{-1});Ca^{2+} 标准贮备液(100.0 μg·mL^{-1});Zn^{2+} 标准贮备液(100.0 μg·mL^{-1});市售豆奶粉;盐酸(1∶1)。

实验内容

1. 样品处理——干法灰化

分别准确称取 2 份 5 g(准确记录至 0.01 g)烘干的豆奶粉样品于瓷蒸发皿中,在电热板上缓缓加热进行预灰化,待样品大部分炭化后移入马弗炉,缓缓分几次升温到 500℃灰化 3 h。灰化结束,待冷却后,用少量蒸馏水润湿灰分,盖上坩埚盖,加入 2.5 mL 1:1 HCl 溶液溶解灰分,转移至 50 mL 容量瓶中,用蒸馏水定容至刻度,摇匀,为待测样品溶液 1 和 2。

2. 标准曲线的制作

按表 3-22-1 给出的浓度分别准确吸取各元素的标准贮备液于 10mL 比色管中,配制铁、锌、钙、铜使用液。配制钙使用液时,在准确吸取标准贮备液的同时吸取 0.2 mL 镧溶液于各比色管,用蒸馏水定容。此为各元素不同浓度的标准使用液,其质量浓度见表 3-22-1。

表 3-22-1　各元素标准系列使用液浓度

序号	Fe/(μg·mL^{-1})	Ca/(μg·mL^{-1})	Zn/(μg·mL^{-1})	Cu/(μg·mL^{-1})
1	0.1	0.1	0.1	0.1
2	0.5	0.5	0.2	0.5
3	1.0	1.0	0.5	1.0
4	2.5	5.0	0.8	5.0
5	5.0	10.0	1.0	10.0

3. 标准曲线的绘制

选用灵敏吸收线 Ca:422.7 nm,Fe:248.3 nm,Cu:324.8 nm,Zn:213.9 nm,将仪器调整好预热后,分别测定各元素标准工作液的吸光度。以标准系列使用液浓度为横坐标,对应的吸光度为纵坐标绘制标准曲线。

4. 样品待测液的测定

测定 Fe、Cu 时待测液不做处理,测 Zn 时将待测液稀释 3 倍(取 2 mL 原待测液稀释到 6 mL),测 Ca 时将待测液稀释 100 倍(取 0.10 mL 待测液加 0.2 mL 镧溶液于 10 mL比色管中定容),将处理好的待测溶液进行测定。

加标的待测样配制:测 Fe^{3+}:待测液稀释 1 倍,加标 1.0 μg·mL^{-1};测 Cu^{2+}:待测液稀释 1 倍,加标 1.0 μg·mL^{-1};测 Zn^{2+}:待测液稀释 10 倍,加标 0.50 μg·mL^{-1};测 Ca^{2+}:待测液稀释 200 倍,加标 1.0 μg·mL^{-1}。将处理好的待测溶液进行测定。

5. 数据处理

1)根据标准曲线计算豆奶粉中各金属元素的含量。

2)计算加标回收率。

- **实验 3-23　气相色谱条件对色谱分离的影响及花露水中溶剂的定性与定量分析**

实验目的

1. 深入学习气相色谱条件对色谱分离的影响。

2. 掌握内标法与标准加入法同时进行定量分析的方法。

实验原理

气相色谱分离过程中,色谱条件对分离具有很大的影响。根据基本色谱分离方程式及范氏理论,可指导选择色谱分离的操作条件。色谱条件的选择包括柱长、柱温、载气流速、分流比等,本实验主要探究柱温、载气流速及分流比的影响。一般用分离度 R 来判断分离效果,R 大于 1.5 时可以完全分离。

气相色谱在定量分析方面是一种强有力的手段。常用的定量方法有峰面积百分比法、内部归一法、内标法、外标法和标准加入法等。本实验将采用内标法与标准加入法同时进行定量分析。

仪器、试剂和材料

气相色谱仪(色谱柱 KR-9,载气为氮气);空气泵;三气发生器;微量注射器;容量瓶(10 mL);移液枪。

甲醇;无水乙醇;正丙醇;市售花露水。

实验内容

1. 溶液配制

1) 混合标准溶液(用于条件实验)的配制:精确移取甲醇、无水乙醇、正丙醇各 0.4 mL 于 10 mL 容量瓶中,加水稀释至刻度,摇匀、备用。

2) 系列标准溶液的配置:精确移取 6 份花露水样品 0.50 mL 分别加入 6 只 10 mL 容量瓶中,再分别精确加入无水乙醇 0.00 mL,0.20 mL,0.40 mL,0.60 mL,0.80 mL,1.00 mL,最后分别精确加入内标物正丙醇 0.20 mL,加水稀释至刻度,摇匀、备用。

2. 色谱测试

1) 气相色谱条件对色谱分离的影响:打开色谱仪器,设定不同的色谱条件,色谱柱温度设定范围:40℃、50℃、60℃、70℃、80℃;载气压力:0.4 MPa、0.5 MPa、0.6 MPa、0.7 MPa、0.8 MPa;进样量范围:0.1 μL、0.2 μL、0.5 μL、1.0 μL;分流比设定范围:10∶1、20∶1、50∶1、100∶1。用微量注射器注入混合标准溶液进行分析,记录各组分的保留时间、色谱峰宽、峰面积。选择合适的色谱条件进行后续分析。

2）样品溶剂鉴定:将 4 个市售花露水样品分别用微量注射器注入 0.4 μL 进入色谱仪器进行分析,根据保留时间判断花露水的溶剂。假冒的花露水溶剂为甲醇。

3）样品中乙醇含量的测定:按照上述色谱条件,分别测定系列标准溶液的气相色谱图。记录各组分保留时间和峰面积,每个样品平行测定 3 次。

3. 数据处理

1）根据混合标准溶液测定得到的保留时间、色谱峰宽计算分离度,以分离度分别色谱柱温度、载气作图。

2）根据标准系列溶液和样品的乙醇及内标物的峰面积,计算乙醇和内标物的峰面积比 A_i/A_s。以 A_i/A_s 对加入乙醇溶液浓度作图,将拟合的曲线外推至于横坐标相交,得到未知样中乙醇的含量,并根据稀释情况换算出花露水中乙醇的含量。

💡 思考题

1. 什么是内标物,内标物的要求是什么?

2. 内标标准曲线法有什么特色? 为何不需要测定校正因子?

● 实验 3-24 高效液相色谱法测定饮料中柠檬黄和亮蓝的含量

实验目的

1. 熟悉高效液相色谱仪,掌握梯度洗脱的基本原理与操作方法。

2. 学习高效液相色谱法流动相的选择方法。

实验原理

高效液相色谱法(HPLC)以液体为流动相,采用高压输液系统,将具有不同极性的单一溶剂或不同比例的混合溶剂、缓冲溶液等流动相泵入装有固定相的色谱柱,在柱内各成分被分离后,进入检测器进行检测,从而实现对样品的分析。该方法适用于 75%~80% 有机物的分离分析,已成为化学、医学、工业、农学、商检和法检等学科领域中重要的检测技术。

柠檬黄($C_{16}H_9N_4O_9S_2Na_3$)分子极性大,为水溶性合成色素,最大吸收波长在 430 nm 左右。亮蓝($C_{37}H_{34}N_2O_9S_3Na_2$)分子极性较大,属水溶性非偶氮类合成色素,最大吸收波长在 630 nm 左右。利用反相高效液相色谱法可对两者进行分离、分析,根据保留时间定性,根据峰面积比较定量。柠檬黄和亮蓝分子的极性相差较大,采用梯度洗脱技术可以大大缩短测定时间,提高分离效率。

仪器、试剂和材料

高效液相色谱仪(自动进样器,二极管阵列检测器,C18 色谱柱);紫外-可见分光光度计;超声波清洗机。

柠檬黄;亮蓝;甲醇;乙酸铵溶液(5 mmol·L^{-1});饮料样品;超纯水。

实验内容

1. 贮备液的配制与样品前处理

称取柠檬黄与亮蓝标准品,分别配置成 20 mg·L^{-1}贮备液,备用。取适量样品于 50 mL 烧杯中,过滤去除沉淀,超声去除气体。

2. 检测波长的测定

取少量柠檬黄和亮蓝贮备液,稀释至一定浓度,在 200~750 nm 波长范围内扫描其紫外-可见光谱,确定两种色素的最大吸收波长。

3. 色谱条件的确定

按照测试结果设置 DAD 检测器的检测波长,其他色谱条件如下。柱温:30℃;流动相:甲醇-乙酸铵溶液;进样量:10 μL;流速:1.000 mL·min^{-1}。

首先检测 20 mg·L^{-1}柠檬黄标准溶液,初步设定甲醇比例为 15%保持不变,记录其出峰时间,并根据峰型调整流动相比例。然后对柠檬黄和亮蓝混合标准溶液进行分离分析,根据柠檬黄与亮蓝的峰型、分离效果设置并调整梯度洗脱程序。参考洗脱方案如表 3-24-1 所示。

表 3-24-1 推荐的梯度洗脱方案

时间/min	流速/(mL·min^{-1})	A(甲醇)/%	B(乙酸铵)/%
0.0		运行	
0.0	1.0	15.0	85.0
4.0	1.0	15.0	85.0
8.0	1.0	90.0	10.0
12.0	1.0	90.0	10.0
13.0	1.0	15.0	85.0
15.0		停止运行	

4. 实际样品的测定

用选定的梯度洗脱方案测定饮料样品,与标准溶液对应峰面积对比,估算样品中柠檬黄与亮蓝浓度。根据估算浓度,配置适宜梯度浓度的标准混合溶液。按照梯度洗脱程序测定 1~5 号标准混合样,分别记录柠檬黄与亮蓝的浓度及对应波长下的峰面积。

5. 数据处理

以峰面积为纵坐标,浓度为横坐标,分别绘制柠檬黄和亮蓝的标准曲线。根据样品中柠檬黄及亮蓝对应的峰面积计算浓度,并与国家标准的要求进行对比。

思考题

1. 什么是梯度洗脱？目的是什么？在什么情况下应选择采用梯度洗脱？

2. 在用反相液相色谱法分离柠檬黄和亮蓝两种染料时,为什么需采用一定浓度乙酸铵的水溶液替代纯水作为流动相？

● 实验 3-25　气相色谱-质谱联用测定二嗪磷与毒死蜱

实验目的

1. 掌握气相色谱-质谱联用仪的结构及使用方法。

2. 学习采用选择离子扫描模式进行定量分析的方法。

实验原理

色谱-质谱联用技术将色谱的分离与质谱的鉴定技术相结合,解决了有机化合物分离后的准确鉴定问题,该联用技术已成为当今分析复杂样品最有力工具之一。

采用质谱中的全扫描模式,可对被测化合物的分子离子和碎片离子的质量进行全扫描,得到该化合物的完整的质谱图。全扫描模式下得到的质谱图一般用于定性分析;也可做成数据库,用于日后的谱库检索。参考欧盟关于质谱定性的要求,当对于一个待测物进行定性时,使用待测样品定性离子的丰度比与标准品的离子丰度进行比较。选择离子扫描模式是检测痕量离子的常用模式,可获得特定质荷比离子的强度信息,灵敏度较全扫描模式更高,多用来定量分析。本实验采用气相色谱-质谱联用仪以两种不同的扫描模式对有机磷农药进行定性与定量检测,方法简单。

仪器、试剂和材料

气相色谱-质谱联用仪;自动进样器;微量移液器。

丙酮(分析纯);二嗪磷和毒死蜱标准贮备液(纯度均≥99%,100 $\mu g \cdot mL^{-1}$)

实验内容

1. 农药系列标准溶液配制

临使用前,用微量移液器准确量取二嗪磷和毒死蜱的标准贮备液各 20 μL、40 μL、60 μL、80 μL、100 μL,分别加入 10 mL 容量瓶中,用丙酮稀释至刻度,配成 0.2 $\mu g \cdot mL^{-1}$、0.4 $\mu g \cdot mL^{-1}$、0.6 $\mu g \cdot mL^{-1}$、0.8 $\mu g \cdot mL^{-1}$、1.0 $\mu g \cdot mL^{-1}$ 的系列混合标准溶液,于 4℃冰箱保存,备用。

2. 仪器条件

1) 色谱条件。色谱柱:DB-5 弹性石英毛细管柱(30 m × 0.25 mm × 0.25 μm),柱温:程序升温,起始温度 100 ℃,保持 2 min,以 20 ℃ · min^{-1}升至 180 ℃,再以

10 ℃·min^{-1}升至250℃;进样口温度:250 ℃;载气:(氦气纯度均≥99.999%),流速:1 mL·min^{-1},不分流进样。

2)质谱条件。EI离子源:70 eV;扫描测定范围:50~400 u;离子源温度:200℃;接口温度:250℃;溶剂延迟:5 min。

3. 测定

仪器启动与条件设定按所用仪器的操作规程开启质谱仪的真空系统,等待仪器的真空度达到指定要求后,设定气相色谱和质谱条件。待仪器稳定后,开始进样分析。

总离子流色谱图和标准质谱图(全扫描模式)用自动进样器准确吸取1.0 μL二嗪磷和毒死蜱的混合标准溶液(1.0 μg·mL^{-1}),注入气相色谱-质谱联用仪,两组分完全分离,得到总离子流色谱图(TIC)及二嗪磷和毒死蜱的标准质谱图;获得二嗪磷和毒死蜱对应的保留时间,并将标准质谱图分别进行质谱数据库检索,见表3-25-1。

表 3-25-1　二嗪磷和毒死蜱的主要质量碎片离子

组分	定性离子及其丰度比	定量离子
二嗪磷	137:179:152(100:90:66)	137
毒死蜱	97:197:199(100:64:62)	97

4. 数据处理

1)标准曲线在离子扫描模式下,用自动进样器分别准确吸取1.0 μL二嗪磷和毒死蜱的系列混合标准溶液注入气相色谱-质谱联用仪,使两组分完全分离,得到相应系列的二嗪磷和毒死蜱的选择离子流色谱图,分别以定量离子的色谱峰面积对标准溶液的浓度作图,建立相应的标准曲线。

2)模拟样品分析从老师那里领取模拟样,在离子扫描模式下用自动进样器准确吸取1.0 μL待测标准溶液,注入气相色谱-质谱联用仪,在离子扫描模式下得到选择离子流色谱图;将获得的特征碎片离子(定性离子)及其丰度比与标准品比较,进行确证;获得相应离子的定量离子的色谱峰面积,从标准曲线上查得相应组分的含量。

3)谱图解析。观察总离子流色谱图确定待测两组分各自的保留时间;找到二嗪磷和毒死蜱各自的标准质谱图及特征碎片离子。

💡 思考题

1. 进行气相色谱-质谱联用仪定量分析时,为何要选择几个碎片离子进行离子扫描分析?

2. 离子扫描模式和全扫描模式有何区别? 各自在什么情况下使用?

3. 气相色谱-质谱联用法分析农药残留有何优缺点?

● 实验 3-26　表面增强拉曼光谱法与高效液相色谱法分别测定孔雀石绿的含量

实验目的

1. 了解表面增强拉曼光谱法及高效液相色谱法两种测定方法对样品前处理的要求,并学会相关样品的前处理方法。

2. 掌握便携式拉曼光谱仪、高效液相色谱仪的使用方法,熟悉仪器参数设置对测定结果的影响。

3. 掌握表面增强拉曼光谱及反相高效液相色谱进行定性、定量分析的基本方法、误差来源及消除方式。

实验原理

孔雀石绿是一种常见的三苯甲烷类绿色染料,其分子结构如下图所示。

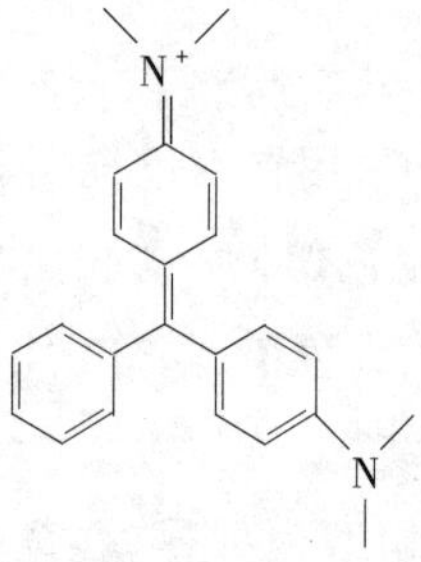

孔雀石绿价廉、杀菌和杀虫性能好,被广泛用于皮革、丝绸、纸张和生物染色等领域;由于其具有生物毒性、长期使用具有致癌性,已被禁止在养殖业中使用。但由于低廉的价格与良好的杀菌效果,孔雀石绿作为一种鱼药屡禁不止,故要求对水产品中的孔雀石绿进行抽检,以保证水产品的安全。

孔雀石绿的相对分子质量较大、化学结构较为对称,故其拉曼活性高,可采用表面增强拉曼技术对其进行快速检测;它在 618 nm 附近有较强的吸收,我国目前的标准方法(仲裁方法)是采用带有紫外-可见光检测器的高效液相色谱先分离,再进行定量测定的。本实验将分别采用表面增强拉曼光谱法及高效液相色谱法对样品中的孔雀石绿进行测定,并对两种方法进行比较。

仪器、试剂和材料

ATR8100 便携式拉曼光谱仪;高效液相色谱仪(自动进样器,二极管阵列检测器,C18 色谱柱);超声振荡器;涡旋振荡仪;纳米银 SERS 增强芯片;载玻片;微量进样针;塑料离心管(5 mL,2 mL);镊子。

孔雀石绿(分析纯);乙酸铵(分析纯);甲醇与乙腈(色谱纯)。

实验步骤

1. 标准样品的配制

配制 1000 mg·L^{-1} 孔雀石绿乙腈溶液 10 mL,逐级稀释成浓度为 0.01~20 mg·L^{-1} 的系列标准孔雀石绿乙腈溶液各 5 mL。

2. 鱼肉样品中孔雀石绿的提取

1)用于高效液相色谱法测定样品的处理。取 5 g 鱼肉进行破碎匀浆,向其中加入 500 μL 9.5 g·L^{-1} 盐酸羟胺,反应 15 min。向其中加入 10 mL 乙腈,随后加入 1.0 g 硫酸镁,快速涡旋 1 min。向混合物中加入 4.0 g 酸性氧化铝,搅拌 30 s,置于摇床上 250 r·min^{-1} 震荡 10 min,3 220 r·min^{-1} 离心 5 min,取上清液用氮吹仪吹干(50℃)。吹干后加入 1 mL 3 mmol·L^{-1} 2,3-二氯-5,6-二氰对苯醌(DDQ)乙腈溶液,反应 10 min,再向其中加入 500 mg 酸性氧化铝,涡旋 30 s,20 000 r·min^{-1} 离心 5 min,取上清液过 0.45 μm 滤膜,待测。

2)用于表面增强拉曼光谱法测定样品的处理。取 5 g 鱼肉进行破碎匀浆,向其中加入 500 μL 9.5 g·L^{-1} 盐酸羟胺,反应 15 min。向其中加入 10 mL 乙腈,随后加入 1.0 g 硫酸镁,快速涡旋 1 min。向混合物中加入 4.0 g 酸性氧化铝,搅拌 30s,置于摇床上 250 r·min^{-1} 震荡 10 min,3 220 r·min^{-1} 离心 5 min。向上清液中加入 1 mL 3.0 mmol·L^{-1} 2,3-二氯-5,6-二氰对苯醌(DDQ)乙腈溶液,反应 10 min,再向其中加入 500 mg 酸性氧化铝,涡旋 30 s,20 000 r·min^{-1} 离心 5 min,取上清液进行测定。

3. SERS 检测孔雀石绿

1)开启便携式拉曼光谱仪和电脑主机电源,打开显微平台照明光源的电源,运行拉曼光谱操作软件和显微视频软件,设定拉曼测定参数:激光能量:50 mW;曝光时间:2 s;积分次数:5 次。

2)用镊子夹取一片 SERS 增强芯片,将其置于干净的载玻片上,用微量进样针吸取不同浓度的孔雀石绿溶液 5 μL,滴加于增强芯片的正中心处,待溶剂完全挥发后,再补加 5 μL 蒸馏水以保证增强芯片表面处于湿润状态。

3)将该载玻片置于显微平台上,转动旋钮调节显微平台的位置,使显微镜视野能清晰地呈现增强芯片的微观图像。采集与保存采集得到的 SERS 光谱图。每种标样或样品重复测定 3 次,取 3 次测定的平均光谱。

4. HPLC 测定孔雀石绿

1)流动相的预处理:配制 50 mmol·L^{-1} 乙酸铵溶液,并将乙腈、甲醇、乙酸铵、超纯水四种流动相置于超声振荡器中脱气 20 min,取出后用 0.22 μm 滤膜过滤,待用。

2)开启高效液相色谱仪,通过 Purge 阀分别排尽各流路中的气泡,并对色谱条件进行如下设定:流速:1.0 mL·min^{-1};检测波长:618 nm;进样量:20 μL;色谱柱温度:30℃;流动相:80% 乙腈 + 20 %(50 mmol·L^{-1} 乙酸铵,pH = 4.5)。

3) 等待色谱仪的基线平稳后,将孔雀石绿系列标准溶液和待测样品分别进入色谱柱中。记录各自的保留时间、峰高和峰面积。

4) 实验结束后冲洗柱子。先用95%高纯水、5%甲醇混合流动相冲洗40 min,再用100%甲醇冲洗30 min。按要求关好仪器。

5. 数据处理

1) SERS 谱图处理:用仪器自带软件处理光谱数据。在软件上先对每组谱图进行自动基线校正,得到每组样品3个SERS谱图的平均和标准偏差谱图。以孔雀石绿SERS谱图中信号较强且干扰较少的特征峰作为定量峰,用峰高作为定量依据,计算待测样品中孔雀石绿的浓度。

2) 高效液相色谱法数据处理:以标准溶液得到的色谱峰面积对浓度作图得到标准曲线,根据待测样品中孔雀石绿的色谱峰面积计算浓度。

💡 思考题

1. 讨论快检方法(表面增强拉曼光谱法)与仲裁方法(高效液相色谱法)对方法本身与测得结果的要求有何差异;分析两种方法的误差来源及相应消除策略。

2. 比较两种检测方法的优缺点,分析两种方法在样品处理、测定及结果处理各自的差异。

3. 总结和分析实验中遇到的问题,提出可能的改进方法。

● 实验 3-27   分光光度法和气相色谱-质谱联用法分别测定食品中甲醛的含量

实验目的

1. 了解我国法律对食品中的非法添加物甲醛的限制要求;

2. 掌握盐酸苯肼衍生分光光度法、2,4-二硝基盐酸苯肼衍生气相色谱-质谱联用法。

实验原理

甲醛作为食品中的一种非法添加残存物,在食品中的残存量较低,但由于其自身对紫外光吸收能力有限,故一般需要对其适当衍生后,才能采用分光光度法进行定量检测。分光光度法检测甲醛主要有乙酰丙酮法、变色酸法、盐酸苯肼法、间苯三酚法、副品红法、三氮杂茂法、溴酸钾-次甲基蓝法、银-Ferrozine法等。色谱法测定甲醛也需要衍生。其中分光光度法操作简便,仪器廉价,但灵敏度、准确度较低,易受干扰造成假阳性结果,样品的基体对检测的结果有较大影响。色谱法的灵敏度和准确度相对较高,能够消除复杂基体对检测带来的影响,但样品前处理烦琐,对仪器和试验操作人员要求较高。

在本实验中,分别采用盐酸苯肼衍生分光光度法、2,4-二硝基盐酸苯肼衍生气相色谱-质谱联用法检测食品中甲醛的含量,并比较这两种方法各自的优劣。甲醛与盐酸苯肼生成氮杂茂,在酸性条件下经氧化生成醌式结构的红色化合物,该化合物在波长为520 nm左右处有最大吸收。用水从食品中提取出甲醛,在盐酸溶液的酸性条件下,用2,4-二硝基盐酸苯肼进行衍生成2,4-二硝基苯腙,再用有机溶液萃取出苯腙,除水后,用气相色谱-质谱联用仪检测。2,4-二硝基苯腙的分子离子 $m/z=210$、碎片离子 $m/z=63$ 和 $m/z=79$ 可作为选择离子用于定性、定量测定。

仪器、试剂和材料

分析天平;紫外分光光度计;气相色谱-质谱联用仪;数显往复式摇床;离心机。

干香菇;干腐竹;干肉皮;干鱿鱼;盐酸(分析纯);盐酸苯肼(化学纯);铁氰化钾(分析纯);甲醛水溶液(分析纯,30%);超纯水;盐酸苯肼溶液(1.0%):准确称取1.0 g盐酸苯肼粉末,溶于蒸馏水中,并定容至100 mL,摇匀,放置3天后过滤使用;铁氰化钾溶液(2.0%):准确称取2.0 g铁氰化钾粉末,溶于蒸馏水中,并定容至100 mL;盐酸溶液(10∶2);甲醛标准贮备液:准确移取2.8 mL甲醛,稀释并定容至1000 mL,再准确移取此溶液10 mL于100 mL容量瓶中,用水稀释至刻度,此时溶液浓度大约为0.10 mg·mL^{-1}。用碘量法标定甲醛溶液的精确浓度,其精确浓度未必为0.10 mg·mL^{-1},所以在绘制标准曲线时,其横坐标浓度可能无法取整数;甲醛标准使用液:准确移取甲醛标准贮备液10 mL于100 mL容量瓶中,用蒸馏水稀释至刻度,此时溶液浓度大约为11.0 μg·mL^{-1};乙酸锌溶液(220 g·L^{-1}):准确称取220.0 g乙酸锌溶于超纯水中,并加入30 mL乙酸,定容至1.0 L;2,4-二硝基苯肼溶液(5.0 g·L^{-1}):准确称取0.50 g 2,4-二硝基苯肼,用1∶4盐酸溶液溶解并定容至100 mL,用等体积石油醚萃取5次,弃去石油醚层,再加入少量石油醚贮存备用。

实验内容

1. 盐酸苯肼分光光度法

1)最佳条件及线性范围的确定。对盐酸苯肼溶液、铁氰化钾溶液和盐酸溶液的用量、反应时间进行优化,并在200~700 nm进行吸收光谱扫描,确定相关试剂的最佳用量、最佳反应时间及最大吸收波长。推荐的最佳操作条件如下。取2.0 mL甲醛标准溶液于10 mL比色管中,加入2.0 mL盐酸苯肼溶液,放置10 min后,加入铁氰化钾溶液1.0 mL,再放置4 min后,加入4.0 mL盐酸溶液,用蒸馏水定容至10 mL,摇匀,在其最大吸收波长520 nm下测定体系的吸光度,并得到工作曲线。

2)样品中甲醛含量的检测。分别准确称取一定质量的粉碎样品,置于4个100 mL具塞三角瓶中,其中干香菇为1.0 g、干腐竹为2.0 g、干肉皮1 g、干鱿鱼为1.0 g;再加入 50 mL 蒸馏水和甲醛标准使用液,其中甲醛的添加水平分别为 0 mg·kg^{-1}、0.55 mg·kg^{-1}、1.10 mg·kg^{-1}、2.20 mg·kg^{-1},室温下振荡提取 30 min,取出后 4000 r·min^{-1}离心 15 min;取 25 mL 上清液,用 1.0 g 活性炭粉末 50 ℃ 水浴 30 min 进行脱色;过滤并用 25 mL 蒸馏水冲洗 3 次,最后定容至 100 mL。按最佳反应条件测定其中甲醛的浓度,做 3 次平行试验,同时做空白试验。基于上一步骤中得到的工作曲线,计算得到样品中的甲醛含量。

2. 气相色谱-质谱联用法测定食品中的甲醛

1）最佳条件及线性范围的确定。在对甲醛提取条件、2,4-二硝基苯肼的衍生条件、衍生物 2,4-二硝基苯腙的萃取条件、色谱与质谱条件等进行优化后,再对甲醛标准溶液进行检测,确定其线性范围。

2）样品的预处理。分别准确称取粉碎后的样品 0.50 g（精确至 0.01 g）,置于 30 mL 离心管中,加入 7.0 mL 超纯水,再加入亚铁氰化钾溶液和乙酸锌溶液各 0.5 mL,拧紧盖子混匀后,于水平摇床上振荡提取 30 min,然后 4000 r·min^{-1}离心 15 min;取上述上清液 4.0 mL 于 15 mL 离心管中,加入 2.0 mL 2,4-二硝基苯肼溶液,混匀后 70℃ 下衍生 30 min,冷却;取上述衍生液 4.0 mL,加入 5 mL 正己烷振荡萃取 10 min,重复 3 次;合并正烷层,过无水硫酸钠柱脱水,过 0.22 μm 滤膜后装入进样小瓶,待测定。

3）色谱与质谱条件的优化。推荐的色谱条件如下:色谱柱:HP-5MS,5%苯甲基聚硅氧烷弹性石英毛细管柱（30 m×0.320 mm×0.25 μm;进样体积:1 μL;载气:氦气;流速:1.0 mL·min^{-1};进样口温度:250 ℃;进样方式:不分流;柱温程序:初始温度 80 ℃（保持 1 min）,以 15 ℃·min^{-1}升温速率升至 250 ℃（保持 8 min）,再以 30 ℃·min^{-1}升温速率升至 280 ℃（保持 8 min）。

推荐的质谱条件如下:接口温度:280 ℃;电离方式:EI;电子能量:70 eV;离子源温度:230 ℃;四极杆温度:150 ℃;溶剂延迟:8 min;扫描范围:40～250 amu;质量扫描方式:选择离子监测;选择离子 m/z:63、79、210。

3. 数据处理

将两种方法的测定结果填入表中,并计算各样品中甲醛的含量、各方法的回收率与精密度。

💡 思考题

1. 分别写出分光光度法及气相色谱-质谱联用法测定甲醛的衍生化反应方程式。
2. 比较这两种方法测定食品中甲醛的优劣。

实验 3-28　碳点的制备及其荧光量子产率的测定

实验目的

1. 学习纳米材料的制备方法。

2. 学习荧光量子产率的测定。

实验原理

碳点作为碳家族的新兴纳米材料,不仅具有独特的光学性质,而且具有易制备、原材料低廉、耐光漂白和生物相容性好等优良的化学性质。

荧光量子产率又称荧光量子效率,即荧光物质吸光到达激发态后发射的荧光量子数与吸收光量子数的比值,是衡量物质发光性质的重要指标。本实验利用参比法测定碳点的荧光量子产率。

参比法的原理:选择一个与待测物质吸收和发射光波长接近、且已知量子产率的物质作为参比标准,分别测定它们在同一激发波长下的荧光发射峰面积及同一波长处的吸光度,将荧光峰面积值和吸光度代入下式,即可计算得到其量子产率。

$$Y_1 = Y_2 \frac{S_1}{S_2} \cdot \frac{A_2}{A_1} \cdot \frac{n_1^2}{n_2^2}$$

式中:下标 1、2 分别表示待测未知物和参比标准物;Y 是荧光量子产率;S 是荧光峰面积;A 是吸光度;n 指溶剂的折射率,因本实验中待测未知物和参比标准物的浓度极低,可忽略溶质的影响,而视为一致,均为 1.33。

本实验选取硫酸奎宁作为标准参比物质,其量子产率 Y_2 为 0.54。

仪器、试剂和材料

消解仪微波炉烘箱;透析袋(3500 KD);荧光分光光度计;紫外-可见分光光度;电子天平。

柠檬酸;乙二胺;聚乙二醇 600;丙三醇;丝氨酸;乙醇胺;H_2O_2 溶液(30%);抗坏血酸;硫酸奎宁;硫酸。

实验内容

1. 碳点的制备

碳点的制备方法有很多中,常用的有热解法、水热法、微波法等。本实验提供 3 种制备方法,也可以是自行设计的其他方法。

1) 微波法(所制备的碳点简记为 CDs1)。称取 0.10 g 聚乙二醇-600 于一洁净烧杯中,加入 15 mL 丙三醇,微波低火处理 20 s,两者互溶后形成透明均一黏稠状液体;

称取 0.50 g 丝氨酸,加入至上述溶液中,超声 5 min,使之分散均匀;再放入微波炉高火反应 1 min,此时溶液变为棕黑色黏稠状液体,取出冷却至室温。转移至经预先处理过的截留相对分子质量为 3500 KD 的透析袋中,透析 48 h,期间不断更换透析袋外的蒸馏水,以便透析除尽未反应完全的前体物与相对分子质量过低的碳低聚物。收集透析袋内的淡黄色透明溶液,并置于 4℃ 冰箱中保存、备用。

2)水热法(所制备的碳点简记为 CDs2)。称取 1.0 g 柠檬酸并加 2 mL 水使之溶解于烧杯中,然后加入一定体积的乙二胺,混合均匀,转移至内胆为聚四氟乙烯的水热反应釜中,置于 165 ℃ 的烘箱中水热反应 2.5 h。冷却至室温后,转移至截留相对分子质量为 3500 KD 的透析袋中,透析 48 h,其他操作同上。收集透析袋内的碳点溶液,并置 4℃ 冰箱中保存、备用。

3)热解法(所制备的碳点简记为 CDs3)。在 200 mL 烧杯中,加入 3.0 mL 乙醇胺、4.5 mL 30% 的 H_2O_2 溶液,将其混合均匀后,置于 180 ℃ 的烘箱中热解反应 30 min。期间,可观察到烧杯中的液体沸腾后,颜色由无色透明变为亮黄色,并逐渐加深,反应结束时变为棕褐色黏稠状液体。取出烧杯,在其中加入 100 mL 蒸馏水稀释碳点溶液,高速离心 30 min 后,上清液即为制备出的氮掺杂碳点溶液。

2. 紫外-可见吸收光谱测试

取碳点溶液,用去离子水稀释至合适浓度,测定其紫外-可见吸收光谱;同时测定硫酸奎宁的紫外-可见吸收光谱,并将两者进行比较。

3. 碳点及硫酸奎宁的荧光光谱测试

取碳点溶液,用去离子水稀释至合适浓度,在荧光光谱仪上设定激发和发射狭缝均为 5 nm,采用不同激发波长(320~460 nm)测定其荧光光谱;同时测定硫酸奎宁在不同激发波长下的荧光光谱,并将两者进行比较。

4. 碳点的荧光量子产率测定

配制适宜浓度的硫酸奎宁溶液,测定其紫外-可见吸收光谱,记录其在 350 nm 处的吸光度(A_2),确保该吸光度值小于 0.05;然后以 350 nm 为其激发波长,获取其在 380~620 nm 的荧光发射光谱,记录其荧光峰的积分峰面积 S_2;同样地,配制一定浓度的碳点溶液,重复以上步骤,记录其吸光度 A_1 和积分荧光峰面积 S_1;计算三种碳点的荧光量子产率。

5. 数据处理

1)绘制不同激发波长下碳点和硫酸奎宁的荧光光谱图,比较它们的荧光性质。

2)根据硫酸奎宁和碳点在激发波长下的吸光度及荧光光谱峰面积,计算碳点的荧光量子产率。

💡 思考题

1. 测量某荧光物质的荧光量子产率时,如何选择荧光参比标准物质? 它的作用是什么?

2. 在采用参比法测定某荧光物质的荧光量子产率时,如何才能获得准确的测定结果? 为什么?

3. 与有机小分子荧光物质相比,碳点的吸收光谱与荧光光谱具有哪些特点?

• 实验 3-29　气相色谱衍生法测定食品中甜蜜素的含量

实验目的

1. 掌握气相色谱法中内标物的选定和内标法定量分析方法。

2. 了解气相色谱的柱前衍生化手段及气相色谱测定食品中甜蜜素的方法。

实验原理

甜蜜素,化学名称为环己基氨基磺酸钠,是一种人工合成非营养型甜味剂。甜蜜素的甜度虽然只有糖精的 1/30,但其口感好,价格低廉,且能减少糖精的后苦味,已应用于食品加工业等各个领域。由于过多食用甜蜜素会对人体产生不良影响,因此在实际使用时应严格控制其添加量。

本实验采用在提取溶剂正己烷中加入内标物质(丁酸乙酯)的内标检测法对甜蜜素衍生后的产物进行定量测定。在硫酸介质中,甜蜜素会与亚硝酸钠反应生成环己醇亚硝酸酯,用含有内标物的正己烷提取后,利用氢火焰离子化检测器-气相色谱法进行分离与定性、定量测定。

仪器与试剂

气相色谱仪(FID 检测器);旋涡混合器;电子天平;微量注射器(1 μL)。

饮料样品;甜蜜素贮备液($1 \ mg \cdot L^{-1}$);亚硝酸钠溶液($50 \ g \cdot L^{-1}$);硫酸溶液($100 \ g \cdot L^{-1}$);正己烷;丁酸乙酯;氯化钠。

色谱条件:

色谱柱:30 m 长的 HP-5 毛细管柱

固定相:10%SE-30 涂在 Chromosorb WAW DMCS(80~100 目)上

柱温:30℃到70℃程序升温,$10℃ \cdot min^{-1}$

载气:N_2

进样口温度:150℃

检测器温度:220℃

空气流速:$300 \ mL \cdot min^{-1}$

氢气流速:$30 \ mL \cdot min^{-1}$

实验内容

1. 内标溶液的配制

在正己烷中加入一定量的内标(丁酸乙酯),加入的量以所出色谱峰合适为宜。本实验为在 10.0 mL 正己烷中加入 20 μL 内标物,摇匀,备用。

2. 标准溶液前处理

吸取甜蜜素贮备液,配置一系列不同浓度的甜蜜素标准溶液,浓度分别为 0.05 mg·mL^{-1}、0.1 mg·mL^{-1}、0.3 mg·mL^{-1}、0.5 mg·mL^{-1}、0.75 mg·mL^{-1}。按如下步骤进行处理:

1) 准确量取 4 mL 标准溶液于 10 mL 比色管中,冰浴 5 min。

2) 冰浴后加入 1.0 mL 50 g·L^{-1}亚硝酸钠溶液,1.0 mL 100 g·L^{-1}硫酸溶液,摇匀,在冰浴中放置 1 h,并时常摇动。

3) 加入 2.0 mL 含内标的正己烷,1.0 g 氯化钠,摇匀后多次振荡。

4) 静置分层,用进样针吸出正己烷层 1.0 μL 注入气相色谱仪进行分析。

3. 样品前处理

取适量饮料于烧杯中,超声处理 5 min 除去 CO_2,量取 4 mL 处理样品于 10 mL 带塞比色管中,摇匀,置于冰浴中。衍生化处理过程同标准溶液前处理。吸取正己烷层样品 1.0 μL 注入色谱仪进行分离、分析。

4. 仪器测定

按照色谱条件将处理好的标准溶液和样品进行分离测定,记录数据。

5. 数据处理

吸取标准溶液中各 1.0 μL 正己烷层溶液注入气相色谱仪中,所得实验相关数据记入表中。

以甜蜜素浓度为横坐标,甜蜜素与内标物的峰面积比为纵坐标绘制标准曲线,根据未知样的甜蜜素与内标物的峰面积比计算其中甜蜜素浓度。

💡 思考题

1. 甜蜜素是否可以直接应用气相色谱法测定?为什么?

2. 在用正己烷萃取甜蜜素时加入氯化钠的作用是什么?